U0323178

云南省普通高等学校“十二五”规划教材

湿法冶金——浸出技术

（第2版）

主　编　刘洪萍　杨志鸿

副主编　姚春玲　张报清

北　京

冶金工业出版社

2016

内容提要

本书由浸出过程基础知识、浸出过程的热力学、浸出应用过程的动力学、浸出工艺及设备和以锌、铜、金银、铝、钨等金属为代表的浸出生产实践共8章组成。其中，前3章浸出过程基础知识、浸出过程的热力学、浸出过程的动力学包含了整个浸出过程的基本原理、实际控制技术条件选择以及具体条件对过程进行速率和技术经济指标的影响；第4章介绍了浸出过程的工艺及浸出设备的结构、工作原理；后4章分别以锌、铜、金银、铝、钨等金属为代表介绍了酸性浸出、碱性浸出、配合浸出、细菌浸出、硫化矿的直接浸出等浸出方法的具体生产应用，包括了生产实践过程，即原料制备、矿浆的浸出及固液分离等的生产工艺过程、正常技术条件的控制、参数的调节、设备操作维护与常见事故的处理等核心知识和技能。

本书可作为普通高等学校和高等职业技术院校专业教学用书，亦可作为冶金生产企业高级技师、技师和专业技术人员参考书。

图书在版编目(CIP)数据

湿法冶金：浸出技术/刘洪萍，杨志鸿主编. —2版. —北京：冶金工业出版社，2016.7

云南省普通高等学校“十二五”规划教材

ISBN 978-7-5024-7278-8

Ⅰ.①湿… Ⅱ.①刘… ②杨… Ⅲ.①湿法冶金—浸出—高等学校—教材 Ⅳ.①TF111.31

中国版本图书馆CIP数据核字（2016）第158250号

出版人 谭学余

地　址 北京市东城区嵩祝院北巷39号 邮编 100009 电话 (010)64027926

网　址 www.cnmip.com.cn 电子信箱 yjcbs@cnmip.com.cn

责任编辑 杨盈园 美术编辑 杨　帆 版式设计 葛新霞

责任校对 郑　娟 责任印制 李玉山

ISBN 978-7-5024-7278-8

冶金工业出版社出版发行；各地新华书店经销；固安华明印业有限公司印刷

2010年7月第1版，2016年7月第2版，2016年7月第1次印刷

787mm×1092mm 1/16；12印张；285千字；177页

27.00元

冶金工业出版社 投稿电话 (010)64027932 投稿信箱 tougao@cnmip.com.cn

冶金工业出版社营销中心 电话 (010)64044283 传真 (010)64027893

冶金书店 地址 北京市东四西大街46号(100010) 电话 (010)65289081(兼传真)

冶金工业出版社天猫旗舰店 yjgycbs.tmall.com

（本书如有印装质量问题，本社营销中心负责退换）

第 2 版前言

本教材是在云南省普通高等学校“十二五”规划教材——《湿法冶金——浸出技术》的基础上编写而成的。原教材《湿法冶金——浸出技术》自2010年由冶金工业出版社正式出版以来，作为昆明冶金高等专科学校冶金技术专业的主干课程教材，得到了使用者的肯定。师生一致反映该书紧密联系生产实际，内容充实，标准规范，实用性强，浅显易懂，在教学中能激发学生的学习兴趣，教学效果好。但经过近 5 年来的教学实践，我们发现教材在反映实际生产应用的章节上，还未能充分体现高职工学结合的特色，内容还不够充实，以典型金属为代表的典型浸出工艺特色不突出，少量内容未能结合高职院校学生学习的特点，需要进一步改进和完善。为此，教材编写组广泛征求相关企业工程技术人员、专业教师、学生的意见，对该教材重新进行了编写。

本书的编写结合了高职教育的特点和人才培养目标，并对有色金属湿法冶金生产领域进行分析后，以有色冶金生产过程为导向、湿法冶炼浸出工国家职业标准为依据，并根据企业的生产实际和岗位群的技能要求对相关的教学内容进行了整合，力求体现高职教育的针对性强，理论知识够用、实践性强，培养高技术应用型人才的特点。

本书由昆明冶金高等专科学校刘洪萍、杨志鸿担任主编，姚春玲、张报清担任副主编。具体编写分工为：第 1 章由张报清编写，第 2~4 章由刘洪萍编写，第 5、6 章由杨志鸿编写，第 7、8 章由姚春玲编写。

由于编者水平所限，书中不妥之处，敬请广大读者批评指正。

编　者

2016 年 4 月

第 1 版前言

本书是按照教育部高职高专人才培养目标和规格应具有的知识结构、能力结构和素质要求，在总结近年来教学经验并征求相关企业工程技术人员意见的基础上编写而成的。

“湿法冶金—浸出技术”是通过对高等职业教育人才培养目标和有色金属湿法冶金生产领域进行分析后，以有色冶金生产工作过程为导向、湿法冶炼浸出工国家职业标准为依据、学生的职业能力培养为核心，同时根据有色冶金企业的生产实际和岗位群技能要求。对学科体系进行整合、重构的一门新的高职院校有色冶金核心课程。随着矿山资源的不断减少、矿石品位的不断下降，为了满足新型高致密材料的需求及环境保护的要求，先进的湿法冶金生产工艺在处理低品位矿物原料、综合利用复杂矿物原料、改善劳动条件和解决环境污染问题方面，更具有优越性。在有色冶金生产实践中的地位越来越高。“浸出技术”是湿法冶金中一个非常重要的环节。在编写过程中，采纳了行业专家和企业生产技术人员的意见，吸收了多年来的教学经验以及国内外相关的先进技术成果和生产经验，充实了必要的基础知识和基本操作技能；叙述上由浅入深，理论联系实际，内容充实，标准规范，实用性强。

本书围绕着完成“浸出”这一典型的生产任务来构建具体内容，从过程要求掌握的基本知识、生产设备的操作及过程技术条件的控制技能方面进行逐一介绍。第 1 章主要介绍了浸出的化学反应、浸出过程分类和不同原料可供选择的浸出方法；第 2 章主要介绍了浸出反应的自由能变化规律、水溶液的稳定性与电位-pH 关系；第 3 章主要介绍了浸出过程的机理、过程控制环节的判别和强化过程的措施等；第 4 章主要介绍了浸出的方法、主要设备和操作、浸出工艺；第 5 章主要介绍了铝土矿的碱性浸出、锌焙砂的酸性浸出等几种典型的生产实例。

本书由刘洪萍、徐征担任主编，杨志鸿、黄劲峰担任副主编。第 1 章由黄劲峰编写，第 2、4 章由刘洪萍编写，第 3 章由徐征编写，第 5.1~5.4 章节由杨志鸿编写，第5.5~5.6章节由余宇楠编写，资料的收集整理由陈福亮负责。全书由刘洪萍负责统稿。

在编写过程中，承蒙一些行业专家和企业生产技术人员的大力支持，在此表示感谢。

由于编者水平所限，加之本课程是一门新的课程，书中难免存在不足之处，敬请读者批评指正。

编　者

2010年7月

目　录

1 浸出过程基础知识

1.1 概　　论

冶金狭义的概念就是指金属冶炼。金属冶炼是指从含有金属的原料，如金属矿石、精矿或冶炼过程中间产物中提取纯金属或制取金属化合物，乃至生产合金的过程。在习惯上又常将金属冶炼称为冶金。在现代冶金中，由于矿石（或精矿）性质和成分、能源、环境保护以及技术条件等情况的不同，故冶金方法是多种多样的。根据各种冶金方法的特点，人们通常习惯将冶金方法粗略地划分为两大类：火法冶金、湿法冶金；细致的划分，可分为三大类：火法冶金、湿法冶金、电冶金。

1.1.1 湿法冶金的概念

传统观念的湿法冶金仅属于提取冶金的范畴，主要是指在水溶液中进行的提取金属的过程，它包括在水溶液中浸出矿物原料或从冶金中间产品或废旧物料中提取有价金属、含有价金属水溶液的净化除杂质及其中相似元素的分离、从水溶液中析出金属或金属化合物等过程。近代观念湿法冶金是指在水溶液中进行的提取有价金属及其金属化合物、制取某些无机材料及处理某些“三废”的过程，如磁性材料、陶瓷材料等先导粉体、纳米级的复合金属粉。

目前湿法冶金在提取金属及材料工业中具有日益重要的地位。80%以上的锌、15%~20%的铜、全部的 Al_2O_3 和许多的稀散金属是用湿法方法生产的。

按传统的观念湿法冶金可分为两个性质不同的过程：

（1）使欲提取的矿物或中矿自矿石或其他产物中转入溶液，亦即浸出。

（2）使欲提取的金属自溶液中脱出。

与火法冶金相比，这是一门比较新的技术。不论是药剂还是使用这些药剂的化学知识都是近期才出现的。现今，湿法冶金不但可与火法冶金相媲美，而且常较其经济。

湿法冶金的优点可概括如下：

（1）可从浸出液中直接得到纯金属、置换沉淀或电积。例如，加压氢沉淀。

（2）如果在过程中兼用汞齐冶金，则由不纯净的浸出液中可回收得到高纯金属。

（3）大多数浸出剂不与矿石中的脉石起作用，不需单独消耗试剂；而在火法冶金过程中这些脉石必然要造渣，需要消耗熔剂。

（4）与炉子耐火衬里的损坏，以及定期停炉维修相对比，湿法冶金的腐蚀问题相对要轻些。

（5）大多数湿法冶金过程是在室温进行，因此，就无需像火法冶金那样消耗大量燃料。

（6）处理浸出渣要比处理冰铜、渣和金属便宜得多且容易得多。

（7）通常湿法冶金过程特别适于处理低品位矿石。

（8）湿法冶金过程可从小规模着手随后按需要而扩大；而火法冶金，通常设计为较大规模作业，因为建造一个大炉子较建造总能力相同的几个小炉子要经济。

（9）湿法冶金工厂不像熔炼那样容易污染环境。在现今，防止大气污染已普遍引起人们的重视，该因素正起着重要的决定作用。

（10）湿法冶金过程易实现生产自动化。

1.1.2 湿法冶金过程

湿法冶金通常是指在低温下（一般低于100℃，但现代湿法冶金研发的高温高压过程，其温度可达200~300℃）用溶剂处理矿石或精矿，使所要提取的金属溶解于溶液中，而其他杂质不溶解（或正好反过来），通过液固分离等制得含金属的净化液，然后再从净化液中将金属提取和分离出来。主要过程有：浸出（包括物料的预处理）、净化、金属制取（用电解、电积、置换等方法制取金属），这些过程均在低温溶液中进行。

1.1.3 浸出及其在湿法冶金中的地位

浸出过程是湿法冶金的第一个过程。浸出过程就是在水溶液中利用浸出剂与固体原料（如矿物原料、冶金过程的固态中间产品、废旧物料等）作用，使有价元素变为可溶性化合物进入水溶液，而主要伴生元素进入浸出渣。

例如：（1）锌焙砂的中性浸出和酸性浸出的目的主要是使焙砂中的 ZnO 与浸出剂 H_2SO_4作用变成 $ZnSO_4$进入水溶液，砷、锑、铁等杂质发生水解进入渣中；

（2）黑钨精矿的 NaOH 浸出就是通过下列反应：

$$(Fe_xMn_{(1-x)}WO_4(s)+2Na(OH)(aq)\longrightarrow Na_2WO_4(aq)+xFe(OH)_2(s)+(1-x)Mn(OH)_2(s) \quad (1\text{-}1)$$

破坏黑钨矿的稳定结构，使钨变成可溶性的 Na_2WO_4进入溶液，铁、锰变为氧化物进入渣中，实现两者的分离。

浸出过程也用于从固体物料中除去某些杂质或将固体混合物分离，例如锆英石（$ZrO_2 \cdot SiO_2$）精矿经等离子分解后得 ZrO_2与 SiO_2的混合物，为使两者分离，常用 NaOH 浸出，使 SiO_2以 Na_2SiO_3形态进入溶液，而 ZrO_2则保留在固相中。在材料工业中，浸出过程亦用于除去在加工过程中带入的某些夹杂物。

几乎所有稀有金属的生产流程中都包括一个或多个浸出工序。浸出过程的指标在很大程度上决定了整个金属冶炼的效益。同样在材料工业中它也日益显示出其重要地位和较好的前景，例如：C. Santons 直接用 HCl 浸出和 H_2F_2浸出处理纯度为98%（质量分数）的粗硅，得到纯度为99.9%（质量分数）的可用于制造日光电池纯硅；据报道用 H_2F_2，在50℃下浸出粗硅，产品纯度达99.5%（质量分数），成本仅为硅烷法的几分之一。还有报道可用HNO_3-H_2O_2高压浸出法从稻壳中制取高纯细 SiO_2，因此研究浸出过程的理论和工艺对改善和发展提取冶金过程和材料工业都具有重大的意义。

1.2 浸出过程的化学反应

浸出过程是通过一系列化学反应实现的，这些反应可归纳为以下几类。

1.2.1 简单溶解

原料中某些本来就易溶于水的化合物，在浸出时简单溶入水中（当然也伴随着水合反应），如烧结法生产 Al_2O_3时，烧结块中的 $NaAlO_2$的溶出和锌焙砂浸出时焙砂中 $ZnSO_4$的溶出就属于这类反应。

1.2.2 无价态变化的化学溶解

金属矿物在转入溶液的过程中化合价不发生变化的反应主要有以下几种：

（1）化合物（主要是氧化物）直接溶于酸或碱。例如锌焙砂浸出时，其中的 ZnO、$ZnO \cdot Fe_2O_3$等直接与 H_2SO_4作用，生成相应的硫酸盐进入溶液。

（2）复分解反应，主要是原料中的难溶化物与浸出剂之间的复分解反应，分为两种情况：

1）组成难溶化合物的一种元素或离子团进入溶液而其他元素或离子团转化进入另一种难溶化合物，如上述黑钨矿的 NaOH 浸出反应（见反应（1-1））。

2）组成该难溶化合物的一种元素或离子团进入溶液而其他的成分变为气体进入气相或变成难电离物进入溶液，例如精矿酸浸时，其伴生矿物方解石的反应：

$$CaCO_3+2HCl(aq) \xlongequal{} CaCl_2(aq)+H_2O+CO_2\uparrow \tag{1-2}$$

1.2.3 有氧化还原反应的化学溶解

有氧化还原反应的化学溶解即浸出反应中有价态变化，如闪锌矿等有色金属硫化矿的高压氧浸：

$$ZnS(s) + H_2SO_4 + 1/2O_2 \xlongequal{} ZnSO_4(aq) + S(s) + H_2O \tag{1-3}$$

辉锑矿等有色金属硫化矿的氯盐浸出（或氯化浸出）：

$$Sb_2S_3(s) + 6FeCl_3(aq) \xlongequal{} 2SbCl_3(aq) + 6FeCl_2(aq) + 3S(s) \tag{1-4}$$

$$FeCl_2(aq) + 1/2Cl_2 \xlongequal{} FeCl_3(aq)$$

原生铀矿的碳酸盐浸出：

$$UO_2(s) + Na_2CO_3(aq) + 2NaHCO_3(aq) + 1/2O_2 \xlongequal{} Na_4UO_2(CO_3)_3(aq) + H_2O \tag{1-5}$$

1.2.4 有配合物生成的化学溶解

有配合物生成的化学溶解即有价金属不仅发生上述浸出反应，同时生成配合物进入溶液，如红土矿经还原焙烧后的氨浸出：

$$Ni(s) + nNH_3 + CO_2 + 1/2O_2 \xlongequal{} Ni(NH_3)_n^{2+} + CO_3^{2-} \tag{1-6}$$

$$Co(s) + nNH_3 + CO_2 + 1/2O_2 \xlongequal{} Co(NH_3)_n^{2+} + CO_3^{2-} \tag{1-7}$$

自然金矿的氰化物浸出：

$$4Au(s) + 8NaCN(aq) + O_2 + 2H_2O \xlongequal{} 4NaAu(CN)_2(aq) + 4NaOH(aq) \tag{1-8}$$

在某种意义上说，钽铌铁矿的氢氟酸分解亦属此类：

$$\begin{aligned}&(Fe_x,Mn_{(1-x)})[(Tay,Nb_{1-y})O_3]_2(s)+12HF(aq) \xlongequal{} \\ &xFeF_2(s)+(1-x)MnF_2(s)+2yTaF_5+2(1-y)NbF_5+6H_2O\end{aligned} \tag{1-9}$$

$$TaF_5+2HF(aq) \xlongequal{} H_2TaF_7(aq)$$

1.3 浸出过程分类

目前浸出过程分类繁多，其中最常用的是按浸出剂的类型分类，主要有以下几种。

1.3.1 酸性浸出

酸性浸出主要是用盐酸或硫酸、硝酸将物料中的碱性化合物溶入溶液。

1.3.1.1 常用酸性浸出剂

A 盐酸

盐酸是 HCl 的水溶液，强酸，为冶金生产中最常用的酸性浸出剂之一，随 HCl 浓度增加，平均活度系数增大。盐酸溶液中 HCl 的蒸气压随 HCl 的浓度和温度增加而加大，如表 1-1 所示。

盐酸的另一特点是腐蚀性极强，且易挥发，容易进入车间的空气中。因此，工业上选择适当的设备材质及车间设备的防腐至关重要，在 100℃以下时，设备内衬材料可选用石墨或石棉酚醛塑料，亦可用搪瓷。

表 1-1 HCl 的平衡分压与 HCl 质量分数及温度的关系

质量分数/%	平衡分压/kPa				
	30℃	50℃	70℃	90℃	100℃
10	0.0015	0.0092	0.046	0.197	0.386
16	0.0141	0.073	0.319	1.17	2.14
20	0.064	0.294	1.333	3.75	6.517
26	0.608	2.333	7.799	22.53	36.71
30	2.80	9.44	27.6	72.09	112.38

B 硫酸

硫酸是最为常用的酸性浸出剂之一，其平均活度系数随 H_2SO_4浓度的增加而增大，沸点也随 H_2SO_4质量分数的增加而升高，如表 1-2 所示。因此工业上某些物料的硫酸浸出过程是先将其与浓硫酸混合，在高温下进行处理，使其充分硫酸化，同时将硅胶脱水并除去某些挥发性杂质，然后用水浸出，这种工艺过程在实践中往往是有意义的。

表 1-2 硫酸的沸点与其质量分数的关系

密度/$g \cdot cm^{-3}$	1.84	1.78	1.678	1.607	1.543	1.464	1.402	1.32
质量分数/%	95.3	84.3	75.3	69.5	64.3	56.4	50.3	41.5
沸点/℃	297	228	185.5	169	151.5	133.5	124	115

1.3.1.2 酸性浸出的应用

酸性浸出为冶金中应用最广的方法之一，总的来说，凡是要从固体物料（如精矿、冶金中间产品等）中浸出（或除去）碱性或两性化合物，或某些两性的单质金属都可用酸性浸出，具体的有：

（1）从有色金属氧化矿或中间产品中浸出有色金属，例如锌焙砂、铜焙砂的酸浸，以及低品位铜氧化矿的酸浸都是当前工业生产中的主要方法。

（2）分解有色金属含氧酸盐矿物，将其中的伴生金属氧化物（如 FeO、CaO 等）除去，例如用盐酸或硝酸分解白钨精矿。

$$CaWO_4(s) + 2HCl(aq) \longrightarrow CaCl_2(aq) + H_2WO_4(s) \quad (1\text{-}10)$$

用盐酸或稀硫酸分解钒铁矿除 FeO：

$$FeO \cdot TiO_2(s) + H_2SO_4(aq) \longrightarrow TiO_2(s) + FeSO_4(s) + H_2O \quad (1\text{-}11)$$

（3）从冶金中间产品除去某些氧化物或金属杂质，如工业上将钨粉、钽粉进行酸洗，以除去机械夹带的杂质。

在有色冶金中最典型的酸性浸出工艺有锌焙砂的硫酸浸出和低品位铜矿的堆浸。

1.3.2 碱性浸出

碱性浸出主要指用 NaOH、Na_2CO_3、NH_4OH 作浸出剂的浸出过程，在某些情况下氨浸过程亦属于碱性浸出。

1.3.2.1 常用碱性浸出剂

（1）NaOH。

1）NaOH 属强碱，可用于从弱碱盐及单体中浸出各种酸性氧化物，如从铝土矿中浸出 Al_2O_3，$CaWO_4$中浸出 WO_3等。

2）NaOH 沸点和平均活度系数均随浓度的增加而增加，如表 1-3、表 1-4 所示。

表 1-3 NaOH 质量分数与沸点的关系

质量分数/%	10	20	30	40	50	60
沸点/℃	103.5	108	117.5	128	143	162

表 1-4 NaOH 的平均活度系数与质量摩尔浓度及温度的关系

质量摩尔浓度 /mol·kg^{-1}	平均活度系数 γ±					质量摩尔浓度 /mol·kg^{-1}	平均活度系数 γ±				
	20℃	30℃	40℃	50℃	60℃		20℃	30℃	40℃	50℃	60℃
2.0	0.709	0.712	0.707	0.709	0.712	8.0	2.17	2.06	1.93	1.78	1.63
4.0	0.916	0.911	0.895	0.916	0.911	10.0	3.61	3.31	3.00	2.67	2.34
6.0	1.35	1.32	1.27	1.35	1.32	12.0	5.80	5.11	4.43	3.79	3.19

从表 1-4 可知，采用 NaOH 浸出时，若在较高浓度下进行，即使在常压下也可能采用较低的温度，这样可大幅度提高反应物的活度，在动力学和热力学上都可得到有利条件。

（2）Na_2CO_3。

Na_2CO_3的碱性较弱，在 25℃，质量浓度为 100g/L 时，溶液的 pH 值仅 12 左右；Na_2CO_3与 $NaHCO_3$的混合溶液 pH 值在 12 和 9 之间。Na_2CO_3可用于浸出酸性较强的氧化物，如 WO_3等，亦用于浸出某些钙盐形态的矿物，如白钨矿等，此时利用其中 CO_3^{2-}与 Ca^{2+}形

成难溶的 $CaCO_3$，有利于浸出反应的进行。

在一定浓度范围内，Na_2CO_3 溶液的平均活度系数随其浓度的升高而降低，例如，在25℃，当 Na_2CO_3 浓度分别为 0.01、0.1、1mol/L 时，其平均活度系数分别为 0.729、0.446、0.264，因此从热力学上看，Na_2CO_3 浸出时，浓度过高，其效果并不会明显提高。

(3) NH_4OH。

NH_4OH 属弱碱，在25℃，浓度为1mol/L时，溶液的pH值为11.7，故当作碱性浸出剂时，仅适用于浸出某些酸性氧化物（在铜矿、镍矿的高压氨浸时，氨是配合剂而不是浸出剂）。

NH_4OH 溶液特点是其 NH_3 的平衡蒸气压随 NH_3 的质量分数和温度的升高而增加，如表1-5所示。

表 1-5 NH_3 的平衡分压与 NH_4OH 质量分数及温度的关系

质量分数/%	平衡分压/kPa					
	0	20℃	40℃	60℃	80℃	100℃
5	1.34	4.56	10.21	22.32	43.00	75.09
10	3.22	9.37	22.98	49.07	93.76	163.20
15	5.99	16.72	39.76	83.10	156.24	269.17

从表1-5可知，对质量分数为10%（约相当于 $6molNH_3/1000gH_2O$）的氨溶液而言，在80℃时 NH_3 的分压已达93.76kPa，若加上 H_2O 的蒸气压，则总压已达140.99kPa。因此，除低浓度及较低温度下的浸出过程可在常压下进行外，较高浓度及较高温度时均应在密封设备中进行。

1.3.2.2 碱性浸出的应用

碱性浸出主要是用 NaOH 将物料中的酸性化合物浸入溶液，如铝土矿或黑钨矿的 NaOH 浸出等，此外人们往往将 $NaCO_3$ 浸出亦归入碱浸之列。至于 NH_4OH 浸出，在某些场合下属于碱浸范畴，如用 NH_4OH 浸出钨酸或钼焙砂（MoO_3），主要利用 NH_4OH 的碱性。但在某些场合下却主要是利用其配合性质，如铌、钴、铜硫化矿的氨浸等，则不应归入碱浸之列。

1.3.3 氧压浸出

目前硫化锌精矿、辉钼矿精矿的高压氧浸已用于工业生产，此外，其在黄铜矿、镍钴硫化精矿、含金的黄铁矿处理方面亦取得很大成效。

1.3.3.1 基本原理

硫化矿氧浸的反应为：

$$MeS(s) + 2O_2 = MeSO_4(aq) \tag{1-12}$$

或

$$MeS(s) + H_2SO_4(aq) + 1/2O_2 = MeSO_4(aq) + S(s) + H_2O \tag{1-13}$$

硫以 SO_4^{2-} 形态产出还是以元素硫的形态产出，主要取决于 MeS 本身的热力学性质。许多学者对其动力学进行了研究，发现各种硫化矿氧浸出的动力学规律均大同小异，具有某些共同规律性，归纳如下：

（1）在一般的浸出温度范围（80~200℃）内，硫化矿氧浸出的速度均随温度的升高而迅速加快，许多硫化矿氧浸出反应的表观活化能均超过41.8kJ/mol。

（2）在一定酸度下，反应速度随氧分压的升高而加快，而氧分压在100~200kPa时，硫化矿氧浸的速度均与$p_{O_2}^{1/2}$成正比。为保证浸出速度，氧分压与H_2SO_4的浓度也应成一定比例。

（3）变价金属的高价离子（如Fe^{3+}、Cu^{2+}以及NO_3^-）对氧化过程有催化作用。一般认为，其催化机理为传递氧，例如对ZnS的氧化而言，Fe^{3+}将发生以下反应：

$$ZnS + Fe_2(SO_4)_3 \xlongequal{\quad} ZnSO_4 + 2FeSO_4 + S \tag{1-14}$$

$$2FeSO_4 + H_2SO_4 + 1/2O_2 \xlongequal{\quad} Fe_2(SO_4)_3 + H_2O \tag{1-15}$$

对辉铜矿在酸性介质中的氧浸而言，HNO_3的催化机理为：

首先将MoS_2氧化：

$$MoS_2 + 6HNO_3 \xlongequal{\quad} H_2MoO_4 + 2H_2SO_4 + 6NO \tag{1-16}$$

产生的气体NO又在设备的上部空间与O_2作用转化为HNO_3：

$$NO + 3/4O_2 + 1/2H_2O \xlongequal{\quad} HNO_3 \tag{1-17}$$

1.3.3.2 硫化锌精矿高压氧浸过程

氧浸过程在H_2SO_4介质（锌电积的废电解液）中进行，主要反应为：

$$ZnS + H_2SO_4 + 1/2O_2 \xlongequal{\quad} ZnSO_4 + H_2O + S \tag{1-18}$$

动力学研究表明，此过程有下列规律：

（1）和许多硫化矿的氧浸出过程一样，其反应速度随温度的升高而迅速增加，但当温度达到元素硫的熔点（115℃）时，由于液体硫的包裹作用，阻碍溶剂与未反应的矿物接触，反应速度降低。而液体硫的黏度在153℃时最小，此时若加入表面活性剂——木质磺酸盐能破坏液体硫薄膜，可减小其不利作用，因此实际生产应在高温和加活性剂的条件下进行。

（2）为保证反应的速度，溶液中应有足够的Fe^{3+}存在。

（3）反应速度随H_2SO_4浓度及氧分压的增加而增加。

（4）为保证足够的接触表面，ZnS矿应磨细至98%的矿石粒度小于44μm，同时应加强搅拌以破坏表面液体硫膜的包裹。

根据动力学特点及工艺情况，生产中一般采用以下技术条件，温度为150℃，氧分压约0.7MPa，保温1h，锌浸出率可达98%，硫约88%以元素硫形态回收。浸出过程可在卧式高压釜中进行，反应后的矿浆经过滤后，渣进行回收硫。回收硫的方法常用浮选法和热过滤法，产品硫品位可达99%以上。

1.3.4 氯化浸出

氯化浸出主要是利用Cl_2或氯盐作为氧化剂进行重金属硫化矿的浸出，形成的易溶氯化物溶解进入溶液，从而与其他不溶物分开。

1.3.4.1 基本原理

以辉锑矿为例，氯化浸出的主要反应为：

$$Sb_2S_3 + 3Cl_2 = 2SbCl_3 + 3S \quad (1\text{-}19)$$

$$SbCl_3 + Cl_2 = SbCl_5 \quad (1\text{-}20)$$

$$3SbCl_5 + Sb_2S_3 = 5SbCl_3 + 3S \quad (1\text{-}21)$$

因此最终消耗的氯化剂实际上是 Cl_2，反应过程通过 $SbCl_5$（或 $FeCl_3$）实现。

辉锑矿的氯化浸出已成功地用于工业生产。浸出过程在耐酸搅拌槽内进行，一般先用 $SbCl_5$ 溶液将 Sb_2S_3 氧化，得到的 $SbCl_3$ 溶液一部分送去生产锑白，一部分再与 Cl_2 作用氧化成 $SbCl_5$，以便返回作为氯化剂。

近年来亦有不少人研究电氯化工艺，即以 NaCl 溶液作电解质进行电解时，在阳极析出 Cl_2，此时将硫化矿悬浮在阳极区，则它将被析出的 Cl_2 直接氯化，得到含金属离子的溶液。这种工艺如能与氯碱工业配合，将有一定前途。

1.3.4.2 氯化冶金的应用

由于氯价廉易得，氯化浸出工艺较简单，因此硫化矿的氯化浸出引起了人们的兴趣。目前它在有色冶金中被应用和研究的简单情况如表 1-6 所示。

表 1-6 氯化浸出在有色冶金中的应用

原料	概况	备注
辉锑矿精矿	以 Cl_2 或 $SbCl_5$，或 $FeCl_3$ 为氯化剂，浸出率达 99%	工业生产
方铅矿精矿	80~100℃，以 $FeCl_3$ 为氯化剂，方铅矿分解率达 99.5%，硫以单质硫产出	
硫化铜精矿	以 $CuCl_2$ 或 $FeCl_3$ 为氯化剂，浸出率达 99%，元素硫回收率 75%~90%	

1.3.5 配合浸出

利用配合剂中的分子或者离子与金属离子结合，形成很稳定的新的配离子从而与其他杂质元素分离的过程称为配合浸出。

1.3.5.1 氨配合浸出

A 概况

氨浸有两种情况，一种是利用其碱性，使酸性化合物溶解，如钨酸及钼焙砂的氨浸；另一种是利用其与某些金属离子的配合作用，使某些金属形成氨配合物优先进入溶液，例如红土矿还原后的氨浸：

$$Ni + nNH_3 + CO_2 + 1/2O_2 = Ni(NH_3)_nCO_3(aq)$$

由于氨易与铜、钴、镍、锌、银、钯离子形成配合物，因此氨作为配合剂广泛用于上述金属的湿法冶金中，具体情况及有关指标如表 1-7 所示。

表 1-7 氨配合浸出的应用情况

原料	概况	备注
红土矿还原焙砂	浸出液中 NH_3 的质量分数为 6%~7%、CO_2 为 3%~5%，浸出时压力 0.15MPa，温度 50~70℃，液固比为 4∶1	工业生产

续表 1-7

原料	概况	备注
铜-镍硫化矿	原料中 Ni 的质量分数为 45%~50%，Cu 为 25%~30%，S 为 20%~22%。两段浸出，第一段主要浸镍，温度 120~135℃；第二段浸铜，150~160℃，氧分压 0.15~0.35MPa；铜、镍以 $Cu(NH_3)_4SO_4$、$Ni(NH_3)_4SO_4$ 形态进入溶液，回收率达 99.9%	工业生产方法，亦用于处理含铜镍硫化物的尾渣
铜-镍-钴硫化精矿	原料中 Cu 为 30.4%，Ni 为 0.5%，S 为 29.7%，温度 95℃，总压力：0.7MPa，$n(NH_3)/n(Cu)=6:1$，Cu、Ni、S 浸出率分别为 98%、90%、92%	半工业规模
硫化铜精矿	65~80℃，常压，铜以 $Cu(NH_3)_4SO_4$ 形态进入溶液，回收率 97%	小型试验
铜阳极泥、铜渣	原料中银以 AgCl 形态存在，浸出反应 $AgCl+2NH_3 = Ag(NH_3)_2^+ + Cl^-$，浸出时 NH_3 的质量分数为 10%，温度为常温	工业生产

B 红土矿还原焙砂的氨浸

红土矿为镍冶炼的主要矿物资源，其储量占全部镍资源的 75%左右，目前从红土矿提取镍的主要过程为：将原料中的氧化镍（钴）经还原成金属镍（钴）形态后，用氨配合浸出，使镍、钴成为氨配离子进入溶液，与主要伴生元素铁等分离，再从溶液中提取镍、钴。下面简单介绍其浸出的原理和工艺。

在红土矿还原焙砂中，镍、钴主要以金属形态存在，铁主要以氧化物形态存在，在氨浸出时，氨与 Ni^{2+}、Co^{2+}、Co^{3+} 等形成稳定配合物，如表 1-8 所示。

表 1-8 某些氨配离子的积累稳定常数的对数值

NH_3 配位数	Cu^+	Ni^{2+}	Co^{2+}	Cu^{2+}	Co^{3+}	Fe^{2+}	Ag^+
1	4.31	2.80	2.11	6.7	2.37	1.4	3.24
2	7.98	5.04	3.74	14.0	4.81	2.2	7.05
3	11.02	6.77	4.79	20.1	7.31		
4	13.32	7.96	5.55	25.7	9.46	3.7	
5	12.86	8.71	5.73	30.8			

因此在有 O_2 存在条件下，$(NH_4)_2CO_3$-NH_4OH 溶液中的反应为：

$$Ni + 1/2O_2 + nNH_3 + CO_2 = Ni(NH_3)_n^{2+} + CO_3^{2-}$$

$$Co + 1/2O_2 + nNH_3 + CO_2 = Co(NH_3)_n^{2+} + CO_3^{2-}$$

在有氨存在条件下，钴能进一步氧化成 3 价：

$$2Co + 3/2O_2 + 2nNH_3 + 3CO_2 = 2Co(NH_3)_n^{3+} + 3CO_3^{2-}$$

对铁而言，Fe^{3+} 不形成氨配合物；Fe^{2+} 虽能形成氨配合物，但在氧化气氛下进一步氧化成 Fe^{3+}，并成为 $Fe(OH)_3$ 进入渣，故氨浸过程中进入溶液的主要为镍、钴及易形成氨配离子的元素。

1.3.5.2 氰化物配合浸出

氰化浸出提取金银是目前国内外处理金银矿物原料的常用方法。自 1887 年开始用氰化物溶液从矿石中浸出金至今已有 100 多年的历史，氰化法提金工艺成熟，技术经济指标较理想。

对氰化物溶液溶解金银的机理有多种理论解释，下面将予以介绍：

（1）埃尔斯纳（Elsner，1846 年）的氧论。该理论认为金在氰化物溶液中溶解时必有氧的参与，其反应方程可表示为：

$$4Au + 8NaCN + O_2 + 2H_2O \longrightarrow 4NaAu(CN)_2 + 4NaOH$$

银在氰化物溶液中溶解时的类似方程：

$$4Ag + 8NaCN + O_2 + 2H_2O \longrightarrow 4NaAg(CN)_2 + 4NaOH$$

（2）珍尼（Jamin，1892 年）的氢论。该理论不承认氧是氰化物溶解金必不可少的论述，认为反应过程必然会释放出氢，过程可以以下式表示：

$$2Au + 4NaCN + 2H_2O \longrightarrow 2NaAu(CN)_2 + 2NaOH + H_2$$

（3）波特兰德（Bodlander，1896 年）的过氧化氢论。该理论认为金在氰化物溶液中的溶解分两步，中间生成过氧化氢，并可从溶液中检出：

$$2Au + 4NaCN + O_2 + 2H_2O \longrightarrow 2NaAu(CN)_2 + 2NaOH + H_2O_2$$

$$2Au + 4NaCN + H_2O_2 \longrightarrow 2NaAu(CN)_2 + 2NaOH$$

此两反应式相加，其结果和埃尔斯纳方程是相同的。

（4）克里斯蒂（Christy，1896 年）的氰论。该理论认为有氧存在时，氰化物溶液会释放出氰气，且放出的氰气对金的溶解起活化作用：

$$2NaCN + 1/2O_2 + H_2O \longrightarrow (CN)_2 + 2NaOH$$

$$2Au + 2NaCN + (CN)_2 \longrightarrow 2NaAu(CN)_2$$

两年以后（1898 年）斯凯（Skey）和帕克（Park）证实含氰的水溶液不可能溶解金银，否定了克里斯蒂的氰论。

（5）汤普森（Thompson，1934 年）的腐蚀论。该理论认为金在氰化物溶液中的溶解类似于金属腐蚀，溶于溶液中的氧被还原为过氧化氢和羟基离子，并进一步指出波特兰德反应式可分解为下列几步：

$$O_2 + 2H_2O + 2e \longrightarrow H_2O_2 + 2OH^-,\ H_2O_2 + 2e \longrightarrow 2OH^-$$

$$Au \longrightarrow Au^+ + e,\ Au^+ + CN^- \longrightarrow AuCN$$

$$AuCN + CN^- \longrightarrow Au(CN)_2^-$$

这些反应式已为后来的实验所证实。

（6）哈巴什（Habashi，1966 年）的电化学溶解论。该理论通过浸出动力学研究，认为氰化物溶液浸出金的动力学实质上是电化学溶解过程，大致遵循下列反应方程：

$$2Au + 4NaCN + O_2 + 2H_2O \longrightarrow 2NaAu(CN)_2 + 2NaOH + H_2O_2$$

1.3.6 细菌浸出

细菌浸出就是利用微生物自身的氧化或还原特性，使矿物的某些组分氧化或还原，进而使有用组分以可溶态或沉淀的形式与原物质分离的过程，此即浸出过程中微生物的直接作用；或者是靠微生物的代谢产物（有机酸、无机酸和 Fe^{3+}）与矿物进行反应，而得到有用组分的过程，此即浸出过程中微生物的间接作用。例如氧化铁硫杆菌能破坏硫化矿中的铁和硫，强化其氧化反应使难溶的硫化矿变成可溶性的硫酸盐，在黄铜矿湿法氧化时，由于氧化铁硫杆菌的作用，反应的速度可提高数十倍，甚至上千倍。

1.3.6.1 浸出常用细菌

大多数金属硫化物，如黄铜矿、辉铜矿、黄铁矿、闪锌矿等以及某些氧化矿诸如铀矿、MnO_2等，难溶于一般工业浸出剂如稀硫酸等，但若溶液中有某些特殊微生物，在合适条件下上述矿物中的金属便能被稀硫酸浸出。浸出硫化矿、铀矿是氧化过程，浸出MnO_2即可是还原过程，也可是氧化过程。这些微生物可以分为两大类：一类能在无有机物的条件下存活，自养微生物。另一类生长时需要某些有机物作为营养物质，异养微生物。重要的微生物有以下六种：

（1）氧化铁硫杆菌（*thiobacillus ferrooxidans*），属革兰氏阴性无机化能自养细菌中的代谢硫黄的细菌硫杆菌。它栖居于含硫温泉、硫和硫化矿矿床、煤和含金矿矿床，也存在硫化矿矿床氧化带中，能在上述矿的矿坑水中存活。这类细菌的形状呈圆端短柄状，长1.0~1.5μm，宽0.5~0.8μm，端生鞭毛。每个细胞表面都有一黏液层，能运动。它适宜生长的温度为275~313K，pH值为1.0~4.8，最佳生长温度为303K，最佳生长pH值范围是2.0~3.0，只需要简单的无机营养（氮、磷、钾、亚铁等）便能存活。它可以氧化几乎所有的已知硫化矿物、元素硫，其他还原性化合物及二价铁（辰砂矿AsS和辉铂矿Bi_2S_3除外）。它氧化二价铁的速度比同样条件下空气中的氧的纯化学氧化速度快2×10^5倍，氧化黄铁矿的速度增加1000倍，氧化其他硫化物的速度可增加数十到数百倍。

（2）氧化硫硫杆菌（*thiobacillus thiooxidans*）。形状呈圆头短柄状，宽0.5μm，长1μm，常以单个、双个或短链状存在，栖居于硫和硫化矿矿床，能氧化元素硫和硫的还原性化合物，适宜的温度为275~313K，最佳生长温度为301~303K，适宜生长的pH值为0.5~6.0，最佳pH值为2~2.5。

（3）氧化铁铁杆菌（*ferrobacillus ferroxidans*）。呈杆状体，长1.0~1.6μm，宽0.6~1.0μm。能把亚铁氧化为高铁，适宜生长的pH值范围为2.0~4.5，最佳pH值为2.5，最佳生长温度为293~298K。

（4）微螺球菌（*leptospirillum*）。包括一个中温菌种——氧化铁微螺球菌（*L. ferrooxidans*），一个中等嗜高温菌种——高温氧化亚铁微螺球菌（*L. thermoferrooxidans*）。其特征是螺旋状端生鞭毛和黏液层，栖居于黄铜矿矿床矿堆等处，能氧化Fe^{2+}、黄铁矿和白铁矿，不能氧化硫和硫的其他还原性化合物。最佳的生长温度为303K，最佳生长的pH值为2.5~3.0。

（5）硫化芽孢杆菌（*sulfobacillus*）。兼性自养菌、嗜氧、嗜酸，属革兰氏阴性真菌，呈杆状。能氧化Fe^{2+}和元素硫以及还原态硫。其品种之一的高温氧化硫化芽孢杆菌（*sulfobacillus thermosulfidooxidans*）生长的最佳温度为310~315K，允许最高温度331~333K。此类细菌广泛存活于自然界，例如存于硫化矿的采矿废石堆、火山区等。在城市供热系统管道的锈蚀部分中也发现有*S. thermosulfidooxidans*. 此类细菌在混合培养条件下，例如在自养的培养基中加入0.01%~0.02%酵母膏，生长更好，在异养条件下也能生长。

（6）高温嗜酸细菌（*thermoacido philic acidobacriteria*），是微生物进化的一个独立支系，其中有四种能氧化硫化物，即硫化叶菌（*sulfolobus*）、氨基酸变性菌（*acidans*）、金葡球菌（*metallosphaera*）和硫化小球菌（*sulfurococcus*）。对生物湿法冶金最重要的是硫化叶菌和氨基酸变性菌，它们呈球形，直径1μm，在硫化叶菌表面有类纤毛结构，有助于细菌附着在矿粒表面。所有这类细菌均属兼性化能自养菌，在自养、异养或混合培养条件下均能生长。在自养条件下能催化元素硫、Fe^{2+}以及硫化矿物的氧化，在含 0.01%~0.02%酵母膏或其他有机物的混合培养条件下生长更快。耐热嗜酸叶菌（*sulfolobus acidocaldarius*）还可在厌养条件下以 Fe^{3+}作电子受体氧化元素硫。热酸叶片硫菌生长 pH 值范围是 1~5.9，最佳生长 pH 值为 2~3。生长温度为 328~353K，而最佳生长温度是 343K。硫化叶菌与氨基酸变性菌发现于美国怀俄明州的黄石国家公园的温泉水中，水的 pH 值为 1~5.9，温度为 316~372K。

1.3.6.2 硫化矿细菌浸出机理

硫化矿的细菌浸出是一个复杂的过程，化学氧化、生物氧化与原电池反应同时发生。人们对微生物在细菌浸出中的特殊作用的解释各不相同，至今也还未完全搞清。一般认为硫化矿细菌浸出有以下一些机理。

（1）直接细菌氧化。在这类反应中细菌起催化作用，电子受体还是 O_2，例如：

$$ZnS + 2O_2 \xrightarrow{\text{细菌}} ZnSO_4$$

$$CuFeS_2 + 4.25O_2 + H^+ \xrightarrow{\text{细菌}} Cu^{2+} + 2SO_4^{2-} + Fe^{3+} + 0.5H_2O$$

$$FeS_2 + 3.75O_2 + 0.5H_2O \xrightarrow{\text{细菌}} Fe^{3+} + 2SO_4^{2-} + H^+$$

（2）Fe^{3+}氧化硫化物的化学氧化。例如：

$$ZnS + 2Fe^{3+} \longrightarrow Zn^{2+} + S + 2Fe^{2+}$$

$$ZnS + 8Fe^{3+} + 4H_2O \longrightarrow ZnSO_4 + 8Fe^{2+} + 8H^+$$

$$CuFeS_2 + 4Fe^{3+} \longrightarrow Cu^{2+} + 2S + 5Fe^{2+}$$

$$CuFeS_2 + 16Fe^{3+} + 8H_2O \longrightarrow Cu^{2+} + 2SO_4^{2-} + 17Fe^{2+} + 16H^+$$

（3）原电池反应。浸没在同一电解质溶液中的两种不同硫化物，其电位大多不相等，若二者紧密接触则组成原电池，发生原电池反应。

（4）Fe^{2+} 经细菌氧化为 Fe^{3+}：

$$Fe^{2+} + 0.25O_2 + H^+ \longrightarrow Fe^{3+} + 0.5H_2O$$

（5）元素硫氧化为 SO_4^{2-}：

$$S + 3/2O_2 + H_2O \longrightarrow SO_4^{2-} + 2H^+$$

除上述反应外还有两个附属过程：

（1）在矿粒表面生成元素硫的产物层。

（2）在一定的条件（pH）下，在矿粒表面生成铁的氢氧化物或铁矾的固体产物层，即

$$3Fe^{3+} + 2SO_4^{2-} + 6H_2O \longrightarrow Fe_3(SO_4)_2(OH)_5 \cdot H_2O + 5H^+$$

于是又派生出两个过程：

（1）反应物种扩散经过固体产物层达到反应表面。

（2）反应生成物扩散经过固体产物层进入溶液本体。

图 1-1 为硫化物的直接细菌氧化示意图，直接作用的总化学反应（黄铁矿）：

$$FeS_2 + 3.75O_2 + 0.5H_2O \longrightarrow Fe^{3+} + 2SO_4^{2-} + H^+$$

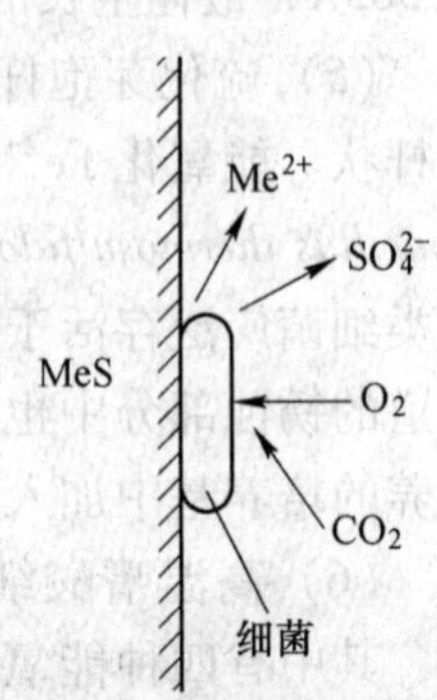

图 1-1 硫化物的直接细菌氧化示意图

图1-2、图1-3为硫化物氧化机理示意图。在反应中细菌既不是反应物，也不是产物，而是起催化剂的作用，其催化作用可以理解为一种“生物电池反应”。细胞质的主要成分为水、蛋白质、核酸、脂类并有少量糖及无机盐，还有渗透并溶解入其中的氧，其pH值约为6，因而可以把它看成是成分复杂的含电解质的水溶液。细胞紧紧附着在硫化物的表面，从而形成了一对原电池，浸没在浸出液中的硫化物为负极，细胞膜与细胞质为正极，发生电子由负极向正极的转移，在负极上发生失电子的反应：

$$FeS_2 + 8H_2O - 15e \longrightarrow Fe^{3+} + 2SO_4^{2-} + 16H^+$$

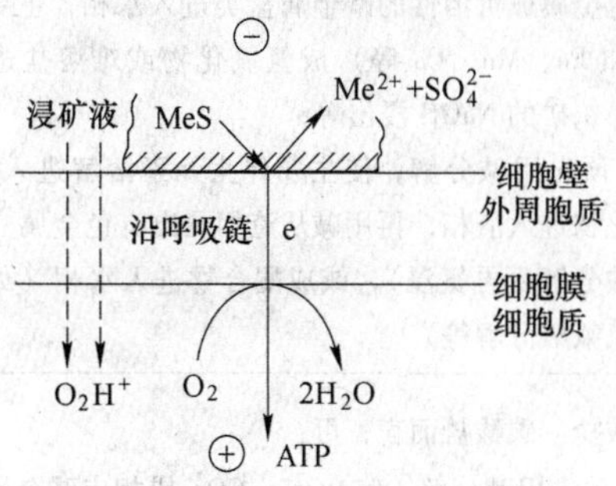

图1-2 硫化物电子吸附机理示意图

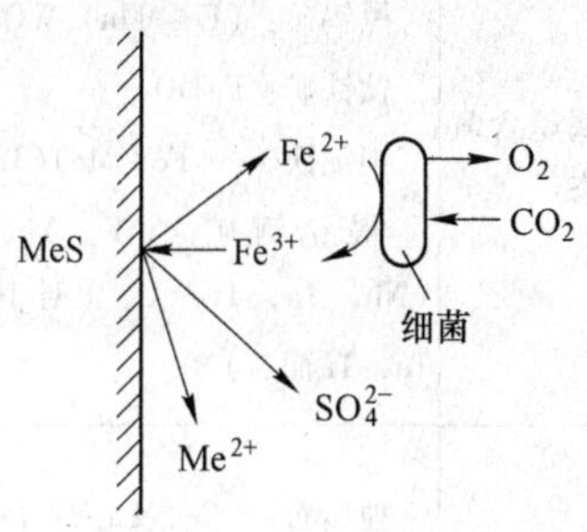

图1-3 硫化物间接细菌浸出示意图

在正极上发生还原反应：

$$O_2 + 4H^+ + 4e \longrightarrow 2H_2O$$

在这种电子的传递过程中伴随细胞内的腺苷三磷酸分子（ATP）的生成。从负极到正极的电子传输是依靠呼吸链中一系列的电子载体（包括细胞色素和铁-硫蛋白酶）完成的。

1.3.7 电化浸出

电化浸出是在电场作用下利用阳极氧化作用将硫化矿氧化，它用于辉钼矿及某些重金属硫化矿如辉锑矿的氧化，但未见工业生产的报道。

1.4 不同类型原料浸出方法简介

当矿物原料或冶金中间产品进行浸出（或湿法分解）时，其浸出方法的选择一方面应根据原料中矿物的物理化学性质和有价金属形态，另一方面应充分考虑伴生矿物的性质，以保证有价金属矿物能优先浸出，而伴生矿物及脉石不反应，这一点在处理低品位物料时尤其重要。

有色冶金浸出原料中有价金属形态及主要浸出方法见表1-9。

表1-9 有色冶金浸出原料中有价金属形态及其主要浸出方法

原料形态	举 例	主要浸出方法
有色金属呈硫化物形态	闪锌矿（ZnS）精矿、辉钼矿（MoS_2）精矿、硫化锑精矿、镍锍（含Ni_3S_2等硫化物）	当前硫化矿主要是氧化焙烧转化为氧化物（焙砂）后的浸出，当直接浸出时，其主要方法有：（1）氧化浸出，利用氧或其他氧化剂（如HNO_3等）进行氧化，如闪锌矿精矿、辉钼矿精矿的高压氧浸、辉钼矿精矿的HNO_3浸出等；（2）对锑、锡的硫化物而言，可用Na_2S浸出；（3）细菌浸出，如低品位难选铜矿；（4）电化浸出；（5）氯化浸出

续表 1-9

原料形态	举例	主要浸出方法
有色金属呈氧化物形态	铝土矿（Al_2O_3）、锌焙砂、钼焙砂、晶质铀矿（$UO_2 \cdot xUO_3$）、铜的氧化矿	视氧化物的酸碱性不同分别采用酸浸（锌焙砂）、碱浸（铝土矿 NaOH 浸出及钼焙砂的 NH_4OH 浸出），铜氧化矿视脉石的不同分别采用酸浸和氨浸
有色金属呈含氧阴离子形态	白钨矿：$CaWO_4$； 黑钨矿：(Fe，Mn) WO_4； 钛铁矿：$FeTiO_2$； 钽铌铁矿：$(Fe, Mn)(Ta, Nb)_2O_6$； 褐钇钶矿：（Y，Yb，Dy，Nd）（Nb，Ta，Ti）O_4（对其中的 Nb，Ta，Ti 而言）	（1）用碱金属或碱土金属碳酸盐浸出，进行复分解反应使有色金属成可溶性的碱金属盐类进入水相，主要伴生元素（如 Fe、Mn、Ca 等）成氢氧化物或难溶盐进入渣相，如黑钨矿的 NaOH 浸出等； （2）预先用碱分解，使主要伴生元素溶解进入水相，含水氧化物进入渣相，再用碱从渣相浸出有色金属（白钨矿的盐酸分解后再氨浸），或成配合物进入水相（如钽铌铁矿的氢氟酸分解等）
有色金属呈阳离子形态	独居石：（Ce，La…）PO_4； 褐钇钶矿：(Y, Yb, Dy, Nd)(Nb, Ta,Ti)O_4（对其中的稀土而言）； 氟碳铈矿：（Ce，La，Pr…）FCO_3； 磷钇矿：YPO_4	对磷酸盐、碳酸盐而言，可： （1）预先用碱分解，使 PO_4^{3-}、CO_3^{2-} 成相应碱金属盐类进入水相，有色金属成氢氧化物或难溶盐留在渣相，再用酸从渣相浸出有色金属（独居石的碱分解后再酸浸）； （2）酸浸出使有色金属成可溶于水的盐进入水相，如氟碳铈矿的硫酸分解
呈金属形态	自然金矿，经还原焙烧后的含镍红土矿	在有氧及配合剂存在下浸出，如氰化法
离子吸附态	离子吸附稀土矿	用电解质溶液如 NaCl 溶液解吸

习题与思考题

1-1 什么是湿法冶金，湿法冶金所包含的单元过程有哪些？

1-2 浸出在湿法冶金中的地位和作用是什么？

1-3 浸出过程的化学反应有哪些类型？写出对应方程式。

1-4 浸出过程按使用溶剂分为哪几类？

1-5 试述常见的酸性浸出溶剂及基本特性。

1-6 试述常见的碱性浸出溶剂及基本特性。

1-7 试述有色冶金生产过程常使用的配合剂。

2 浸出过程的热力学

浸出过程的热力学主要是研究在一定条件下浸出反应进行的可能性、限度及使之进行所需的热力学条件，并从热力学的角度探索可能的浸出方案。为解决这些问题，重要的方法是求出反应的标准吉布斯自由能变化 $\Delta_r G_{mT}^{\ominus}$、给定条件下反应的吉布斯自由能变化 $\Delta_r G_T$ 及反应的平衡常数 K。同时运用许多学者研究绘制的大量的电势-pH 图，来直接研究浸出反应特别是有氧化还原的浸出反应。

2.1 浸出反应的标准吉布斯自由能变化 $\Delta_r G_{mT}^{\ominus}$

浸出反应的标准吉布斯自由能变化是判断在标准状态下反应能否自动进行的标志，同时也是计算给定条件下反应的吉布斯自由能变化（$\Delta_r G_{mT}^{\ominus}$）和浸出反应平衡常数的重要数据。任意温度下的 $\Delta_r G_{mT}^{\ominus}$ 值一般是根据反应物和生成物的热力学参数，运用热力学原理进行计算。设浸出时物料 A 物质与水相中的浸出剂 B 生成 C 和 D，即：

$$aA(s) + bB(aq) = cC(s) + dD(aq) \tag{2-1}$$

其中，B、D 可为化合物或离子，此反应的 $\Delta_r G_{mT}^{\ominus}$ 的计算方法有：

（1）当已知反应物及生成物的标准摩尔生成吉布斯自由能，则：

$$\Delta_r G_{mT}^{\ominus} = c\Delta_f G_{m(C)T}^{\ominus} + d\Delta_f G_{m(D)T}^{\ominus} - a\Delta_f G_{m(A)T}^{\ominus} - b\Delta_f G_{m(B)T}^{\ominus} \tag{2-2}$$

式中 $\Delta_f G_{m(A)T}^{\ominus}$，$\Delta_f G_{m(C)T}^{\ominus}$——A、C 在 T（K）时的标准摩尔生成吉布斯自由能，kJ/mol；

$\Delta_f G_{m(B)T}^{\ominus}$，$\Delta_f G_{m(D)T}^{\ominus}$——B、D 的标准摩尔生成吉布斯自由能，kJ/mol。

对处于水溶液状态的物质而言，一般以假想的 1mol/L 理想溶液为其标准状态，其 $\Delta_r G_m^{\ominus}$ 值均采用该标准状态下的数值。

（2）当已知反应物和生成物在 298K 时的标准摩尔焓变（$\Delta_f H_{m298}^{\ominus}$）、标准摩尔熵（$S_{m298}^{\ominus}$）、标准摩尔生成吉布斯自由能（$\Delta_f G_{m298}^{\ominus}$）以及其标准摩尔热容（$C_{p,m}^{\ominus}$）与温度关系式，则可首先按照热力学的方法计算出 298K 时反应的标准焓变化 $\Delta_r H_{298}^{\ominus}$、标准熵变化 $\Delta_r S_{298}^{\ominus}$、标准吉布斯自由能变化 $\Delta_r G_{298}^{\ominus}$ 以及反应的标准摩尔热容变化 $\Delta_r C_p^{\ominus}$ 与温度的关系，进而按下式求 $\Delta_r G_{mT}^{\ominus}$。

$$\Delta_r G_T^{\ominus} = \Delta_r H_{298}^{\ominus} + \int_{298}^{T} \Delta_r C_p^{\ominus} dT - T\Delta_r S_{298}^{\ominus} - T\int_{298}^{T} (\Delta_r C_p^{\ominus}/T) dT \tag{2-3}$$

$$\Delta_r G_T^{\ominus} = \Delta_r G_{298}^{\ominus} - (T - 298)\Delta_r S_{298}^{\ominus} + \int_{298}^{T} \Delta_r C_p^{\ominus} dT - T\int_{298}^{T} (\Delta_r C_p^{\ominus}/T) dT \tag{2-4}$$

应当指出，对处于溶液状态的反应物和生成物而言，其标准摩尔焓、标准摩尔熵、标准摩尔生成吉布斯自由能和标准摩尔热容均应用其对应于水溶液标准状态下的值。

同时，式（2-3）、式（2-4）仅适用于在 298-T 的温度范围内反应物和生成物均无相变的情况，否则应考虑相变的热效应及相变带来的 $\Delta_r C_p^{\ominus}$ 值的改变。计算 $\Delta_r G_{mT}^{\ominus}$时，物质的$\Delta_f H^{\ominus}_{m298}$、$S^{\ominus}_{m298}$、$\Delta_f G^{\ominus}_{m298}$、$C^{\ominus}_{p,m}$与$T$的关系式等都可从有关手册中查得。

2.2 浸出反应的平衡常数 *K* 及表观平衡常数 K_c

2.2.1 基本概念

浸出反应的平衡常数是指浸出反应达到平衡后，生成物与反应物的活度之比，例如对下面反应，平衡常数的表达式为：

$$\alpha A(s) + bB(aq) \xlongequal{\quad} cC(aq) + dD(aq) \tag{2-5}$$

$$K = a_C^c a_D^d / a_B^b \tag{2-6}$$

式中 a_B，a_C，a_D ——分别为反应平衡后 B、C、D 的活度。

根据热力学原理可知，*K* 与温度有关，与物质的浓度无关。*K* 值的大小反映反应进行的可能性的大小及限度，*K* 值越大，则反应进行的可能性越大，反应越能进行彻底。

但在浸出实践中，由于体系的复杂性，难以求出有关组分的活度系数和活度，因此难以用平衡常数 *K* 直接地、定量地分析系统的热力学问题，而实践中最容易获得、最有现实意义的是物质的浓度，因此许多学者近似地直接用浓度表示平衡状态，即测得在给定条件（温度、浓度）下，反应平衡后生成物和反应物的浓度商 K_c（亦称为表观平衡常数），用 K_c 判断给定条件下反应进行的可能性和限度，对上述反应而言：

$$K_c = [C]^c[D]^d/[B]^b \tag{2-7}$$

式中 [B]，[C]，[D] ——分别为 B、C、D 的浓度。

对非电解质溶液，*K* 与 K_c 的关系为：

$$a_i = r_i[C]_i \text{（拉乌尔定律）}$$

$$K = a_C^c a_D^d / a_B^b = r_C^c[C]^c r_D^d[D]^d / r_B^b[B]^b = K_c \cdot r_C^c \times r_D^d / r_B^b \tag{2-8}$$

式中 r_B，r_C，r_D ——分别是 B、C、D 的活度系数。

对电解质溶液而言，也可求出 *K*、r_i、K_c 之间的类似关系式。由于活度系数与溶液中所有组分的浓度有关，因此，K_c 不仅与温度有关，亦与溶液组成及浓度有关。

2.2.2 表观平衡常数 K_c 的测定

测定 K_c 值一般是将待浸出物料（A）与浸出剂（B）在给定条件下进行反应：

$$\alpha A(s) + bB(aq) \xlongequal{\quad} cC(aq) + dD(aq)$$

达到平衡后，测定 B、C、D（设 C、D 均为溶液状态）的浓度，按式（2-8）计算，即可得给定条件下的 K_c 值。

具体测定时不但要保证系统内确实达到平衡状态，而且还要保证在整个取样及试样处理过程中不因条件的改变（如温度改变等）而使平衡迁移。为此采取如下措施：

（1）为了证实反应达到平衡状态，将待浸出物料（A）与浸出剂（B）进行反应，每隔一段时间取样分析溶液成分，当成分不随时间延长而改变时，则认为反应达到平衡。

（2）在配料时，浸出剂 B 的用量应远少于按待浸物料 A 量计算的理论量，以保证浸出过程中始终有足够量的 A 与 B 作用，使 B 的浓度有可能降至平衡值，若 B 量超过理论量，以致后期 A 消耗将尽，此时 B 浓度虽然不再随时间延长而降低，但是，这种情况不是由于达到平衡状态，而是由于 A 缺乏，显然所求的 K_c 值不准且偏低。

（3）为保证在取样及过滤过程中不致因条件改变而发生平衡的迁移，有人采取急降温以降低逆反应速度的方法，这种方法的效果是有限的，特别是它有可能导致某些溶解物质的结晶析出。正确的方法应是在作业温度下，能在反应器内直接取样过滤，因而对试验设备的结构提出了严格的要求，特别是在工作温度超过 100℃、工作压力超过 101kPa 时，难度更大。

2.2.3 平衡常数的测定

平衡常数测定的方法有：

（1）在测定表观平衡常数的基础上外延，由于溶液中离子浓度 c_i 接近零时，各组分的活度系数均接近 1，即 $K_c \approx K$，因此为求 K 值一般是测定不同 c_i 值下的 K_c 值，将 K_c 对 $\sqrt{c_i}$ 作图，再外延到 $c_i = 0$，即得 K 值，如图 2-1 所示。

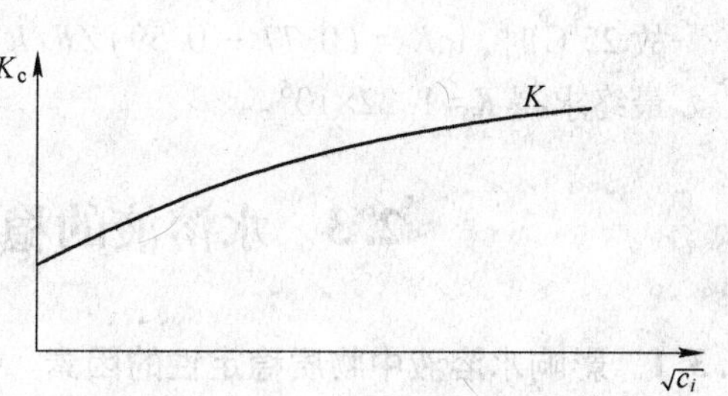

图 2-1 由 K_c 值求 K 值示意图

（2）测定平衡后溶液的成分，再根据已知的活度系数（从相关活度数据表中查得），求出各组分的活度，进而求出平衡常数值。

2.2.4 平衡常数的计算

根据已有的热力学数据，可直接计算出浸出反应的平衡常数值，主要方法有：

（1）根据浸出反应的标准吉布斯自由能变化 $\Delta_r G_{mT}^{\ominus}$。

由等温方程 $\Delta_r G_{mT}^{\ominus} = -RT\ln K$，已知 $\Delta_r G_{mT}^{\ominus}$，即可求出 T（K）时的平衡常数值。

（2）根据反应物及生成物的溶度积。

此方法主要适用于浸出反应为产生一种难溶化合物的复分解反应的情况，例如对白钨矿的浸出，平衡常数与溶度积有如下关系：

$$CaWO_4(s) + 2NaOH(aq) \longrightarrow Ca(OH)_2(s) + Na_2WO_4(aq) \tag{2-9}$$

$$K = a_{WO_4^{2-}} a_{Na^+}^2 / (a_{Na^+}^2 a_{OH^-}^2) \tag{2-10}$$

$$K = K_{sp[CaWO_4]} / K_{sp[Ca(OH)_2]} \tag{2-11}$$

$$3CaWO_4(s) + 2Na_3PO_4(aq) \longrightarrow Ca_3(PO_4)_2(s) + 3Na_2WO_4(aq) \tag{2-12}$$

$$K = a_{WO_4^{2-}}^3 a_{Na^+}^6 / (a_{PO_4^{3-}}^2 a_{Na^+}^6) \tag{2-13}$$

$$K = K_{sp[CaWO_4]}^3 / K_{sp[Ca_3(PO_4)_2]} \tag{2-14}$$

通过溶度积计算平衡常数较方便，但目前难以找到高温下的溶度积数据。

（3）根据反应的标准电动势。

主要适用于有氧化还原反应的浸出，对浸出反应其电极电位表达式为：

$$\varphi = \varphi^{\ominus} + \frac{RT}{ZF}\ln\frac{a_{氧化}}{a_{还原}} = \varphi^{\ominus} - \frac{RT}{ZF}\ln K \tag{2-15}$$

反应平衡时 $\varphi = 0$，$\varphi^{\ominus} = \varphi_2^{\ominus} - \varphi_1^{\ominus}$（$\varphi_2^{\ominus}$、$\varphi_1^{\ominus}$ 为氧化态和还原态物质反应电动势）：

$$\varphi^{\ominus}=\frac{RT}{ZF}\ln K$$

整理得
$$\ln K=\frac{ZF\varphi^{\ominus}}{RT},\ K=10^{\frac{ZF\varphi^{\ominus}}{2.303RT}} \tag{2-16}$$

例如蓝铜矿的 $FeCl_3$ 溶液浸出：

$$CuS + 2Fe^{3+} = Cu^{2+} + S + 2Fe^{2+} \tag{2-17}$$

已知 25℃时的电极反应为：

$$CuS\text{-}2e = Cu^{2+} + S \qquad \varphi_1^{\ominus} = +0.59V \tag{2-18}$$

$$2Fe^{3+} + 2e = 2Fe^{2+} \qquad \varphi_2^{\ominus} = +0.77V \tag{2-19}$$

故 25℃时，$\ln K = (0.77 - 0.59)ZF/RT = 0.18 \times 2 \times 96500/(8.314 \times 298) = 14.02$

最终求得 $K=1.22\times10^6$。

2.3　水溶液的稳定性与电位-pH 值图

2.3.1　影响水溶液中物质稳定性的因素

反应的吉布斯自由能变化决定着水溶液中物质的反应能否进行，而水溶液中物质反应的吉布斯自由能变化，与水溶液的 pH 值、物质的电位、浓度、温度、压强等都有关系。如果在温度和压强一定的条件下，影响物质在水溶液中稳定性的因素，则主要是水溶液的 pH 值、物质的电极电位和活度。活度的影响主要体现在计算水溶液 pH 值和物质电极电位的时候，它与两者之间呈线形关系。一般来说，溶液中物质的活度是以浓度的形式给出，通过活度系数加以校正后求得确定的活度值。

下面探讨 pH 值、电极电位以及形成配位化合物对物质在水溶液中稳定性的影响。

2.3.1.1　pH 值的影响

某种难溶物质，例如 $Fe(OH)_2$ 与纯水接触时，它将微量溶解，并电离成离子：

$$Fe(OH)_2 \rightleftharpoons Fe^{2+} + 2OH^- \tag{2-20}$$

反应平衡常数：
$$K = a_{Fe^{2+}} \cdot a_{OH^-}^2 / a_{Fe(OH)_2} \tag{2-21}$$

因为纯物质的活度为 1，所以 $K = a_{Fe^{2+}} \cdot a_{OH^-}^2$，又由于该物质微溶，故可认为两种离子的活度系数也为 1，活度近似等于物质在水溶液中的浓度，这时的平衡常数 K 就相当于 $Fe(OH)_2$ 的溶度积 K_{sp}。

$\Delta G^{\ominus}$ 与平衡常数的关系式为：$\Delta_r G_{mT}^{\ominus} = -RT\ln K$，$R = 8.314J/(K\cdot mol)$

$$\Delta_r G_{mT}^{\ominus} = \Delta_r G_{m(Fe^{2+})}^{\ominus} + 2\Delta_f G_{m(OH^-)}^{\ominus} - \Delta_f G_{mFe(OH)_2}^{\ominus} = 84432J/mol$$

所以
$$\lg K = -14.8$$

溶液中水的离解反应为：

$$H_2O = H^+ + OH^- \tag{2-22}$$

因为在 298K 时水的离子积为：

$$[H^+]\cdot[OH^-] = 10^{-14}$$

所以
$$\lg[H^+]\cdot[OH^-] = -14,\ \lg[OH^-] = -14 - \lg[H^+]$$

又因为 $pH = -\lg[H^+]$

所以 $\lg[OH^-] = -14 + pH$

因为 $\lg K = \lg[Fe^{2+}][OH^-]^2 = -14.8$

所以 $\lg[Fe^{2+}] = -14.8 - 2\lg[OH^-] = -14.8 - 2(-14 + pH) = 13.2 - 2pH$

于是导出反应（2-20）的平衡条件是：

$$pH = 6.6 - \frac{1}{2}\lg a_{Fe^{2+}} \tag{2-23}$$

用同样的方法可以求出反应：

$$Fe(OH)_3 \rightleftharpoons Fe^{3+} + 3OH^- \tag{2-24}$$

平衡条件为：

$$pH = 1.6 - \frac{1}{3}\lg a_{Fe^{3+}} \tag{2-25}$$

以上计算表明，可根据物质溶解-沉淀平衡计算得出物质稳定程度与 pH 值的关系。若假设 Fe^{3+}、Fe^{2+}的活度均为 1，那么反应（2-20）、（2-24）两式的平衡 pH 值分别为 6.6 和 1.6，当溶液 pH 值小于 1.6 时，式（2-20）、式（2-24）将按正方向进行，溶液中稳定存在的物质是 Fe^{2+}、Fe^{3+}；若 pH 值大于 1.6，式（2-20）将按逆方向进行，$Fe(OH)_3$ 是溶液中的稳定物质，直到溶液 pH 值增大到 6.6 时才开始有 $Fe(OH)_2$ 生成。所以，在湿法炼锌中性浸出时，当控制溶液终点 pH 值为 5.2（远远大于式（2-24）的平衡 pH 值）时，Fe^{3+} 即几乎全部水解生成 $Fe(OH)_3$ 沉淀而析出，Fe^{2+} 却仍留在溶液中。

2.3.1.2 物质电极电位的影响

在湿法冶金过程中存在着许多氧化还原反应（有电子参与的反应）。例如，在湿法炼锌过程中有如下反应：

$$2Fe^{2+} + MnO^{2+} + 4H^+ = 2Fe^{3+} + Mn^{2+} + 2H_2O \tag{2-26}$$

$$Cu^{2+} + Zn = Zn^{2+} + Cu \tag{2-27}$$

这些反应均可看作由氧化和还原的两个半电池反应构成，如净化过程中常用到的置换反应式（2-27）是由下列两个半电池反应构成的：

$$Zn - 2e = Zn^{2+} \quad （氧化）$$

$$Cu^{2+} + 2e = Cu \quad （还原）$$

那么，在溶液中就可能存在着两类氧化-还原反应：

（1）简单离子的电极反应：$Me^{Z+} + Ze = Me$，如：$Fe^{2+} + 2e = Fe$，$Zn^{2+} + 2e = Zn$，平衡时电极电位 φ 与溶液中金属离子活度之间的关系，可由能斯特公式求出：

$$\varphi = \varphi^{\ominus} + \frac{RT}{ZF}\ln\frac{a_{氧化}}{a_{还原}}$$

即

$$\varphi = \varphi^{\ominus} - \frac{RT}{ZF}\ln\frac{a_{Me}}{a_{Me^{Z+}}}$$

或

$$\varphi = \varphi^{\ominus} + \frac{RT}{ZF}\ln\frac{a_{Me^{Z+}}}{a_{Me}} \tag{2-28}$$

式中，$\varphi^{\ominus}$ 是标准电极电位，它是由热力学量与电化学量导出的桥梁公式：

$$\Delta_r G_{mT}^{\ominus} = -ZF\varphi^{\ominus}$$

式中　F——法拉第常数，$F = 96500\text{J}/(\text{V}\cdot\text{mol})$；

Z——反应得失的电子数；

$\Delta_r G_{mT}^{\ominus}$——反应的标准吉布斯自由能变化，它与 $\varphi^{\ominus}$ 通过 Z 联系起来，得：

$$\varphi^{\ominus} = \frac{-\Delta_r G_{mT}^{\ominus}}{96500 \times Z} \tag{2-29}$$

例如，还原反应 $Zn^{2+} + 2e = Zn$ 的标准电极电位，可通过查热力学数据表中反应的标准吉布斯自由能变化的数据求得：

$$\Delta_r G_{mT}^{\ominus} = \Delta_f G_{m(Zn)}^{\ominus} - \Delta_f G_{m(Zn^{2+})}^{\ominus} = 147.176\text{kJ/mol}$$

$$\varphi_{Zn^{2+}/Zn}^{\ominus} = \frac{-147176}{96500 \times 2} = -0.763\text{V}$$

当温度为 298K 时：$\varphi_{Zn^{2+}/Zn} = -0.763 + 0.029551\lg a_{Zn^{2+}}$

按同样方法可求得：$\varphi_{Fe^{2+}/Fe} = -0.44 + 0.029551\lg a_{Fe^{2+}}$

上式为简单离子电极反应的还原电极电位与离子活度之间的平衡关系式。

(2) 溶液中离子之间的电极反应：此类反应的平衡电极电位与水溶液中金属离子活度之间的关系，也可由能斯特公式求出，例如：$Fe^{3+} + e = Fe^{2+}$。

当温度为 298K 时，溶液中离子之间的电极电位可用下式表示为：

$$\varphi = \varphi^{\ominus} + \frac{0.0591}{Z}\ln\frac{a_{氧化}}{a_{还原}}$$

吉布斯自由能变化：

$$\Delta_r G_{mT}^{\ominus} = \Delta_f G_{m(Fe^{2+})}^{\ominus} - \Delta_f G_{m(Fe^{3+})}^{\ominus} = -74.392\text{kJ/mol}$$

所得代入式（2-29）得：

$$\varphi_{Fe^{3+}/Fe^{2+}}^{\ominus} = \frac{-(-74392)}{96500 \times 1} = 0.771\text{V}$$

当温度为 298K 时：$\varphi_{Fe^{3+}/Fe^{2+}} = 0.771 + 0.0591\lg a_{Fe^{3+}} - 0.0591\lg a_{Fe^{2+}}$

用上面的方法可以计算出其他半电池反应平衡的电极电位与离子活度的关系式。若已知溶液中离子的活度，则可算出在该活度条件下的平衡电极电位，这样就能通过控制溶液中的电位来控制反应的方向和限度。

当控制电位低于溶液的平衡电极电位时，溶液中的元素就向还原方向进行，直到控制电位与溶液的平衡电极电位相等时为止；当控制电位高于溶液的平衡电极电位时，溶液中的元素则向氧化方向进行，直到两电位相等。

例如，在 $Fe^{2+} + 2e = Fe$ 反应中，若 Fe^{2+} 活度为 1 时，控制电位高于 -0.44V 时，Fe 便氧化成 Fe^{2+}，稳定态为 Fe^{2+}；当电位低于 -0.44V 时，Fe^{2+} 便还原成 Fe，稳定态为 Fe。

2.3.1.3　形成配位化合物的影响

(1) 没有形成配位化合物时，溶液中金属离子的还原反应和电极电位为：

$$Me^{Z+} + Ze = Me$$

$$\varphi_{Me^{Z+}/Me} = \varphi_{Me^{Z+}/Me}^{\ominus} + \frac{RT}{ZF}\ln\frac{a_{Me^{Z+}}}{a_{Me}} \tag{2-30}$$

(2) 在溶液中形成配位化合物时，配合剂 L 有的是带电的，有的则不带电，假设配合剂不带电，形成配位化合物的反应通式和平衡常数 K 为：

$$Me^{Z+} + nL \longrightarrow MeL_n^{Z+}$$

$$K = \frac{a_{MeL_n^{Z+}}}{a_{Me^{Z+}} \cdot a_L^n} = \frac{1}{K_d} \tag{2-31}$$

式中 K_d——配位化合物的离解常数。

(3) 形成配位化合物，可使溶液中简单金属离子的活度降低，这样便使实际平衡电极电位降低。形成配位化合物时，溶液中金属离子浓度可由式（2-31）推得：

$$a_{Me^{Z+}} = K_d \cdot \frac{a_{MeL_n^{Z+}}}{a_L^n} \tag{2-32}$$

(4) 现假设溶液中只有未配合的金属离子还原成金属，则将式（2-32）代入式（2-30）中，可得到形成配位化合物时，未配合的金属离子还原反应的电极电位：

$$\varphi_{Me^{Z+}/Me} = \varphi^{\ominus}_{Me^{Z+}/Me} + \frac{RT}{ZF}\ln\frac{a_{Me^{Z+}}}{a_{Me}} = \varphi^{\ominus}_{Me^{Z+}/Me} + \frac{RT}{ZF}\ln K_d \frac{a_{MeL_n^{Z+}}}{a_L^n} \tag{2-33}$$

若取 $a_{MeL_n^{Z+}} = 1$，$a_L = 1$ 为标准状态，则形成配位化合物时未配合金属离子还原反应的标准平衡电极电位为

$$\varphi_{Me^{Z+}/Me} = \varphi^{\ominus}_{Me^{Z+}/Me} + \frac{RT}{ZF}\ln K_d \tag{2-34}$$

由式（2-34）可以看出，如果已知配合物的活度、配合剂的活度和配位化合物的离解常数，就可以求出形成配位化合物的平衡电极电位值。

现以银为例来计算形成配位化合物对标准电极电位的影响。不生成配合离子时：

$$Ag^+ + e \longrightarrow Ag, \ \varphi^{\ominus}_{Ag^+/Ag} = 0.799$$

生成配合离子时的反应式、平衡常数及其溶液中金属离子的浓度为：

$$Ag^+ + 2CN^- \longrightarrow Ag(CN)_2^-, \ K = \frac{a_{Ag(CN)_2^-}}{a_{Ag^+} \cdot a_{CN^-}^2}, \ a_{Ag^+} = \frac{a_{Ag(CN)_2^-}}{K \cdot a_{CN^-}^2}$$

形成配位化合离子时，未配合金属离子还原反应的平衡电极电位为：

$$\varphi_{Ag^+/Ag} = \varphi^{\ominus}_{Ag^+/Ag} + \frac{RT}{ZF}\ln\frac{a_{Ag(CN)_2^-}}{Ka_{CN^-}^2}$$

当 $a_{Ag(CN)_2^-} = a_{CN^-} = 1$，温度为 298K 时，若知 $K = 10^{18.8}$，$K_d = 1/K$，则形成配位化合离子时未配合金属离子还原反应的标准平衡电极电位为：

$$\varphi_{Ag^+/Ag} = \varphi^{\ominus}_{Ag^+/Ag} + \frac{RT}{ZF}\ln K_d = 0.799 + 0.0591\lg 10^{-18.8} = -0.31V$$

用同样的方法，可以求出形成配位化合离子 Au $(CN)_2^-$后，未配合 Au^+离子还原反应的标准平衡电极电位（$T = 298K$，$K = 10^{38}$，$K_d = 1/K = 10^{-38}$）：

$$Au^+ + e \longrightarrow Au \qquad Au^+ + 2CN^- \longrightarrow Au(CN)_2^-$$

$$\varphi_{Au^+/Au} = \varphi^{\ominus}_{Au^+/Au} + \frac{RT}{ZF}\ln K_d = 1.50 + 0.0591\lg 10^{-38} = -0.562V$$

从计算结果看出，生成配位化合离子 $Ag(CN)_2^-$、$Au(CN)_2^-$后，Au、Ag 的还原电位显

著降低了。这是因为CN^-存在时，形成的配位化合离子显著降低了Au^+、Ag^+的有效浓度，从而降低了其平衡电极电位。Au^+、Ag^+易被还原，而$Au(CN)_2^-$、$Ag(CN)_2^-$较难还原，即金、银以配位化合离子稳定于溶液中。

2.3.2 水的不稳定性

2.3.2.1 水的不稳定性及其主要反应

在湿法冶金中，各种过程是在水或溶液（酸、碱或盐）中完成的。水溶液中存在的氢离子、氢氧根离子以及水分子，在有氧化剂或还原剂存在的条件下，有可能不稳定，被还原或氧化，析出氢气或氧气。

（1）如果在给定条件不变的情况下，溶液中有比氢的电位更负电性的还原剂存在时，还原剂就可能使氢离子或水分子还原生成气态氢：

在酸性溶液中，还原剂可使H^+发生还原反应：$2H^+ + 2e = H_2$；

在碱性溶液中，还原剂可使H_2O发生还原反应：$2H_2O + 2e = H_2 + 2OH^-$。

氢电极电位：
$$\varphi_{H^+/H_2} = \varphi^{\ominus}_{H^+/H_2} + \frac{RT}{ZF}\ln\frac{a^2_{H^+}}{p_{H_2}/p^{\ominus}} \tag{2-35}$$

由于在任何温度下$\varphi^{\ominus}_{H^+/H_2} = 0$，$Z = 2$，所以298K时式（2-35）具有以下形式：
$$\varphi_{H^+/H_2} = -0.0591\text{pH} - 0.02951\lg p_{H_2}/p^{\ominus} \tag{2-36}$$

（2）如果在给定条件不变的情况下，溶液中有电极电位比氧的电极电位更正电性的氧化剂存在时，氧化剂可能使氢氧根离子或水分子发生氧化反应生成氧：

在酸性溶液中，氧化剂可能使H_2O发生氧化反应：$2H_2O - 4e = O_2 + 4H^+$；

在碱性溶液中，氧化剂可能使OH^-发生氧化反应：$4OH^- - 4e = O_2 + 2H_2O$。

氧电极电位：
$$\varphi_{O_2/OH^-} = \varphi^{\ominus}_{O_2/OH^-} + \frac{RT}{ZF}\ln a^4_{H^+} p_{O_2}/p^{\ominus} \tag{2-37}$$

在这里$Z = 4$，根据$\Delta_r G^{\ominus}_{mT} = -ZF\varphi^{\ominus}$，查表得$\Delta_r G^{\ominus}_{mT}$，计算出$\varphi^{\ominus}$，即可求出在298K时：
$$\varphi_{O_2/OH^-} = 1.229 - 0.0591\text{pH} + 0.0148\lg p_{O_2}/p^{\ominus} \tag{2-38}$$

2.3.2.2 水的电位-pH值图及应用

在298K，p_{H_2}和p_{O_2}都等于1.01325×10^5 Pa时，根据式（2-36）和式（2-38）得知，氧电极电位和氢电极电位分别与溶液的pH值有关，水的电位-pH值图如图2-2所示。

图中直线1为氧线，2为氢线，这两条直线把电位-pH值图分成了Ⅰ、Ⅱ、Ⅲ三个区域。Ⅰ区为O_2稳定存在区；Ⅱ区为H_2O稳定存在区；Ⅲ区为H_2稳定存在区。

通过对图形分析，可知：

（1）位于区域Ⅲ中，电极电位低于氢的电极电位的还原剂（例如Zn），在酸性溶液中能使氢离子还原而析出氢气。例如图2-2中的线e，在该条件下，能进行反应$Zn + 2H^+ = Zn^{2+} + H_2$，而且这个反应也将一直进行到两个电极电位值相等时为止（还原剂随着它的消耗而电极电位升高，氢电极由于溶液酸度降低而电极电位降低）。

（2）位于区域Ⅰ中，电极电位高于氧的电极电位的氧化剂会使水分解而析出氧气，例如图 2-2 中的线 a，在该条件下，能发生反应 $4Au^{3+}+6H_2O = 4Au+3O_2+12H^+$，而且这个反应将一直进行到两个电极电位值相等时为止（氧化剂由于活度减小而电极电位降低，氧电极由于介质酸度增大而电极电位增大）。

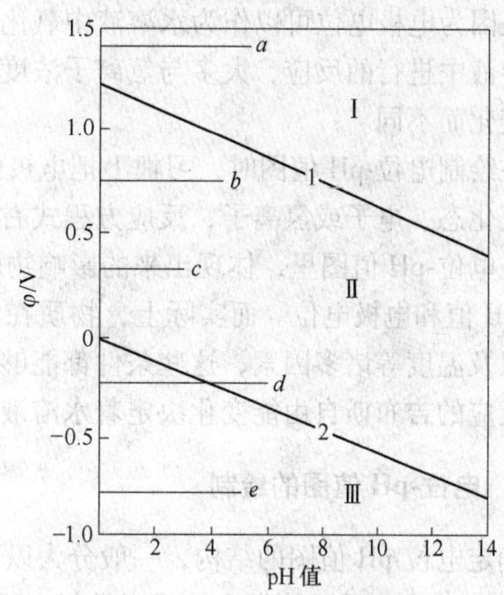

图 2-2　水的电位-pH 值图

1—在 p_{O_2} 为 101325Pa（1atm）时氧电极电位随 pH 值的变化；

2—在 p_{H_2} 为 101325Pa（1atm）时氢电极电位随 pH 值的变化

a—Au^{3+}/Au；b—Fe^{3+}/Fe^{2+}；

c—Cu^{2+}/Cu；d—Ni^{2+}/Ni；e—Zn^{2+}/Zn

（3）位于线 1 和线 2 之间的区域Ⅱ，就是水的热力学稳定区。电极电位在区域Ⅱ之内的一切体系，从它们不与水的离子或分子相互作用这个角度来说，是稳定的。但是，如果以气态氧或氢使这些体系饱和，那么它们仍然可以被氧氧化或被氢还原。因此，从对气态氧或气态氢的作用而言，这些体系又是不稳定的。相反，那些电极电位在氧电极线 1 以上的体系不会与气态氧发生反应，而那些电极电位在氢电极线 2 以下的体系也不会与气态氢发生反应。

（4）电极电位处在图 2-2 中线 d 所示位置的体系，如 Ni^{2+}-Ni 体系，可以与水处于平衡，也可以使水分解而析出氢气，这取决于溶液的 pH 值。当溶液的 pH 值低于线 2 与线 d 交点时，将使水分解而析出氢气，高于线 2 与线 d 交点时则与水处于平衡。

对湿法冶金来说，掌握水的热力学稳定区域图的意义很重要，因为这个图为判断参与过程的各种物质能否与溶剂发生相互作用提供了理论依据，而且它也是金属-H_2O 系和金属化合物-H_2O 系的电位-pH 值图的一个组成部分。

2.4　电位-pH 值图在湿法冶金中的应用

在湿法冶金中，广泛采用电位-pH 值图来研究影响物质在水溶液中稳定性的因素，它本质上是一种热力学平衡图。它以图的形式来表示系统内平衡状态与热力学常数之间的关系，全面地揭示着系统平衡情况，通过这样的图，我们能够一目了然地知道，为制取某种产品所需的条件以及应如何创造这些条件。

电位-pH 值图是在给定的温度和组成活度（常简化为浓度），或气体逸度（常简化为气相分压）下，表示反应过程电位与 pH 值的关系图。该图以元素的电极电位（φ）为纵坐标，水溶液的 pH 值为横坐标，将元素与水溶液之间大量的、复杂的化学反应以及电化学反应在给定条件下的平衡关系简单明了地展示于一个平面或空间里。根据此图，可方便地推断出各反应发生的可能性及生成物的稳定性，形象、直观地描述了溶液中化学平衡条件、反应进行方向、反应限度及某种组分的优势区域。电位-pH 值图取电极电位为纵坐标，是因为电极电位可以作为水溶液中氧化-还原反应趋势的量度；pH 值为横坐标，是因为水溶液中进行的反应，大多与氢离子浓度有关，许多化合物在水溶液中的稳定性随 pH 值的变化而不同。

在绘制电位-pH 值图时，习惯上把电极电位写为还原电极电位，反应方程式左边写物质的氧化态、电子或氢离子，反应方程式右边写物质的还原态。

在电位-pH 值图里，体现出来的影响物质在水溶液中稳定性的因素主要有两个，即溶液的 pH 值和电极电位。而实际上，物质在水溶液中的稳定性还取决于反应物质的活度、压强以及温度等诸多因素，这些条件都能够集中体现于反应的吉布斯自由能变化，也就是说，反应的吉布斯自由能变化决定着水溶液中物质的稳定性。

2.4.1　电位-pH 值图的绘制

确定电位-pH 值图的结构，一般分为以下几个步骤：

(1) 确定体系可能发生的反应及每个反应的平衡方程式；

(2) 查热力学数据表计算出反应的 $\Delta_r G_{mT}^{\ominus}$ 和 K；

(3) 推导出 φ 表达式、pH 值表达式和 φ-pH 值关系式；

(4) 根据给定的离子活度、温度及气体分压计算出 φ 和 pH 值的具体值；

(5) 建立电位-pH 值坐标将计算结果在图中表示出来即可。

现以 Fe-H_2O 系电位-pH 值图为例说明电位-pH 值图的绘制方法。可能的反应如表 2-1 所示。

表 2-1　298K 时 Fe-H_2O 系中可能存在的反应及反应的电位-pH 值关系式

序号	反　应	$\Delta_r G_{mT}^{\ominus}$/kJ · mol^{-1}	电位-pH 值关系式
①	$Fe(OH)_3+3H^++e=Fe^{2+}+3H_2O$	-102.006	$\varphi=1.057-0.177pH-0.0591\lg a_{Fe^{2+}}$
②	$Fe(OH)_2+2H^++2e=Fe+2H_2O$	9.539	$\varphi=-0.049-0.0591pH$
③	$Fe(OH)_3+H^++e=Fe(OH)_2+H_2O$	-26.568	$\varphi=0.275-0.0591pH$
④	$Fe(OH)_2+2H^+=Fe^{2+}+2H_2O$	-75.438	$pH=6.6-\frac{1}{2}\lg a_{Fe^{2+}}$
⑤	$Fe(OH)_3+3H^+=Fe^{3+}+3H_2O$	-27.615	$pH=1.6-\frac{1}{3}\lg a_{Fe^{3+}}$
⑥	$Fe^{2+}+2e=Fe$	84.977	$\varphi=-0.44+0.029551\lg a_{Fe^{2+}}$
⑦	$Fe^{3+}+e=Fe^{2+}$	-74.391	$\varphi=0.77+0.0591\lg a_{Fe^{3+}}-0.0591\lg a_{Fe^{2+}}$
ⓐ	$H^++e=1/2H_2$	0	$\varphi=-0.0591pH-0.0591\lg\left(\frac{p_{H_2}}{p^{\ominus}}\right)^{\frac{1}{2}}$
ⓑ	$O_2+4H^++4e=2H_2O$	-474.382	$\varphi=1.229-0.0591pH+\frac{0.0591}{4}\lg\frac{p_{O_2}}{p^{\ominus}}$

这些反应大致可分为以下三类反应：

第一类反应：没有氢离子、只有电子参与的反应。此类反应只与电位有关，反应平衡时的电位与 pH 值无关，它在电位-pH 值图上是一条“水平线”。

例如，表 2-1 中的反应⑦就属于此类反应：

$$Fe^{3+}+e=\!=\!=Fe^{2+}$$

298K 反应平衡时，电位与 Fe^{2+}、Fe^{3+} 的活度存在如下关系式：

$$\varphi = 0.771 + 0.0591\lg a_{Fe^{3+}} - 0.0591\lg a_{Fe^{2+}}$$

反应达到平衡时 $a_{Fe^{3+}} = 1$，$a_{Fe^{2+}} = 1$，$\varphi = \varphi^{\ominus} = 0.771V$。在电位-pH 值图上标为⑦。

第二类反应：只有氢离子而无电子参与的反应。此类反应只与溶液的 pH 值有关，与电位无关，在电位-pH 值图上它是一条垂直线。

例如，表 2-1 中的反应④就属于此类反应：

$$Fe(OH)_2 + 2H^+ = Fe^{2+} + 2H_2O$$

反应平衡时，溶液的 pH 值与 Fe^{2+} 的活度的关系：pH 为 $6.6 - 1/2\lg a_{Fe^{2+}}$。

当 $a_{Fe^{2+}} = 1$ 时，反应达到平衡的 pH 值为 6.7。将它绘制在电位-pH 值图上，标为④。

第三类反应：既有氢离子又有电子参与的反应，此类反应，绘制在电位-pH 值图上是一条“斜线”。

例如，表 2-1 中的反应①就属于此类反应，①所表示的反应如下：

$$Fe(OH)_3 + 3H^+ + e = Fe^{2+} + 3H_2O$$

298K 反应平衡时，电位与溶液的 pH 值和 Fe^{2+} 的活度存在如下关系式：

$$\varphi = 1.057 - 0.177pH - 0.0591\lg a_{Fe^{2+}}$$

这表明此类反应不仅与 pH 值有关，而且还与电位有关，它在电位-PH 值图上是一条斜线，其斜率为-0.177。当 $a_{Fe^{2+}} = 1$ 时，$\varphi = 1.057 - 0.177pH$，将此关系绘制在电位-pH 值图上，标为线①。

电位-pH 值图中还有表示水的稳定区的两条虚线：氢线 ⓐ和氧线ⓑ。

由表 2-1 可以看出，①、②、③属于第三类反应，④、⑤属于第二类反应，⑥、⑦属于第一类反应。

将表 2-1 中的式①~⑦和ⓐ、ⓑ的关系绘制出来，便得到 $Fe-H_2O$ 系电位-pH 值图，如图 2-3 所示。

2.4.2 电位-pH 值图的应用

2.4.2.1 $Fe-H_2O$ 系电位-pH 值图

电位-pH 值图中的点、线和区域意义如下：

（1）在图 2-3 中有三线相交于一点的情况，如线①、⑤、⑦相交于一点，这个交点表示三个反应达到平衡时的电位、pH 值相同，是一个（Fe^{2+}、Fe^{3+}、$Fe(OH)_3$）三相平衡共存点。

（2）图中每一条线代表一个平衡方程式，而线的位置与组分的活度有关，如线⑥：

$$\varphi = -0.44 + 0.029551\lg a_{Fe^{2+}}$$

（3）图 2-3 中，由线条围合起来的空白区域表示某种组分的稳定区。比如Ⅰ区是 Fe 的稳定区，Ⅱ区是 Fe^{2+} 的稳定区，Ⅲ区是 Fe^{3+} 的稳定区，Ⅳ区是 $Fe(OH)_3$ 的稳定区，Ⅴ区是 $Fe(OH)_2$ 的稳定区，线 a、b 之间则是水的稳定区。因此，Ⅰ区是 Fe 的沉积区，Ⅱ、Ⅲ区是 Fe 以 Fe^{2+} 或 Fe^{3+} 稳定存在的浸出区。Ⅳ、Ⅴ区是 Fe 分别以 $Fe(OH)_3$ 和 $Fe(OH)_2$ 沉淀析出的沉积区，在湿法炼锌过程中应保证 Zn^{2+} 稳定存在于溶液中，而尽量使 Fe 处于Ⅳ、Ⅴ区，从而使 Fe 与 Zn 分离。

（4）对于 Fe-H_2O 系电位-pH 值图来说，当 $a_{Fe^{2+}}$变化时，线的位置也会改变，因此，同一种物质在不同 $a_{Fe^{2+}}$下的电位-pH 值图是不一样的，见图 2-4。

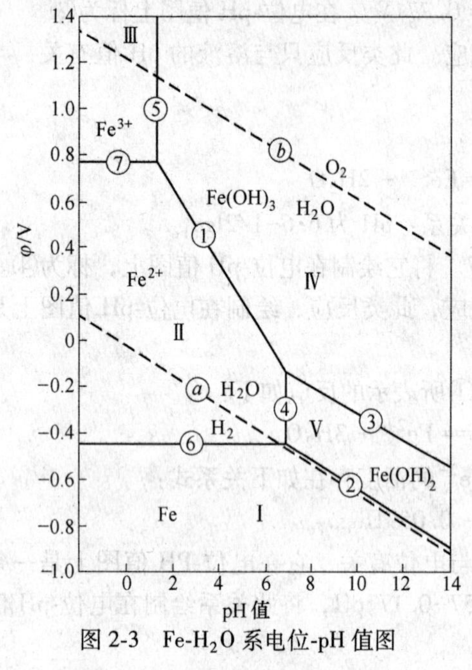

图 2-3 Fe-H_2O 系电位-pH 值图

（298K，p_{O_2}、p_{H_2}为 1.01325×10^5Pa ）

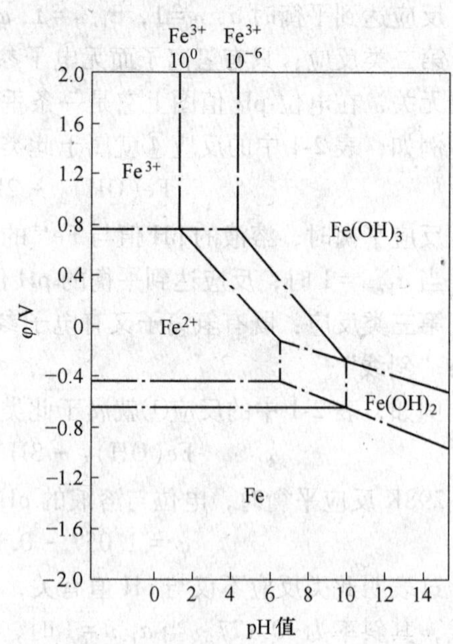

图 2-4 Fe-H_2O 系电位-pH 值图

（298K，Fe^{3+}、Fe^{3+}活度为 1、10^{-6}）

2.4.2.2 硫化矿酸浸溶液 ZnS-H_2O 系电位-pH 值图

ZnS-H_2O 系各有关反应在 298K 下的 φ 和 pH 值的计算式，如表 2-2 所示。

表 2-2 ZnS-H_2O 系的反应及其在 298K 下的 φ 和 pH 值的计算式

编号	反 应 式	φ 和 pH 值的计算式
①	$Zn^{2+}+S+2e = ZnS$	$\varphi=0.265+0.0295\log a_{Zn^{2+}}$
②	$ZnS+2H^+ = Zn^{2+}+H_2S$	$pH=-2.084-0.5\log a_{Zn^{2+}}-0.5\log a_{H_2S}$
③	$S+2H^++2e = H_2S$	$\varphi=0.142-0.0591pH-0.0295\log a_{H_2S}$
④	$HSO_4^-+7H^++6e = S+4H_2O$	$\varphi=0.338-0.0689pH+0.00985\log a_{HSO_4^-}$
⑤	$SO_4^{2-}+H^+ = HSO_4^-$	$pH=1.91-\log a_{HSO_4^-}+\log a_{SO_4^{2-}}$
⑥	$SO_4^{2-}+8H^++6e = S+4H_2O$	$\varphi=0.357-0.0788pH+0.00985\log a_{SO_4^{2-}}$
⑦	$Zn^{2+}+HSO_4^-+7H^++8e = ZnS+4H_2O$	$\varphi=0.320-0.0517pH+0.0074\log a_{Zn^{2+}}\cdot a_{HSO_4^-}$
⑧	$Zn^{2+}+SO_4^{2-}+8H^++8e = ZnS+4H_2O$	$\varphi=0.334-0.0591pH+0.00741\log a_{Zn^{2+}}\cdot a_{SO_4^{2-}}$
⑨	$2Zn^{2+}+SO_4^{2-}+2H_2O = ZnSO_4\cdot Zn(OH)_2+2H^+$	$pH=3.77-0.5\log a_{SO_4^{2-}}-\lg a_{Zn^{2+}}$
⑩	$ZnSO_4\cdot Zn(OH)_2+SO_4^{2-}+18H^++16e = 2ZnS+10H_2O$	$\varphi=0.364-0.0665pH+0.00371\log a_{SO_4^{2-}}$
⑪	$ZnSO_4\cdot Zn(OH)_2+2H_2O = 2Zn(OH)_2+2H^++SO_4^{2-}$	$pH=8.44+0.5\log a_{SO_4^{2-}}$
⑫	$Zn(OH)_2+10H^++SO_4^{2-}+8e = ZnS+6H_2O$	$\varphi=0.425-0.0739pH+0.0074\log a_{SO_4^{2-}}$
⑬	$ZnO_2^{2-}+2H^+ = Zn(OH)_2$	$pH=14.25+0.5\log a_{ZnO_2^{2-}}$
⑭	$ZnO_2^{2-}+SO_4^{2-}+12H^++8e = ZnS+6H_2O$	$\varphi=0.635-0.0887pH+0.0074\log a_{ZnO_2^{2-}}\cdot a_{SO_4^{2-}}$

续表 2-2

编号	反 应 式	φ 和 pH 值的计算式
⑮	$ZnO_2^{2-}+SO_4^{2-}+12H^++10e=Zn+S^{2-}+6H_2O$	$\varphi=0.216-0.0709pH-0.00591\log a_{S^{2-}}+0.00591\log a_{ZnO_2^{2-}}\cdot a_{SO_4^{2-}}$
⑯	$ZnS+2e=Zn+S^{2-}$	$\varphi=-1.461-0.0295\log a_{S^{2-}}$
⑰	$S^{2-}+H^+=HS^-$	$pH=12.43+\log a_{S^{2-}}-\log a_{HS^-}$
⑱	$ZnS+H^++2e=Zn+HS^-$	$\varphi=-1.093-0.0295pH-0.0295\log a_{HS^-}$
⑲	$HS^-+H^+=H_2S$	$pH=7.0+\log a_{HS^-}-\log a_{H_2S}$
⑳	$ZnS+2H^++2e=Zn+H_2S$	$\varphi=-0.886-0.0591pH-0.02995\log a_{H_2S}$
㉑	$Zn^{2+}+2e=Zn$	$\varphi=-0.763+0.0295\log a_{Zn^{2+}}$
Ⓞ	$O_2+4H^++4e=2H_2O$	$\varphi=1.229-0.0591pH+0.0148\log p_{O_2}/p^\ominus$
Ⓗ	$2H^++2e=H_2$	$\varphi=-0.0591pH-0.0295\log p_{H_2}/p^\ominus$

根据表 2-2 中各反应 φ 和 pH 值的计算式，在假设 298K 时锌离子和各种含硫离子的活度为 0.1，p_{o_2} 和 p_{H_2} 为 1.01325×10^5Pa 的条件下，做出 $ZnS-H_2O$ 系 298K 时的电位-pH 值图，如图 2-5 所示。

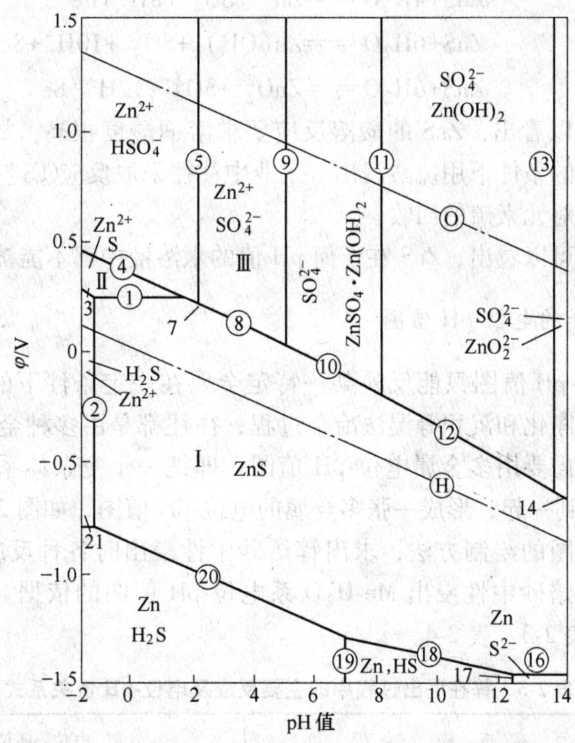

图 2-5 $ZnS-H_2O$ 系的电位-pH 值图（298K）

从图 2-5 可以看出：

（1）298K 时，Ⅰ区为 ZnS 的稳定区，反应②的平衡 pH 值很小（约-1.6），其反应要求的溶剂酸度很高，在工业中不易实现。但是，如果控制 pH 值大约在-1.6~1.061，给予相应的氧化电势（加氧化剂氧化）时，ZnS 将从Ⅰ到达Ⅱ，发生 $ZnS=Zn^{2+}+S+2e$ 浸出反应。

（2）pH 值稍高，电势位于Ⅲ区时，ZnS 按 $ZnS+4H_2O = SO_4^{2-}+Zn^{2+}+8H^++8e$ 溶出。

（3）在有氧作用过程中，由于溶液的 pH 值不同，ZnS 被氧化可能有下列四种基本氧化还原反应发生，各自得到不同的氧化产物：

$$2ZnS+O_2+4H^+ = 2Zn^{2+}+2S+2H_2O$$

$$ZnS+2O_2 = Zn^{2+}+SO_4^{2-}$$

$$ZnS+2O_2+2H_2O = Zn(OH)_2+SO_4^{2-}+2H^+$$

$$ZnS+2O_2+2H_2O = ZnO_2^{2-}+SO_4^{2-}+4H^+$$

总之，当有氧存在时，ZnS 及许多其他的金属硫化物在任何 pH 值的水溶液中都是不稳定的，即从热力学观点来说，硫化锌在整个 pH 值的范围内都能被氧化，并在不同的 pH 值下分别得到上列四种氧化还原反应所示的不同的氧化产物。ZnS 被氧化的趋势取决于氧电极与硫化物电极之间的电位差。因为从电化学的观点看来，上述四种基本氧化反应可以认为是由下列原电池反应组成的。

在正极：$O_2+4H^++4e = 2H_2O$

在负极：

$$ZnS = Zn^{2+}+S+2e$$

$$ZnS+4H_2O = Zn^{2+}+SO_4^{2-}+8H^++8e$$

$$ZnS+6H_2O = Zn(OH)_2+SO_4^{2-}+10H^++8e$$

$$ZnS+6H_2O = ZnO_2^{2-}+SO_4^{2-}+12H^++8e$$

（4）从图 2-5 可以看出，ZnS 的酸溶反应要求溶剂酸度很高，故实际生产上是在加压、高温和有氧作用的条件下用硫酸浸出。工业中往往采取反应①进行 ZnS 精矿的有氧高压酸浸，主要是考虑对元素硫的回收。

（5）从图 2-5 还可以看出，ZnS 在任何 pH 值的水溶液中都不能被氢还原成金属锌。

2.4.2.3 多金属的电位-pH 值图

单一金属的电位-pH 值图只能反映某一特定金属在一定条件下的存在状态及影响因素，而实际的浸出、净化和沉积等湿法冶金过程，往往都是由多种金属构成的复杂体系，要分析研究这些过程需要用多金属电位-pH 值图，即把一个复杂体系中各种金属-H_2O 系的电位-pH 值图叠加到一起，形成一张多金属的电位-pH 值图，如图 2-6 所示。

根据电位-pH 值图的绘制方法，求出锌焙砂中性浸出时各种反应的电位-pH 值关系式，以此作为绘制锌焙砂中性浸出 Me-H_2O 系电位-pH 值图的依据。锌、铜反应的 φ 和 pH 值的计算式，见表 2-3、表 2-4。

表 2-3 锌在浸出过程中的主要反应及电位-pH 值关系式

序号	反 应	电位-pH 值的关系式
①	$Zn^{2+}+2e = Zn$	$\varphi=-0.762+0.02955\lg a_{Zn^{2+}}$
②	$Zn(OH)_2+2H^+ = Zn^{2+}+2H_2O$	$pH=5.8-1/2\lg a_{Zn^{2+}}$
③	$Zn(OH)_2+2H^++2 = Zn+2H_2O$	$\varphi=-0.44-0.0591pH$

表 2-4 铜在浸出过程中的主要反应及电位-pH 值关系式

反　应	电位-pH 值的关系式
$Cu^{2+}+2e=Cu$	$\varphi=0.345+0.02955\lg a_{Cu^{2+}}$
$Cu(OH)_2+2H^+=Cu^{2+}+2H_2O$	$pH=3.8-1/2\lg a_{Cu^{2+}}$
$Cu(OH)_2+2H^++2e=Cu+2H_2O$	$\varphi=0.6-0.0591pH$

根据溶液中各个组分的浓度，查表得到相应活度系数，求出活度分别代入上述平衡关系式中，就可以确定 Zn-H_2O 系、Fe-H_2O 系、Cu-H_2O 系、Cd- H_2O 系、Co- H_2O 系、Ni-H_2O 系电位-pH 值图中每条直线的具体位置，从而绘制出锌焙砂浸出时整个体系各种金属-H_2O 系的电位-pH 值图，如图 2-6 所示。

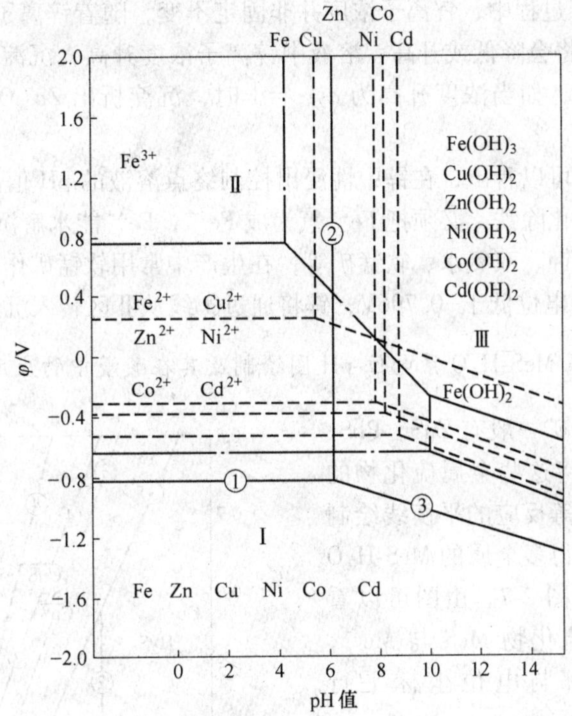

图 2-6 锌焙砂酸浸溶液 Me-H_2O 体系电位-pH 值图

($a_{Zn^{2+}}=6.955\times10^{-2}$，$a_{Fe^{2+}}=a_{Fe^{3+}}=10^{-6}$)

例如表 2-3 中，当取实际中性浸出液 Zn^{2+} 活度为 6.955×10^{-2} 时，反应①在电位-pH 值图中为水平线，$\varphi_{Zn^{2+}/Zn}=-0.762+0.02955\times\lg(6.955\times10^{-2})=-0.796V$；反应②在电位-pH 值图中为垂直线，其 $pH=5.8-\frac{1}{2}\lg(6.955\times10^{-2})=6.38$；反应③在电位-pH 值图中为一条斜线，其斜率为-0.0591。

(1) 从图中可以得到，Ⅰ区为金属的沉积区，Ⅱ区为金属的浸出区，Ⅲ区为金属的净化区（铁除外）。

(2) 对于锌来说，其浸出过程的实质是要使锌稳定存在于Ⅱ区。当锌离子活度为 6.955×10^{-2} 时，它开始水解的 pH 值为 6.38，若溶液 pH 值大于此值时，锌则通过②线从

Ⅱ区转入Ⅲ区，以 $Zn(OH)_2$ 沉淀析出，这是不希望得到的物质。

（3）溶液中只有三价铁离子析出沉淀的 pH 值远小于锌离子析出沉淀的 pH 值，当溶液的 pH 值控制在两者之间时，则溶液中只有三价铁离子以氢氧化铁沉淀析出，与溶液中的锌分离。生产实践中，中性浸出的终点 pH 值一般控制在 5.2~5.4 之间，目的是使锌溶解，而 Fe^{3+} 发生水解。

（4）铜离子析出的 pH 值与锌离子相近，溶液中的铜在活度较大的情况下，会有一部分发生水解沉淀下来（进入到Ⅲ区），其余仍留在溶液中。

（5）镍离子、钴离子、镉离子和二价铁离子析出沉淀的 pH 值都大于锌离子，在浸出过程中，溶液 pH 取值要保证主体金属离子不发生水解，即使锌以离子状态稳定地处于Ⅱ区，那么这些杂质将不能以氢氧化物形式从溶液中析出，而与锌离子共存。

（6）在实际生产过程中，锌离子浓度并非固定不变，随着锌离子活度的升高或降低，沉淀析出锌的 pH 值将会降低或升高。溶液中锌离子浓度升高，沉淀析出 $Zn(OH)_2$ 的 pH 值降低，反之则升高，如当浓度升高为 $a_{Zn^{2+}}=1$ 时，沉淀析出 $Zn(OH)_2$ 的 pH 值将降低至 5.9。

（7）从图 2-6 中可以看出，在锌中性浸出控制终点溶液的 pH 值条件下，Fe^{2+} 是不能水解除去的。为了净化除铁，必须把 Fe^{2+} 氧为成 Fe^{3+}，Fe^{3+} 能水解沉淀而与锌离子分离。氧化剂可以是高锰酸钾、双氧水、软锰矿等，在生产中常用软锰矿作氧化剂。

（8）控制溶液的电位低于 −0.796V，锌将通过①线从Ⅱ区转入沉积区Ⅰ。

2.4.2.4　多金属 $MeS-H_2O$ 系电位-pH 图绘制及其在酸浸中的应用

常见的金属硫化矿一般有 ZnS、PbS、CuS、FeS、NiS 等，将这些金属硫化物的①、②、③、④、⑤等反应的平衡线绘制叠合在一张图中，可得多金属的 $MeS-H_2O$ 系电位-pH 值图，见图 2-7。由图可以看出，大部分的金属硫化物 MeS 与 Me^{2+}、H_2S 的平衡线②都与电位坐标平行（FeS_2、NiS 除外）。

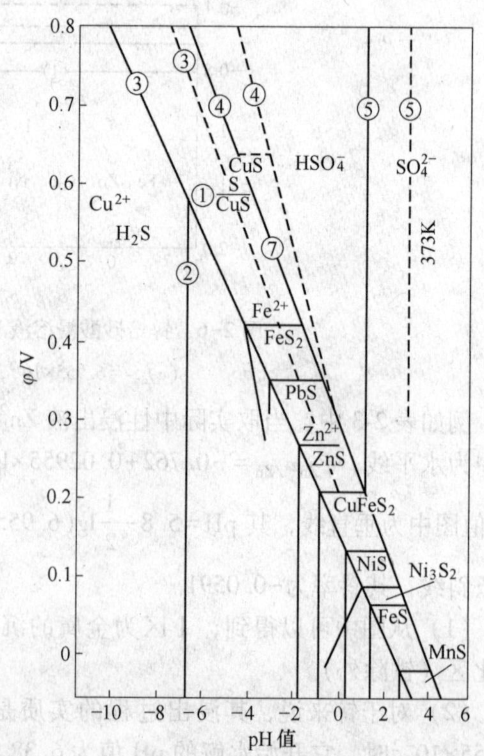

图 2-7　常见 $MeS-H_2O$ 系的电位-pH 值图（298K）

分析图 2-7 可以得出：

（1）从图可以清楚地看出，各种硫化物相对稳定的程度，即各种硫化物进行反应的 φ 和 pH 值。这里应当指出的是，温度对 φ-pH 值图中的 φ 和 pH 值的影响。在图 2-7 中，实线代表 25℃的平衡，虚线代表 100℃的平衡。可以看出，随着温度的增加，反应③、④的 φ 沿右上角方向提升，即 S 的稳定区向右上角方向迁移，而反应⑤的 pH 值向右迁移，即 HSO_4^- 稳定区向右扩张。对于各种硫化物而言，正如图中 CuS 和 ZnS 所示，反应①、②的平衡 φ 和 pH 值是随着温度的升高而向右上角方向提升，即氧化成 S 或 HSO_4^- 所要求的 φ 和 pH 值增加，所以提高温度有利于在低酸介质中氧化。

（2）对于 MnS、FeS、NiS 等硫化物而言，硫化矿酸浸方案可以有：

1）在工业能够实现的酸度条件下，金属硫化物按 $MeS+2H^{2+}═Me^{2+}+H_2S$ 反应生成 Me^{2+} 和 H_2S。

2）控制适当的 pH 值，在氧化剂存在下 MeS 生成 Me^{2+} 和 SO_4^{2-} 或 HSO_4^-。

3）在低酸范围内，MnS、FeS 能氧化成 Me^{2+} 和 S，实现金属的浸出，硫元素回收。

（3）对于 ZnS、PbS、$CuFeS_2$ 等硫化物而言，进行 $MeS+2H^{2+}═Me^{2+}+H_2S$ 反应需要的 pH 值很低，在工业生产中不易实现。但这些硫化物氧化成 Me^{2+} 和 S 所需要的 pH 值在工业中可以达到，在适当的电势下，上述硫化物能得到含 Me^{2+} 和 S 的溶液。

（4）对于 FeS_2、CuS 等硫化物而言，其进行 $MeS+2H^{2+}═Me^{2+}+H_2S$ 反应需要的 pH 值非常低，在工业生产中不可能实现，因此不可能按照上述反应进行，同时，在没加氧化剂的条件下 $Zn^{2+}+S+2e═ZnS$ 反应也不能进行。实际上只能在氧化条件下浸出得到 Me^{2+}、HSO_4^-、SO_4^{2-} 或 S。

（5）金属硫化物被氧氧化的趋势，取决于氧电极与硫化物电极之间的电位差。金属硫化物在相同条件下氧化趋势的递减顺序：MnS→FeS→NiS→ZnS→PbS→CuS。

2.4.2.5 Ag-CN⁻-H₂O 系电位-pCN 值图、电位-pH 值图的绘制及应用

（1）pH 值与 pCN 的关系。

在水溶液中存在 CN^- 时，H^+ 与 HCN 之间存在的平衡关系为：

$$H^++CN^- ═══ HCN$$

平衡常数为：

$$K_f = \frac{a_{HCN}}{a_{H^+} \cdot a_{CN}} = 10^{9.4}$$

得：

$$pH+pCN=9.4-\lg a_{HCN}$$

令 N 表示浸出溶液中总氰的活度，即 $N=a_{CN^-}+a_{HCN}$，则可得出 pH 值和 pCN 的关系式：

$$pH + pCN = 9.4 - \lg N + \lg(1 + 10^{pH-9.4})$$

当溶液中总氰的活度 N 已知时，可以算出 pH 值与 pCN 的具体关系。

氰化络合浸出时，总氰活度 $N \approx 10^{-2}$，将此值代入上式便可求得 pH 值与 pCN 的换算值，见表 2-5。

表 2-5　pH 值与 pCN 的换算值（当 $N=10^{-2}$ 时）

pH 值	1	2	3	4	5	6	7	8.4	9.4	10.4
pCN	10.4	9.4	8.4	7.4	6.4	5.4	4.4	3.04	2.3	2.04

（2）Ag-CN⁻-H₂O 系电位-pCN 值图。

有配合剂 CN^- 参加反应时，则金属银配合浸出溶液 $Ag\text{-}CN^-\text{-}H_2O$ 体系中基本反应与对

应的电位-pCN 值关系式如表 2-6 所示。

表 2-6 $Ag\text{-}CN^-\text{-}H_2O$ 系中的基本反应的电位-pCN 关系式（K_f为银配位化合物的生成常数）

序号	反应	K_f	电位-pCN 值关系式
①	$Ag^+ + CN^- = AgCN$	$K_f = a_{AgCN}/(a_{Ag^+} \cdot a_{CN^-}) = 10^{13.8}$	$pCN = -\lg a_{CN^-} = 13.8 + \lg a_{Ag^+}$
②	$AgCN + CN^- = Ag(CN)_2^-$	$K_f = a_{Ag(CN)_2^-}/(a_{Ag} \cdot a_{CN^-}) = 10^{5.0}$	$pCN = 5.0 - \lg a_{Ag(CN)_2^-}$
③	$Ag^+ + 2CN^- = Ag(CN)_2^-$	$K_f = a_{Ag(CN)_2^-}/(a_{Ag} \cdot a_{CN^-}^2) = 10^{18.8}$	$pCN = 9.4 + \frac{1}{2}\lg a_{Ag^+}/a_{Ag(CN)_2^-}$
④	$2Ag^+ + H_2O = Ag_2O + 2H^+$		$pH = 6.32 + \lg a_{Ag^+}$
⑤	$Ag_2O + 2H^+ + 2CN^- = 2AgCN + H_2O$		$pH + pCN = 20.1$
⑥	$Ag_2O + 2H^+ + 4CN^- = 2Ag(CN)_2^- + H_2O$		$pH + pCN = 25.1 - \lg a_{Ag(CN)_2^-}$
⑦	$Ag^+ + e = Ag$		$\varphi = 0.799 + 0.0591\lg a_{Ag^+}$
⑧	$AgCN + e = Ag + CN^-$		$\varphi = -0.017 + 0.0591pCN$
⑨	$Ag(CN)_2^- + e = Ag + 2CN^-$		$\varphi = -0.31 + 0.12pCN + 0.0591\lg a_{Ag(CN)_2^-}$

表中反应①、②、⑦、⑧、⑨的电位与 pCN 的关系可绘成电位-pCN 图(图 2-8)。由图 2-8 可知,pCN 愈小,平衡电位愈低,表示银更易溶解。当溶液中不存在 CN^-时,平衡电位很高,表示银很难溶解,如图 2-8 中的线⑦。

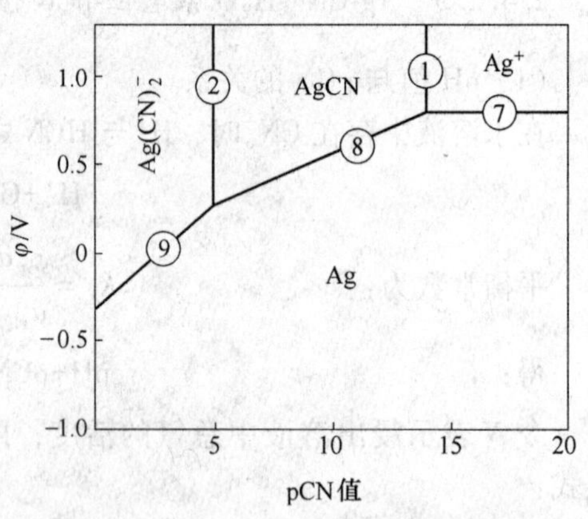

图 2-8 $Ag\text{-}CN^-\text{-}H_2O$ 系电位-pCN 值图

(3) $Ag\text{-}CN^-\text{-}H_2O$ 系电位-pH 值图绘制及其在配合浸出中的应用。

根据电位-pCN 值图和 pH 值与 pCN 值的关系,当溶液中总氰活度(N)一定时,指定溶液中 Ag 的活度,就可以求出各反应式中电位与 pH 值的关系式。

对于反应①:实际浸出液中 Ag 的浓度一般为 10^{-4}mol/L,取 $a_{Ag^+} = 10^{-4}$,则 $pCN = 13.8 + \lg a_{Ag^+} = 9.8$;将反应①中的 pCN 值用 pH 值代替,则 $pH = 11.4 - 9.8 = 1.6$。

对于反应②:取 $a_{Ag(CN)_2^-} = 10^{-4}$时,则 $pCN = 5.0 - \lg a_{Ag(CN)_2^-} = 9.0$;将反应②中的 pCN 用 pH 值代替,则 $pH = 11.4 - pCN = 11.4 - 9.0 = 2.4$。

对于反应⑦:取 $a_{Ag^+} = 10^{-4}$,$\varphi = 0.799 + 0.0591\lg a_{Ag^+} = 0.53$。

对于反应⑧、⑨:取 $a_{Ag(CN)_2^-} = 10^{-4}$,将反应⑧、⑨中的 pCN 用 pH 值代替,对于每个给定的 pCN 值就可求出相应的 pH 值,并计算出对应的 $\varphi_{AgCN/Ag}$和 $\varphi_{Ag(CN)_2^-/Ag}$值,列于表 2-7 中,就得到⑧、⑨两条反应线的电位与 pH 值的关系。

表 2-7 反应⑧、⑨中的 pH 值、pCN 值及对应的电位 φ 值（$N=10^{-2}$，$a_{Ag(CN)_2^-}=10^{-4}$）

pH 值	1	2	3	4	5	6	7	8.4	9.4	10.4
pCN 值	10.4	9.4	8.4	7.4	6.4	5.4	4.4	3.04	2.3	2.04
$\varphi_{(8)}$	0.607	0.547	0.479	0.420	0.367	0.302	0.247	0.165	0.121	0.105
$\varphi_{(9)}$	0.70	0.58	0.46	0.34	0.22	0.10	0.02	−0.18	−0.27	−0.30

氰化法提取金、银电位-pH 图如图 2-9 所示。

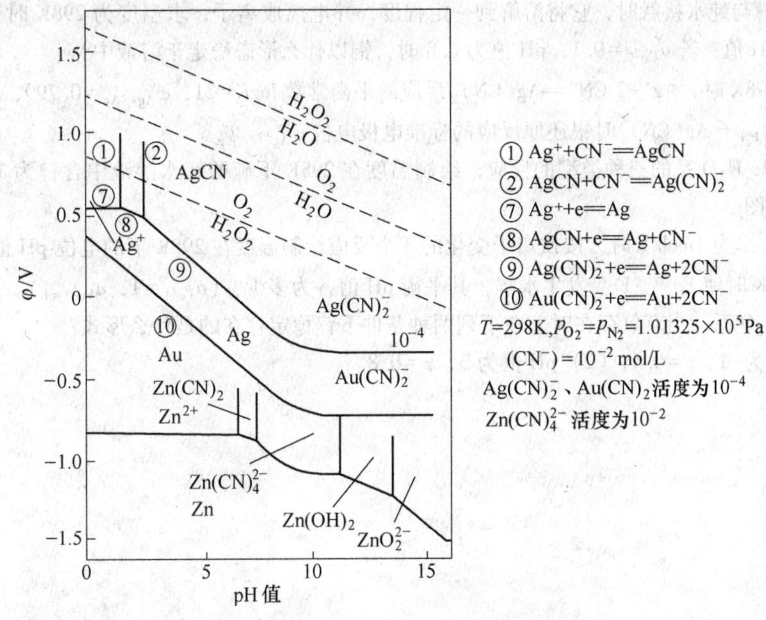

图 2-9 氰化法提取金、银电位-pH 值图

从图 2-9 可以看出：

1）用氰化物溶液溶解金、银，生成的配位化合物离子的还原电极电位，比游离金、银离子的还原电位低很多，所以，氰化物溶液是金、银的良好溶剂和配合剂。金的游离离子的还原电位高于银离子，但金的配合离子的还原电位则低于银配合离子。这说明，氰化物溶液溶金易于溶银。

2）金、银被氰化物溶液溶解而生成配位化合物离子的两条反应线⑨、⑩，几乎都处在水的稳定区，这说明金、银的配合离子 $Au(CN)_2^-$、$Ag(CN)_2^-$ 在水溶液中是稳定的，而 O_2/H_2O 电对是推动金、银溶解的氧化剂。

3）在 pH＝9～10 的范围内，金、银配合离子的电极电位，随着 pH 值的升高而降低；但在 pH>10 的范围，它们的电极电位几乎不变，pH 值对溶解金、银无影响。因此在工业中一般将氰化溶金的 pH 值控制在 9～10 之间。

4）在生产实践中，溶解得到的金或银的配合物溶液，通常用锌粉还原，其反应为：

$$4Ag(CN)^{2-}+Zn \xlongequal{} 4Ag\downarrow+Zn(CN)_4^{2-}$$

$$4Au(CN)^{2-}+Zn \xlongequal{} 4Au\downarrow+Zn(CN)_4^{2-}$$

从图中可以看出，$Au(CN)_2^-$ 或 $Ag(CN)_2^-$ 与 $Zn(CN)_4^{2-}$ 的电位差值不大，所以在置换前必须将溶液中的空气除尽，以免析出的金、银反溶。

习题与思考题

2-1 计算下列反应的 $\Delta_r G_{mT}^{\ominus}$ 值：

（1）$MnO_2+2Fe^{2+}+4H^+ = Mn^{2+}+2Fe^{3+}+2H_2O$；（2）$Fe^{3+}+3OH^- = Fe(OH)_3$。

2-2 当温度为 298K 时，反应 $Fe^{3+}+Ag = Fe^{2+}+Ag^+$ 的平衡常数 $K=0.531$，$\varphi_{Fe^{3+}/Fe^{2+}}^{\ominus}=0.771V$，试求 $\varphi_{Ag^+/Ag}^{\ominus}$？

2-3 当 $Cu(OH)_2$ 与纯水接触时，它将溶解到一定程度，并电离成离子，求温度为 298K 时铜离子水解沉淀的平衡 pH 值？若 $a_{Cu^{2+}}=0.1$，pH 值为 6.8 时，铜以什么形态稳定于溶液中？

2-4 已知：在 298K 时，$Ag^++2CN^- = Ag(CN)_2^-$ 反应的平衡常数 $\log K=21$，$\varphi_{Ag^+/Ag}^{\ominus}=0.799$，求溶液中形成配位化合物离子 $Ag(CN)_2^-$ 时银还原反应的标准电极电位 $\varphi_{Ag^+/Ag}^{\ominus}$？

2-5 按简单的 Me-H_2O 系的三种类型的反应，绘制温度在 298K 下硫酸锌水溶液中含锌为 1.898mol/L 时的电位-pH 图。

2-6 当溶液中 $a_{Fe^{3+}}$ 为 1mol/L 时，按铁离子变化的 3 个反应绘制温度在 298K 下的电位-pH 值图。

2-7 若要在 298K 时使 Fe^{2+}、Fe^{3+} 发生水解，其平衡 pH 值各为多少？（$a_{Fe^{3+}}=1$，$a_{Fe^{2+}}=1$）

2-8 对于 ZnS-H_2O 系，当有氧存在时，在下列两种条件下锌稳定存在的是什么形式？

（1）pH 值为-1，$\varphi=0.4$；（2）pH 值为 3，$\varphi=0.8$。

3 浸出过程的动力学

相对于火法冶金过程而言，湿法冶金过程中的温度较低，化学反应速度及扩散速度都较慢，因此，很难达到平衡状态。实际生产过程的最终结果往往不是取决于热力学条件，而是取决于反应的速度，即取决于动力学条件。因此，研究浸出过程动力学，对于强化浸出过程的速度具有较大的实际意义。

3.1 浸出过程的机理及速度方程

矿物的浸出反应是属于水溶液与固体物质之间的多相反应体系，在多相体系中，反应是在相界面上发生的。例如白钨矿的盐酸浸出，为液固相之间的反应。某些有气态组分参加的反应，例如闪锌矿的高压氧浸则为气-液-固相之间的反应。为了简单起见，先讨论液-固反应的动力学规律。

3.1.1 浸出过程的机理

3.1.1.1 浸出过程的步骤

反应过程包括在相界面上发生的结晶-化学反应过程，和溶剂向相界面迁移与反应产物由相界面排开的扩散过程。液-固反应过程如图 3-1 所示。扩散层的厚度随温度、黏度、搅拌速度等因素而异，同时不同溶质的扩散层厚度不同。

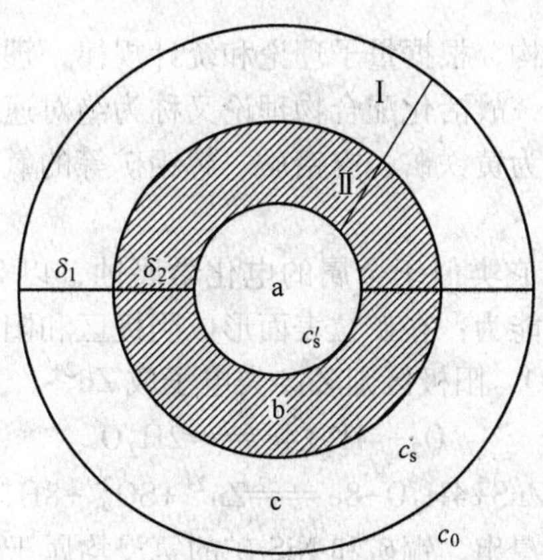

图 3-1　湿法分解精矿过程示意图

a—未反应的矿粒核；b—反应生成的固体膜或浸出的固体残留物；c—浸出剂的扩散层；c_0—浸出剂在水中浓度；c_s—浸出剂在固相表面处浓度；c_s'—浸出剂在反应区浓度；δ_1—浸出剂扩散层的有效厚度；δ_2—固膜厚度

从图 3-1 可知，整个浸出过程经历下列步骤：

(1) 浸出剂通过扩散层向矿粒表面扩散（外扩散）。

(2) 浸出剂通过固体膜进一步扩散（内扩散）。

(3) 浸出剂与矿粒发生化学反应，与此同时亦伴随有吸附或解吸过程。

(4) 生成的不溶产物层使固体膜增厚，而生成可溶性产物通过固体膜向外扩散（内扩散）。

(5) 生成的可溶性产物扩散到溶液中（外扩散）。

通过研究分析可知，浸出反应总速度决定以上步骤中最慢的一个过程，就是说最慢的步骤成为过程的控制步骤，应当指出，对一个浸出过程而言，其控制步骤不是一成不变的，随着条件的改变它也会发生转移。例如某过程在低温下处于反应控制，但如果升高温度，其化学反应速度将大幅度提高，以致超过扩散步骤，此时过程转为扩散控制。同样搅拌速度较慢时为外扩散控制，但当搅拌速度加快到一定程度后，控制步骤也可能由外扩散转为其他步骤。

研究浸出过程动力学的主要任务就是查明浸出过程的控制步骤，从而有针对性地采取措施进行强化。为此应先从理论上了解各种控制步骤及其特征，再用实际浸出过程的特征与之对比，进行分析，找出强化的措施。

3.1.1.2 浸出化学反应的机理

目前在这方面研究不够，根据已有资料，人们提出的理论主要有：

(1) 活化配合物机理。活化配合物机理亦称为过渡状态理论，它假定反应物中的活性分子首先作用形成活化配合物，后者再分解成反应的产物，过程可用下式表示。

$$A(s) + B(aq) \rightleftharpoons A \cdot B \rightleftharpoons \text{产物}$$

一般认为第Ⅰ步很快，迅速达到平衡，生成的活化配合物不稳定，它可进行第Ⅰ步的逆反应而重新变成A和B，也可进行第Ⅱ步变成产物。第Ⅱ步的速度较慢，因此整个过程的速度取决于第Ⅱ步的速度。

若已知活化配合物的结构，根据量子理论和统计规律，理论上可计算出第Ⅱ步的速度常数，进而估算过程的速度，故活化配合物理论又称为绝对速度理论。

有人根据实测结果，认为黄铁矿、方铅矿、辉钼矿等的氧化浸出过程属于活化配合物机理。

(2) 电化学腐蚀机理。它类似于金属的电化学腐蚀，以ZnS在100～130℃下酸性介质中氧浸出为例，其机理可能为：在矿粒表面形成阴极区和阳极区，在阴极区溶于水中的氧接受电子并与H^+形成H_2O，阳极区则ZnS失电子成Zn^{2+}。其反应为：

阴极 $$O_2+4H^++4e = 2H_2O$$

阳极 $$ZnS+4H_2O-8e = Zn^{2+}+SO_4^{2-}+8H^+$$

根据研究，金银的氰化浸出、铜矿和NiS矿的氨浸均属于电化学腐蚀机理。

3.1.2 浸出过程的速度方程

3.1.2.1 化学反应控制

A 化学反应控制的动力学方程

这里主要研究浸出过程为化学反应控制的浸出分数与时间的关系。

设有一浸出过程，若通过扩散层及固膜的扩散阻力很小，以致反应速度受化学反应控制，则：

$$-\frac{\mathrm{d}N}{\mathrm{d}\tau}=kSc^n \tag{3-1}$$

式中 N——固体矿粒在 τ 时刻的摩尔数；

S——固体矿粒表面积；

c——浸出剂的浓度；

k——化学反应速度常数；

n——反应级数；

τ——浸出时间。

在反应的过程中，颗粒的表面积 S 将发生改变。设矿粒为球形且致密无孔隙，并设其半径为 r，密度为 ρ，M 为矿物的摩尔质量，设过程中浸出剂过量很大，在浸出过程中其浓度 c 可视为不变，即 c_0；r_0为矿粒原始半径；N_0为开始矿粒的摩尔数；$\mathscr{R}$ 为反应浸出分数，则可以推导出化学反应控制的动力学方程：

$$1-(1-\mathscr{R})^{1/3}=k'\tau,\ k'=kc_0^nM/(\rho r_0) \tag{3-2}$$

式（3-2）适用于球形的均匀的致密颗粒，由于颗粒的形状直接影响到表面积大小，因此对其他形状的致密颗粒而言，应修正为：

$$1-(1-\mathscr{R})^{1/F_\mathrm{p}}=\frac{kc_0^nM}{\rho r_\mathrm{p}}\tau=k'\tau \tag{3-3}$$

式中 F_p——形状系数，对球形及立方体和三个坐标方向尺寸大体相同的颗粒而言，$F_\mathrm{p}=3$；对长的圆柱体而言，$F_\mathrm{p}=2\sim3$；对平板状而言，$F_\mathrm{p}=1$。

r_p——当量半径，可近似用下式计算：

$$r_\mathrm{p}=F_\mathrm{p}V_\mathrm{p}/S_\mathrm{p}$$

V_p，S_p——分别为颗粒的体积和表面积。

式（3-3）仅适用于矿粒均匀、致密，同时浸出剂过量很大或连续补充，以致过程中浸出剂浓度可视为不变；反应的平衡常数很大，以致逆反应可以忽略不计的情况，当浸出过程中其浓度的改变不可忽视时，则修正为：

$$(1-\mathscr{R})^{-(n-1/3)}=\frac{k'Mc_0^n}{\rho r_0}\tau+1 \tag{3-4}$$

式（3-4）适用于矿粒为均匀致密的球形，同时浸出剂用量为理论量的情况。

B 化学反应控制特征及提高浸出速率的途径

（1）化学反应控制特征：

1）对粒度均匀致密，且浸出剂浓度可视为不变的过程而言，当其受化学反应控制时，服从方程 $1-(1-\mathscr{R})^{1/F_\mathrm{p}}=k'\tau$，即 $1-(1-\mathscr{R})^{1/F_\mathrm{p}}$ 值与浸出时间呈直线关系并过原点。

2）浸出率随温度的升高而迅速增加。

3）反应速度与浸出剂浓度的 n 次方成比例。

4）搅拌对浸出速度无明显影响。

当给定的浸出过程具有上述特征，特别是具有 1）、2）项特征时，可认为该过程为化学反应控制。

（2）化学反应控制时，提高分解分数（浸出率）的途径。分析式（3-2）、式（3-3）可知，对化学反应控制的浸出过程而言，提高其反应分数 $\mathscr{R}$（或者说精矿分解过程的分解率）的途径主要有：

1）提高温度 T。因 $\mathscr{R}$ 随速度常数 k 的增加而提高，根据阿累尼乌斯公式：

$$\ln k = \frac{-E}{RT} + B \tag{3-5}$$

式中 E——活化能，J/mol；

B——常数；

R——气体常数，$R=8.314\text{J/(K}\cdot\text{mol)}$。

对于化学反应过程而言，E 值达 41.8kJ/mol 以上，故温度升高，k 值大大增加，相应的 $\mathscr{R}$ 值大大增加。

2）提高浸出剂浓度 c_0。

3）降低颗粒的原始半径。

3.1.2.2 外扩散控制

A 外扩散控制的动力学方程式

设单位时间内浸出的矿物量取决于浸出剂通过扩散层的扩散速度。根据菲克第一定律可得浸出剂通过扩散层的速度为：

$$v_1 = D_1(c_0-c_s)/\delta_1$$

式中 D_1——浸出剂在水中的扩散系数（室温，大多 D_1 值为 $10^{-5}\sim10^{-6}$cm/s）；

δ_1——浸出剂扩散层的有效厚度（随搅拌速度的增加而减小）。

当外扩散控制时 $c_s=0$，则单位时间通过扩散层的浸出剂的摩尔分数为：

$$x_1 = c_0 D_1 S/\delta_1$$

如果 1mol 矿物浸出时消耗 αmol 浸出剂，则单位时间内浸出的摩尔数为：

$$\frac{-\text{d}N}{\text{d}\tau} = c_0 D_1 S/(\alpha\delta_1)$$

S 随时间的改变而改变，其改变规律据具体情况而异。

（1）当浸出过程生成固体膜，而且包括固体膜在内的矿粒总尺寸 S 基本不变，则 S 值为常数，此时 $\frac{-\text{d}N}{\text{d}\tau}$=常数，即浸出速度与时间无关，浸出率与时间成正比。

（2）当浸出过程不生成固体膜，则 S 即为未反应的核的表面积，它随浸出的进行而不断减小，此时

$$\frac{-\text{d}N}{\text{d}\tau} = c_0 D_1 S/(\alpha\delta_1) = \kappa_1 S c_0$$

式中 κ_1——常数，$\kappa_1 = D_1/\alpha\delta_1$。

可推导得出在上述条件下外扩散控制的动力学方程为：

$$1-(1-\mathscr{R})^{1/F_p} = \frac{D_1 c_0 M}{\alpha\delta_1 r_p \rho}\tau = k''\tau \tag{3-6}$$

B 外扩散控制的特征及提高浸出率的途径

根据上述分析可知，外扩散控制的主要特征为：

(1) 当不存在固体膜时，其浸出率与时间的关系服从式（3-6）。应当指出，式（3-6）的形式与化学反应控制的动力学方程式（式3-2）相似，因此仅根据动力学方程式不足以判断控制步骤是外扩散步骤还是化学反应步骤。

(2) 其表观活化能较小，约4~12kJ/mol。

(3) 加快搅拌速度和提高浸出剂浓度能迅速提高浸出速度。

当浸出过程具有上述特征时，则可认为该过程为外扩散控制。

外扩散控制时，提高浸出率的途径有：

(1) 加强搅拌，减小扩散层厚度。加强搅拌，加快溶液与固体颗粒表面的相对扩散速度，则能减小扩散层的厚度，加快溶液与固体颗粒间的传质速度，根据计算，强烈搅拌下 δ_1 可减小到静止时的1/5~1/50。

(2) 提高浸出剂浓度 c_0。

(3) 提高温度。由于扩散系数 D_1 随温度的升高而增大，所以，提高温度亦能加快外扩散的速度，提高浸出率，但其提高的幅度远比上述化学反应控制时小。温度对过程速度影响的大小主要反映在表观活化能的大小上。

3.1.2.3 内扩散控制

A 内扩散控制的动力学方程

若浸出过程中生成致密的固体产物膜，而且它对浸出剂或反应产物的扩散阻力远大于外扩散，与此同时若化学反应速度很快，则浸出过程受浸出剂或反应产物通过固膜扩散的控制。现以浸出剂的扩散为例得出以下方程：

(1) 抛物线方程。

$$\frac{\mathscr{R}^2}{2} = k''\tau \tag{3-7}$$

式（3-7）表明，浸出分数与时间成抛物线关系。它仅在下列条件下才是准确的，即反应分数不大，反应产物层相对矿粒半径而言很小；反应产物的体积与消耗的矿物体积相近；浸出剂过量很大，以致其浓度可视为不变。它一般适用于片状颗粒的反应初期。

(2) 克兰克-金斯特林-布劳希特因方程，常简称为克-金-布方程。在推导该方程的过程中克服了上述抛物方程将 r_0 与 r_1 视为相等的缺点，但仍设生成物的体积与反应的矿物的体积相等，即反应过程中颗粒的半径 r_0 不变，则：

$$\frac{2MD_2c_0}{\alpha\rho r_0^2}\tau = 1 - (2/3)\mathscr{R} - (1 - \mathscr{R})^{2/3} \tag{3-8}$$

式中 D_2 ——扩散系数。

式（3-8）即为内扩散控制时的克—金—布方程，它比抛物线方程准确。但是，由于在推导过程中假设颗粒为均匀球形且 r_0 不变，因此仍有一定限制，一般在 $\mathscr{R} \leqslant 0.90$ 以内才比较准确。

(3) 范伦希方程。考虑到固体产物的体积与反应消耗的矿粒的体积不同，范伦希引入系数 Z

$$Z = V_{mp} / \sigma V_{mk}$$

式中　V_{mp}，V_{mk}——分别为固体生成物和矿粒的摩尔体积；

σ——计量系数，其值为 1mol 产物需消耗矿物的摩尔数。

因此 Z 值实际为固体生成物体积与消耗矿物的体积之比，若 $Z=1$，则说明反应过程中体积不变，半径维持在 r_0，则可推导出：

$$Z + 2(1 - Z)\frac{MD_2 c_0}{\sigma \rho r_0^2}\tau = [1 + (Z - 1)\mathscr{R}]^{2/3} + (Z - 1)(1 - \mathscr{R})^{2/3} \tag{3-9}$$

式（3-9）即范伦希方程，由于它考虑到了反应过程中颗粒体积的变化，因此比克-金-布方程更准确，但同样它只有在浸出剂浓度可视为不变，同时物料由均匀的球形颗粒组成的情况下才能适用。

B　内扩散控制的动力学特征及影响浸出率的因素

根据上述分析，内扩散控制的主要特征为：

（1）其浸出分数与时间的关系服从式（3-8）或式（3-9），即函数 $1-(2/3)\mathscr{R}-(1-\mathscr{R})^{2/3}$ 或函数 $[1+(Z-1)\mathscr{R}]^{2/3}+(Z-1)(1-\mathscr{R})^{2/3}$ 与反应时间 τ 成直线关系。

（2）表观活化能小，一般仅 4~12kJ/mol。

（3）原矿粒度对浸出率有明显影响。

（4）搅拌强度对浸出率几乎没有影响。

当浸出过程具有上述特征时，则可认为过程属内扩散控制。

内扩散控制时，影响浸出率的因素：

（1）矿粒的粒度。在一定浸出分数时，所需的浸出时间 τ 与 $r_0{}^2$ 成反比，故降低原料粒度有利于缩短时间或加快速度。这种情况是由两方面原因造成的：一方面 r_0 减小，则总表面积加大；另一方面 r_0 减小，则在浸出率一定时，固膜厚度减小。

（2）固膜厚度。对这类过程，若能采取适当措施使固膜减薄或使固膜消除，都能大幅度提高浸出率，例如采用热球磨浸出法，在进行浸出的同时，不断利用磨矿作用消除其生成的固膜，可使浸出率或分解率大幅度提高。白钨精矿盐酸分解时，热磨设备浸出与机械设备浸出相比，其分解率有大幅度的提高，如图 3-2 所示。

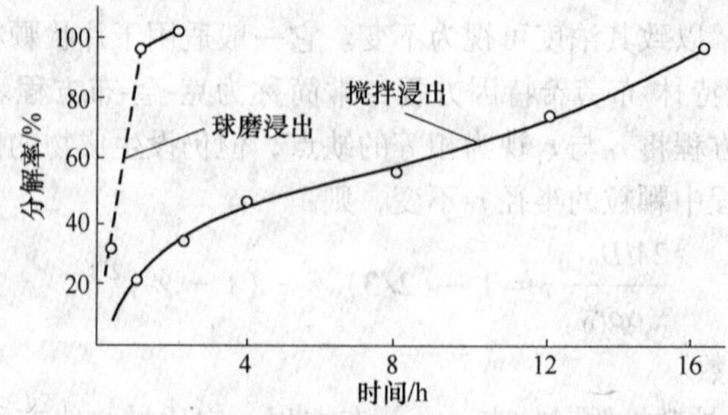

图 3-2　热球磨机和机械搅拌槽中分解白钨精矿的比较

3.1.2.4　混合控制

当某两个步骤的阻力大体相同且远远大于其他步骤时，则属两者混合控制或中间过渡控制。例如：当化学反应速度与外扩散速度有相同数量级，同时不存在固膜层时，则过程为化学反应与外扩散混合控制。

当过程为化学反应与外扩散混合控制时，在扩散层形成浓度梯度（c_0-c_s）/δ_1，从外扩散角度来看则：

$$-\frac{dN}{d\tau}=\frac{(c_0-c_s)}{\delta_1\alpha}=k_1S(c_0-c_s) \tag{3-10}$$

从化学反应的角度来看：

$$-\frac{dN}{d\tau}=kSc_s^n \tag{3-11}$$

由两式联合即可得方程：

$$1-(1-\mathscr{R})^{1/3}=\frac{k_1k}{k_1+k}\times\frac{c_0M}{r_0\rho}\tau \tag{3-12}$$

分析式（3-12）可知，当化学反应速度常数 $k \gg k_1$ 时，则有：

$$1-(1-\mathscr{R})^{1/3}=\frac{k_1c_0M}{r_0\rho}\tau=\frac{c_0MD_1}{r_0\rho\delta_1\alpha}\tau \tag{3-13}$$

即相当于式（3-6），过程受扩散控制。同样 $k \ll k_1$，则有：

$$1-(1-\mathscr{R})^{1/3}=\frac{kc_0M}{r_0\rho}\tau \tag{3-14}$$

这种情况相当于式（3-3），过程转为化学控制。

在低温下 $k<k_1$，一般属化学控制，而随温度的升高 k 迅速增加，往往变成 $k>k_1$，因此过程在高温下转化为扩散控制。

混合控制的特征是表观活化能在 12~41.8kJ/mol 之间，搅拌速度及温度等因素对浸出速度都有一定影响。

3.2 几种反应的速度方程

3.2.1 简单溶解反应的动力学方程

简单溶解由扩散过程决定，溶解速度遵循如下方程

$$\frac{dc}{dt}=K_D(c_s-c_\tau) \tag{3-15}$$

式中 dc/dt——某一瞬时的浸出速度；

K_D——浸出扩散速度常数；

c_s——化合物在实验条件下在水中的溶解度；

c_τ——化合物在溶液中瞬时 τ 的浓度。

由式（3-15）可以看出，浸出速度与扩散速度常数 K_D 成正比，而扩散常数与扩散系数 D 成正比，与扩散层厚度 δ 成正比，即 $K_D=D/\delta$，扩散系数：

$$D=\frac{\pi\mu dRT}{3N} \tag{3-16}$$

式中 T——绝对温度；
d——扩散质点的直径；
R——气体常数；
μ——溶液的黏度；
N——阿伏加德罗常数。

扩散层厚度：

$$\delta = K/\nu^n \tag{3-17}$$

式中 K——常数；
ν——搅拌速度；
n——指数（一般为 0.6）。

在 $t=0$、$c_\tau=0$ 的起始条件下便可导出：

$$2.303\log \frac{c_s}{c_s - c_\tau} = K_D \tau \tag{3-18}$$

式（3-18）就是简单溶解反应的动力学方程。从式（3-18）可以看出，将 $\lg c_s/(c_s - c_\tau)$ 对 τ 作图，便得一条直线，由直线的斜率可求出 K_D。

3.2.2 化学溶解反应的动力学方程

固体氧化锌在硫酸溶液中的浸出，可以作为这类反应的典型实例，其反应为：

$$ZnO+H_2SO_4 = ZnSO_4+H_2O$$

这一反应是在固体溶质 ZnO 的表面上进行的，溶剂 H_2SO_4 也主要是在 ZnO 表面上消耗。因此，在紧靠固体表面硫酸的浓度比其在溶液中的浓度要小，溶液中硫酸的浓度随着远离反应区逐渐增大，在离开固体表面某一距离的地方，称为液流中心，硫酸的浓度最大。相反，反应产物硫酸锌的浓度在紧靠固体表面处为最大，而在液流中心为最小。由于液流中心与相界面之间存在浓度差，故溶剂质点向相界面迁移。

因此，一般来说化学溶解过程可以认为是由以下几个步骤组成：

（1）溶剂质点由液流中心向固体矿物外表面的扩散；
（2）溶剂质点沿着矿物的孔隙和裂缝向其内部深入渗透的内扩散；
（3）溶剂质点在固体表面上的吸附（表面包括外表面、孔隙和裂缝）；
（4）被吸附的溶剂与矿物之间的化学反应；
（5）反应产物的解吸；
（6）反应产物由反应区表面向液流中心的扩散。

以上各环节可以分为两类，吸附—化学变化环节（（3）、（4）和（5））及扩散环节（（1）、（2）和（6））。现在来讨论简化了的情况。假设浸出取决于两个阶段——溶剂向反应区的迁移和相界面上的化学相互作用。根据菲克定律，溶剂由溶液本体向矿物单位表面扩散的速度可表示如下：

$$V_D = -\frac{dc}{dt} = \frac{D(c_L - c_i)}{\delta} = K_D(c_L - c_i) \tag{3-19}$$

式中 V_D——单位时间内由于溶剂质点向矿物表面迁移而引起的浓度降低，即扩散速度；
$(c_L-c_i)/\delta$——浓度梯度；

D——扩散系数（即浓度梯度等于 1 时的扩散速度）；

c_L——液流中心溶剂的浓度；

c_i——紧靠矿物表面溶剂的浓度；

K_D——扩散速度常数，等于 D/δ。

在矿物表面上，发生浸出过程的化学反应，其速度根据质量作用定律可表示如下：

$$V_R = -dc/d\tau = K_R \cdot c_i^n \tag{3-20}$$

式中 V_R——单位时间内由于溶剂在矿物表面上发生化学反应而引起的浓度降低，即化学反应速度；

K_R——吸附-化学变化的动力学阶段的速度常数；

c_i——其意义同前；

n——反应级数。

对氧化锌的酸浸以及其他类似的化学溶解过程，反应速度都服从一级方程。

根据两类浸出过程的各自速度方程，可以求得稳定状态下的宏观速度方程：

$$V = -dc/d\tau = [K_R \cdot K_D/(K_R + K_D)]c_L \tag{3-21}$$

（1）当 $K_R << K_D$，即扩散速度相当大，而化学反应速度相当小，式（3-21）中的 $K_R + K_D \approx K_D$，因而式（3-21）可以简化为：

$$V = K_R \cdot c_L$$

说明浸出过程的速度服从化学反应所固有的各种规律，也即浸出过程处于动力学区域。

（2）当 $K_D << K_R$，即化学反应速度相当大，而扩散速度很小时，式（3-21）中的 $K_R + K_D \approx K_R$，因而式（3-21）可以简化为：

$$V = K_D \cdot c_L$$

说明浸出过程的速度受扩散速度所控制，也即浸出过程处于扩散区域，比值 $K_R \cdot K_D/(K_R + K_D)$ 起着调节宏观变化速度常数 K 的作用，因而式（3-21）可表示为：

$$-dc/d\tau = Kc_L \tag{3-22}$$

在 $\tau = 0$，$c_L = c_0$ 的起始条件下，对式（3-22）积分，可导出：

$$\ln c_0/c_L = K\tau \tag{3-23}$$

式（3-23）就是化学溶解——一级反应的动力学方程。将 $\ln c_0/c_L$ 对 τ 作图，得到一条直线，根据其斜率可以求出 K 值。

3.2.3 电化学溶解反应的动力学方程

溶质价发生变化的氧化-还原溶解，属于电化学溶解。具有这种溶解方式的反应大量出现在湿法冶金中，如金、银的配合浸出和硫化矿的氧化酸浸等。

3.2.3.1 金、银氰化配合浸出

大量研究证实，金、银溶解于氰化溶液是属于电化学溶解。现以银的氰化配合浸出为例，其主要反应：

$$2Ag + 4NaCN + O_2 + 2H_2O = 2NaAg(CN)_2 + 2NaOH + H_2O_2$$

这一反应分成如下两个半电池反应：

阳极反应　　$Ag+2CN^- -2e \xlongequal{} Ag(CN)_2^-$

阴极反应　　$O_2+2H_2O+2e \xlongequal{} H_2O_2+2OH^-$

从上述反应可以看到，阳极发生氧化溶解反应，阴极为氧的去极化作用。

由于银氰化溶解时的化学反应非常迅速，故决定过程速度的控制因素是扩散，即银的氰化溶解处于扩散区域。银氰化配合溶解示意图如图 3-3 所示。

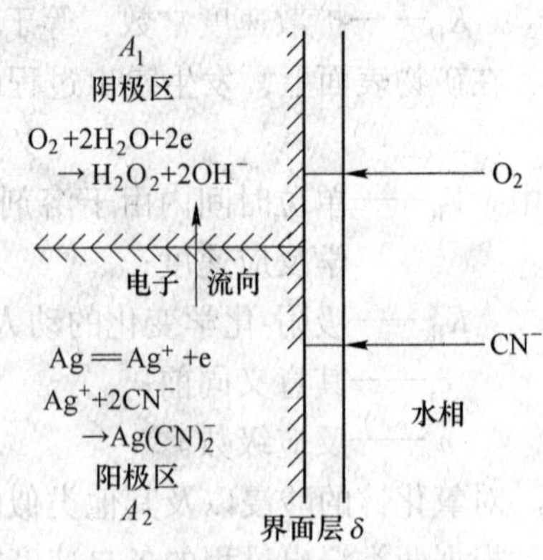

图 3-3　银的氰化配合溶解示意图（$A=A_1+A_2$）

A_1—阴极区面积；A_2—阳极区面积

由于化学速度>>扩散速度，故可认为 $[CN^-]_s \approx 0$，$[O_2]_s \approx 0$，因此，在阳极液中，向银的扩散速度为：

$$\frac{d[CN^-]}{d\tau} = \frac{D_{CN^-}}{\delta}A_2\{[CN^-]-[CN^-]_s\}$$

$$= \frac{D_{CN^-}}{\delta}A_2(CN^-) \tag{3-24}$$

式中　D_{CN^-}——CN^-的扩散系数；

$[CN^-]$——液流中心 CN^-的浓度；

$[CN^-]_s$——反应界面上 CN^-的浓度；

δ——扩散层厚度；

A_2——阳极区面积；

τ——时间。

在阴极液中，O_2向阴极表面的扩散速度为：

$$\frac{d[O_2]}{d\tau} = \frac{D_{O_2}}{\delta}A_1\{[O_2]-[O_2]_s\} = \frac{D_{O_2}}{\delta}A_2[O_2] \tag{3-25}$$

式中　D_{O_2}——O_2的扩散系数；

$[O_2]$——液流中心 O_2的浓度；

$[O_2]_s$——反应界面上 O_2 的浓度；

δ——扩散厚度；

A_1——阴极区面积；

τ——时间。

由以上分析可知，银的配合溶解速度取决于 CN^-、O_2的扩散速度。从前面所述的银的氰化溶解主要反应中可知，每个分子的氧可以氧化两个分子的银，而每个分子的银要与两个氰离子配合，当两个速度相等时银的溶解速度最快。设银与氰化溶液接触的总面积 $A=A_1+A_2$，则可推导出其溶解速度方程：

$$V = \frac{2D_{CN^-}D_{O_2}[CN^-][O_2]}{A\{\delta D_{CN^-}[CN^-]+4\delta D_{O_2}[O_2]\}} \tag{3-26}$$

从式（3-26）可以看出：

（1）当［CN^-］很低而［O_2］很高时，分母的第一项可以忽略不计，而得 $V=\dfrac{1}{2\delta D_{CN^-}[CN^-]A}$，表明银的溶解速度只与［$CN^-$］有关。

（2）当 [CN^-] 很高 [O_2] 很低时，分母的第二项可以忽略不计，而得

$V=\dfrac{2}{\delta D_{O_2}[O_2]A}$，表明银的溶解速度随 [$O_2$] 而变。

如果 $A_1=A_2$，δ 相等，即当 $[CN^-]/[O_2]=4D_{O_2}/D_{CN^-}$ 时，溶解速度达到极限值。

已知 O_2和 CN^-的扩散系数分别为：

$$D_{O_2}=2.76\times10^{-5}cm^2/s,\ D_{CN^-}=1.83\times10^{-5}cm^2/s$$

因此，$D_{O_2}/D_{CN^-}=1.5$，$[CN^-]/[O_2]=4\times1.5=6$。

从上述分析可知，在氰化过程中，控制 $[CN^-]/[O_2]=6$ 为最有利。实践证明，对金、银和铜的氰化配合浸出，$[CN^-]/[O_2]$ 控制在 4.69~7.4 比较适当，如表 3-1 所示。

表 3-1 在各种氰化物和氧浓度下金、银、铜溶解的极限值

金属	温度/K	p_{O_2}/Pa	溶液中 O_2 浓度 /mol · L^{-1}	溶液中氰浓度 /mol · L^{-1}	$[CN^-]:[O_2]$
金	298.15	21278.25	0.27×10^{-3}	1.3×10^{-3}	4.85
	298.15	101325	1.28×10^{-3}	6.0×10^{-3}	4.69
	308.15	101325	1.10×10^{-3}	5.1×10^{-3}	4.62
银	297.15	344505	4.35×10^{-3}	25×10^{-3}	5.75
	297.15	798441	9.55×10^{-3}	56×10^{-3}	5.85
铜	298.15	101325	1.28×10^{-3}	9.4×10^{-3}	7.35
	308.15	21278.25	0.27×10^{-3}	2.0×10^{-3}	7.40
	308.15	101325	1.10×10^{-3}	8.1×10^{-3}	7.35

在常温常压下，氧在水中溶解度为 1.28×10^{-3} mol/L，所以氰化钠的浓度应控制在 7.68×10^{-3} mol/L。

3.2.3.2 *硫化物浸出动力学*

由 MeS-H_2O 系热力学分析可知，当有氧存在时，几乎所有的 MeS 在任何 pH 值范围内的水溶液中都是不稳定的。例如 ZnS 氧化酸浸出电化学溶解过程。

硫化锌氧化酸浸出反应：

$$ZnS+1/2O_2+2H^+\longrightarrow Zn^{2+}+S+H_2O$$

反应可以分成如下两个半电池反应：

阳极反应 $\qquad ZnS-2e=\!=\!=Zn^{2+}+S$

阴极反应 $\qquad 1/2O_2+2H^++2e=\!=\!=H_2O$

硫的氧化 $\qquad S+3/2O_2+H_2O=\!=\!=SO_4^{2-}+2H^+$

反应在温度低于 373K 时进行缓慢，但当高于 373K 时，反应速度就显著增快。

因此，硫化锌氧化酸浸如果要使硫成为元素硫（固体硫）产出，除控制溶液的 pH 值较低外，还要控制较低温度，以不利于硫进一步氧化。控制较低温度会使浸出速度变慢，因此生产中通常采用高温进行，故金属和硫均以溶液形态回收。

从图 3-4 可以看出，在低酸浓度时浸出速度仅与酸度有关，而与氧浓度无关。在高酸浓

度时则相反，浸出速度取决于氧浓度，而且溶液中硫酸浓度和氧浓度之间存在某一比值时，浸出速度达到极限值，如图中两条水平线和斜线的交点为两个不同比值时的最大溶解速度。

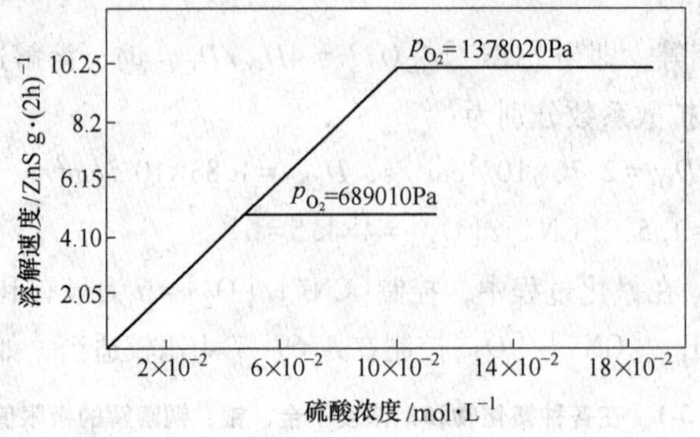

图 3-4　ZnS 在 373K 时氧化酸浸出的动力学曲线

3.3　浸出过程控制步骤的判别

3.3.1　改变搅拌强度法

当总速度为外扩散所控制时，加强搅拌可以降低扩散层的厚度，从而加快反应速度。此反应速度与搅拌强度的关系如下：

当搅拌强度不大时，随着搅拌强度的增加，扩散层厚度降低，反应加快。当搅拌强度增大到一定程度后，外扩散速度已很快，它不再成为控制步骤，故进一步加强搅拌对反应速度影响不大。

当总速度受生成的致密固膜扩散控制即内扩散控制时，它的厚度 δ_2 用普通搅拌方法不能有效地降低，故提高搅拌强度对反应速度基本没有影响。

可见，改变搅拌强度可以大体判别其控制步骤。例如 P. B. Queneau 等研究了不同搅拌速度下 Na_2CO_3 浸出白钨矿时浸出量与时间的关系，如图 3-5 所示。

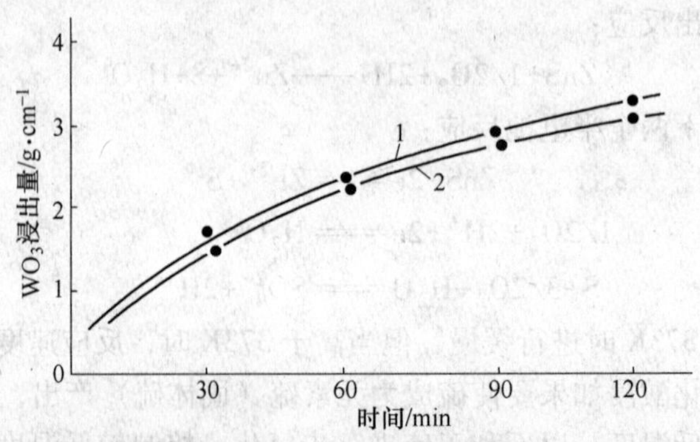

图 3-5　不同搅拌速度下，Na_2CO_3 分解白钨矿的浸出量与浸出时间的关系

1—搅拌转速 50r/min，CO_3^{2-} 浓度为 0.94mol/L，温度 135℃；

2—搅拌转速 380r/min，其他条件相同从图 3-5 可知，浸出量与时间的关系是抛物线形，类似于式（3-7）。对照线 1 与线 2 可知，搅拌对浸出影响不大，说明不是受外扩散控制，而是受内扩散控制。

若浸出反应改在热球磨反应器中进行，会显著提高反应速度，可以大体认为在搅拌槽中进行时属于固膜扩散所控制。

3.3.2 改变温度法

控制步骤不同的反应，温度的影响是不同的。当受化学反应步骤控制时，随着温度的升高，反应速度急剧增加，若将不同温度下测出的反应速度常数 κ 代入阿累尼乌斯方程式，可求出表观活化能 E：

$$\kappa = Ae^{-E/RT}$$

即

$$\ln\kappa = -E/RT + B$$

式中 A，B——常数；

$E/$——表观活化能，化学反应控制时 E 值约为 42～800kJ/mol。

受扩散步骤控制时，反应速度正比于扩散系数 D，扩散系数 D 与温度的关系，一般可用类似于阿累乌尼斯方程的公式表示：

$$D = A'e^{-E'/RT}$$

式中 A'——常数；

E'——扩散活化能。

E'值约为 4～12kJ/mol，比化学反应的表观活化能小得多。可见，随着温度的升高，D 值的增加率较化学反应速度小。

因此，测定反应速度与温度的关系，计算其表观活化能，亦可判断控制步骤。若表观活化能达 42kJ/mol 左右，则说明控制步骤为化学反应步骤；若反应速度随温度变化不大，表观活化能与扩散活化能相近，则控制步骤为扩散步骤。

同一反应在不同的温度范围内，控制步骤可以不同。一般在低温下受化学反应步骤控制。随着温度的升高，化学反应速度迅速增加，因此转而受扩散步骤控制。若以 $\lg\kappa$ 对 $1/T$ 做图，将出现图 3-6 所示的转折。其中 AB 表示高温区受扩散控制，CD 表示低温区受化学反应控制，BC 表示过渡区。

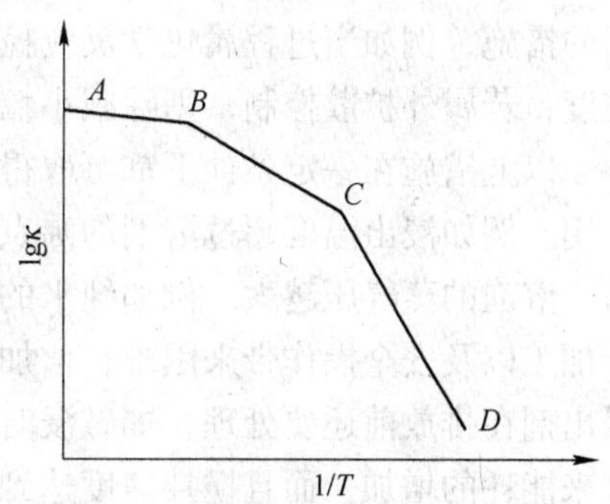

图 3-6 反应随温度上升由化学反应控制转到扩散控制示意图

3.3.3 尝试法

如前所述，不同的速度控制步骤有不同的动力学方程式。将实验所得的数据，分别代入各种动力学方程式中，找出相适应的方程式，即可确定属于哪种控制步骤。例如根据式（3-8）知，如果控制步骤为固膜扩散控制步骤，则函数 $1-(2/3)\mathscr{R}-(1-\mathscr{R})^{2/3}$ 与时间 τ 成直线关系，且直线通过原点；相反地，若控制步骤为化学反应步骤，则根据式（3-2）可知，应当是函数 $1-(1-\mathscr{R})^{1/3}$ 与时间 τ 成直线关系，且此直线通过原点，因而通过这种方法可以判断其控制步骤。现根据 20℃下，在机械搅拌槽中用盐酸分解白钨矿的实验数据分析如下。实验中所得分解分数及其与分解时间的关系如表 3-2 所示。

表 3-2 盐酸分解白钨精矿的实验结果（20℃）

时间/h	2	4	8	12	16
分解分数（$\mathscr{R}$）	0.36	0.47	0.58	0.72	0.95

将表中的 $\mathscr{R}$ 值分别代入式（3-8）及式（3-2）算出函数 $1-(2/3)\mathscr{R}-(1-\mathscr{R})^{2/3}$ 及 $1-(1-\mathscr{R})^{1/3}$ 值，并以它们为纵坐标，以时间为横坐标做图分别得图 3-7 中线 2、线 1。从图可知，线 1 是曲线，且不通过原点，而线 2 为直线且通过原点，表明其反应速度服从式（3-8）的规律。因此得出结论：20℃用盐酸分解白钨精矿属于固膜扩散步骤控制。

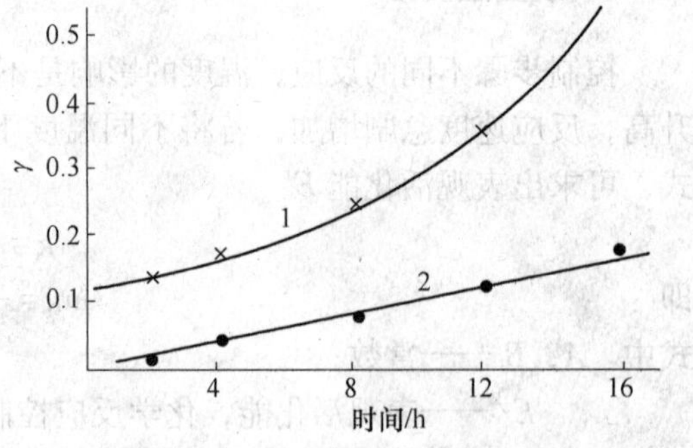

图 3-7 白钨矿分解动力学曲线
$1-y=1-(1-\mathscr{R})^{1/3}$；
$2-y=1-(2/3)\mathscr{R}-(1-\mathscr{R})^{2/3}$

3.4 浸出过程的强化措施

浸出过程的速度对冶金过程有很大的意义。提高浸出速度，则在一定的浸出时间内能保证得到更高的浸出率，或在保证一定的浸出率的情况下，能缩短浸出时间，提高设备生产能力或减少浸出剂的用量。因此研究浸出过程的强化措施为当前湿法冶金的重要课题之一。

为强化浸出过程，其主要途径之一是找出过程的控制步骤，针对其控制步骤，采取适当的措施，例如当过程属化学反应控制的，就适当提高温度和浸出剂的浓度，减小矿粒的粒度；若属外扩散控制，则除减小粒度外，还应加强搅拌。

以上措施在一定条件下都可取得一定效果，但都有一定限度，且都可能带来一定的副作用。例如浸出温度超过溶剂的沸点以后，则应在密闭设备内在高压下进行，而且温度越高，溶剂的蒸气压越大。例如纯水的温度为 220℃时，蒸气压达 2.29MPa，这给设备的设计加工以及安全操作带来困难；增加浸出剂的浓度往往带来浸出剂用量增加，而且过剩的浸出剂在排放前还要处理，如碱浸时其过剩碱在排放前还要用酸中和；增加搅拌速度不仅带来能耗的增加，而且搅拌速度达到一定程度之后，扩散层厚度不再随搅拌速度的进一步增加而减小，即不能取得进一步的效果；将原矿细磨以减小粒度，不仅增加能耗，而且还受现有磨矿设备和技术的限制，此外还可能给过滤过程带来困难。因此为了强化浸出过程，有必要采取其他措施。这里简单介绍几种研究成果。

3.4.1 矿物原料的机械活化

3.4.1.1 概述

它主要是在机械力的作用下使矿物晶体内部产生各种缺陷，使之处于不稳定的能位较高的状态，相应地增大其化学反应的活性。早在20年代，人们研究磨矿后晶体的活性时，就发现磨矿所消耗的能量不是全部转化为热能或表面能，有5%~10%储存在晶格内，使之化学活性增加。这种活化方法迅速扩展到钨、铝、铜矿物的浸出过程强化研究中，国内外学者在这方面的研究取得了很明显的效果。通过机械活化，矿物的浸出速度和浸出率都有大幅度提高，反应的表观活化能明显降低。这种效果引起冶金工作者的极大兴趣，便用其来活化所有固相参与的反应过程。

3.4.1.2　基本原理

机械活化过程使矿物原料的浸出速度明显提高的原因不能单纯归之于磨矿过程使矿物的粒度变细，比表面积增加，而是与晶体内部结构有关。通过研究证明，在机械活化过程中，机械力将对物质产生一系列作用，首先在物质表面研磨介质将对物料产生强烈的摩擦和冲击作用，同时在物质内部可能产生塑性变形或断裂，这些都将对其结构有明显的影响。

表面冲击和摩擦、局部高温及断裂热冲击，使晶体内部发生变化，主要有：

（1）晶格中应力增加、能量增加，矿物活化后，其反应的表观活化能降低。

（2）晶格中缺陷（如位错、空位等）增加，晶格变形，且出现非晶倾向。

（3）对某些矿物，机械活化还可能导致化学成分的改变。

以上各种变化使物料的化学活性增加，在动力学方面使其反应速度加快。赵中伟等在用DTA法研究黄铁矿的机械活化时，发现活化40min后，黄铁矿活化后氧化速度加快。

机械活化给反应带来有利影响，由于活化后物料处于自由能比标准状态更高的非标准状态，因此反应的吉布斯自由能变得更负，有利于反应的进行。

3.4.1.3　影响因素

影响机械活化效果的因素主要有：

（1）球磨机类型。各种磨机（如行星式离心球磨机、振动球磨机等）在磨矿过程中对物料都有一定活化作用，但效果各不相同，一般认为行星式离心球磨机效果较好，因其工作靠离心力作用，加速度可达重力加速度的10倍以上，而普通滚筒式球磨机效果最差，它完全靠重力做功。表3-3所示为不同设备，活化黄铁矿后测定的黄铁矿与HNO_3-H_2SO_4溶液反应的表观活化能。

表3-3　不同设备活化后的黄铁矿与HNO_3-H_2SO_4溶液反应的表观活化能

活化设备	活化时间/min				
	10	20	40	60	120
振动磨	58.9	59.3	47.5		
振动磨样机		61.1			
行星式离心磨	57.7	52.5			
滚筒磨				57.6	56.4

注：未活化矿浸出反应的表观活化能为73.9kJ/mol。

从表3-3可知，行星式离心磨活化后表观活化能最小。表观反应级数的改变亦有类似规律。

（2）活化时间。一般来说，活化时间延长，则活化效果增加，某难处理钛原料用 H_2SO_4分解时，其分解率与活化时间的关系如图 3-8 所示，随着活化时间的延长，分解率提高。但 P. 巴拉兹在研究闪锌矿活化时，发现时间过长浸出率有降低现象，许多学者的研究亦有类似情况，如图 3-9 所示，其原因有待进一步研究。

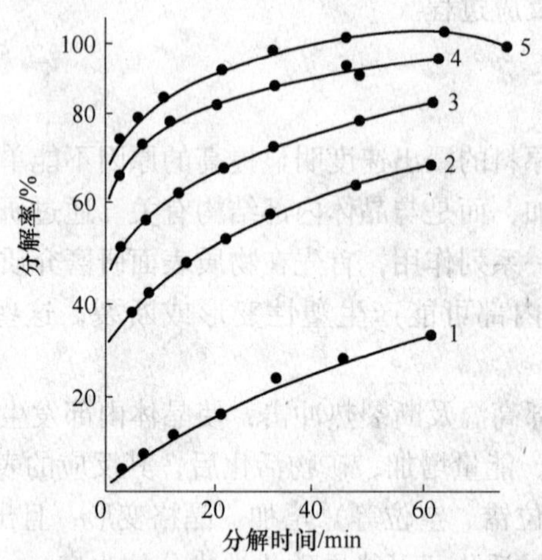

图 3-8 钛原料的活化时间与分解率的关系

（分解条件：H_2SO_4的质量分数 89%，温度 200℃（据 T. A. 普利亚辛娜））

1—未活化；2~5—活化时间分别是 10、30、60、90min

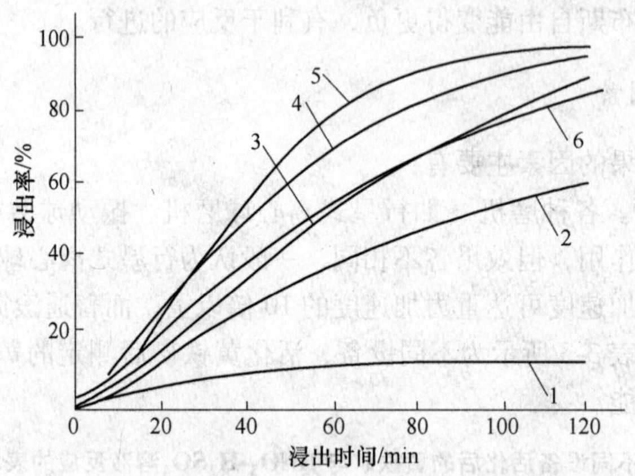

图 3-9 闪锌矿活化时间对浸出率的影响

活化时间：1—0min；2—7.5min；3—15min；4—60min；5—150min；6—240min

（3）活化介质。一般来说，在水中进行湿式活化（湿磨）与在空气中进行干式活化（干磨）效果不同。湿式活化时，矿浆对球的缓冲作用，使矿粒的活化效果变差。节里克曼在不同介质中将黑钨矿进行活化后，其 X 衍射线对比，如图 3-10 所示。

从图可知，干式活化后，其谱线的改变较湿式大，所以湿式的效果不及干式，许多学者的研究结果亦反映出类似规律。但湿式磨矿的细磨效果一般比干式磨矿的好，所以，最终体现在浸出效果上，往往是上述两因素的综合结果。在许多场合下，干式活化的浸出率比湿式活化的高。节里克曼将黑钨矿分别用干式和湿式机械活化后用质量分数为20%的H_2SO_4浸出，其结果如图3-11所示。但是在某些场合下的情况相反。节里克曼在225℃下用Na_2CO_3浸出钨锰矿的效果，如图3-12所示。从图3-12可看出，湿式活化的效果超过干式活化。节里克曼认为是由于浸出温度高，在高温下存在退火（去活化）过程，因此使原料活化的效果相对降低，而使颗粒变细的效果相对增加。

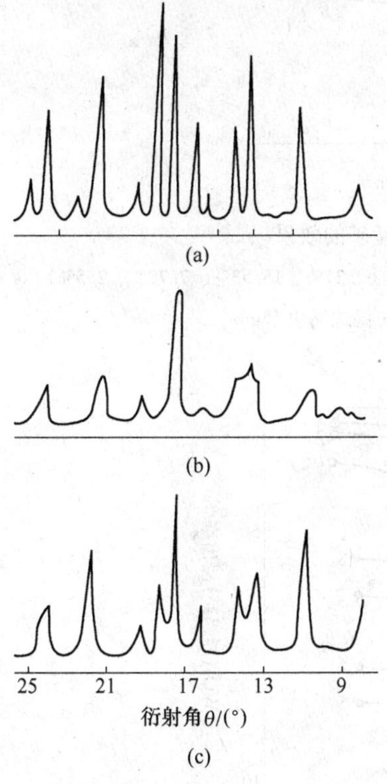

图3-10 黑钨矿的X衍射线图

（a）未活化；（b）干式活化；（c）湿式活化

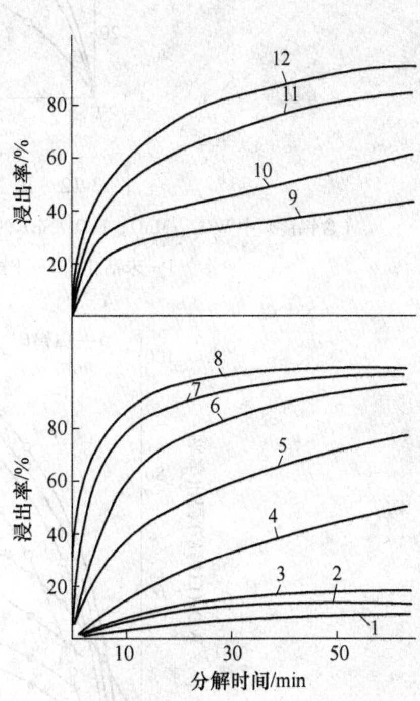

图3-11 黑钨矿用20%H_2SO_4溶液浸出效果

1~4—未活化；5~8—干式活化；9~12—湿式活化

（4）活化温度。一般来说，在高温活化时同时存在去活化过程，故高温活化效果较低温差。同理机械活化后的物料，若长期存放将发生去活化过程。

（5）矿石的类型。不同类型的矿石在活化过程中的行为不尽相同。对于性脆的白钨矿，活化时能量主要消耗在矿粒的细化、表面能的增加和嵌镶块尺寸的减小。而对于难磨的黑钨矿，其能量主要消耗于晶格的变形及产生各种缺陷，因此两者的活化效果不尽相同。A.H.节里克曼分别将黑钨矿及白钨矿活化2min后，用苏打浸出（用量为理论量的2倍），其效果如图3-13所示。

总之，机械活化过程复杂，其影响因素尚待进一步深入的研究。

3.4.1.4 机械活化的应用

综上所述，机械活化技术能大幅度提高浸出速度。浸出过程的强化，它不仅是强化现有浸出过程的手段，而且是开发新的浸出方法的重要手段。某些热力学上可能而仅由于反应速度的限制却被人们认为不可能实现的过程，采用机械活化技术后，可能成为现实。

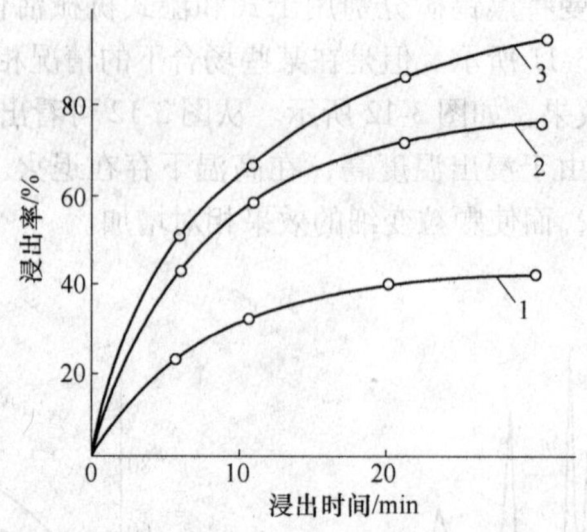

图 3-12 用 Na_2CO_3 浸出钨锰矿的效果

（含钨锰矿中 WO_3、MnO、FeO、SiO_2 的质量分数分别为 62.31%、15.53%、7.78%、2.5%）

1—未活化；2—干式活化 15min；3—湿式活化 15min

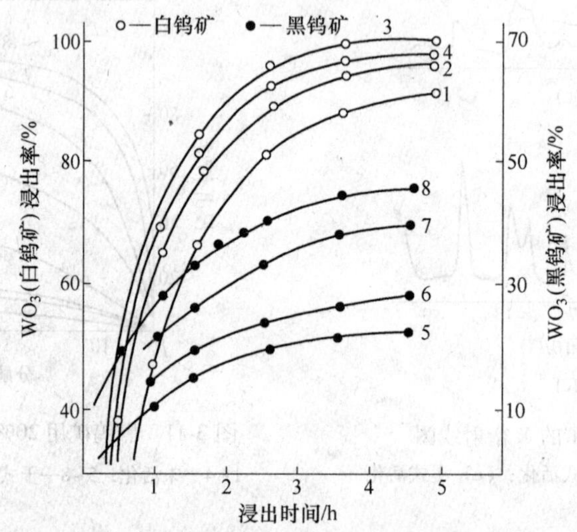

图 3-13 黑钨矿及白钨矿机械活化后的浸出效果

1，5—未活化；2，6—震动磨 20min；3，7—离心磨 20min；4，8—滚筒磨 20min

由于经济和技术上的原因，机械活化技术的工业应用应首先着眼于那些规模较小而产值较高的稀有金属冶金领域和贵金属冶金领域，近年来人们将该技术用于钨矿物原料碱分解，配合对体系的热力学研究，进行工艺参数的调整，以创造必要的热力学条件，开发了机械活化碱分解工艺，使过去国内外专家普遍认为白钨矿不能被 NaOH 分解的看法得到纠正。这个工艺已成为处理各种钨矿物原料（含白钨精矿和低品位黑白钨混合中矿）的通用工艺，已在国内钨冶金工厂广泛采用。现在这个工艺亦横向推广到独居石和氟碳铈矿的碱分解获得明显效果，因此可以预见机械活化技术在稀有金属领域中有着广泛的工业应用前景。随着技术的发展和经验的积累，亦有可能推广到其他有色金属冶金领域。

在工艺上，机械活化浸出的实施可能有两种方案：（1）机械活化过程与浸出过程分开，即先在活化设备内进行干式活化，然后再转入浸出槽进行浸出；（2）机械活化与浸出结合在同一磨机中进行。前者的优点是干式活化，效果好，同时活化设备没有必要控制一定的反应温度，也没有浸出剂的腐蚀，因此易于设计和加工。其不足之处是流程长、粉状物料转运繁琐，同时已活化物料的转运过程中难免有自动退火过程使活化效果降低。将机械活化与浸出结合在同一设备进行的优点是工艺过程简单，但其设备既要满足活化过程的要求，又要满足浸出过程的要求（如加热、防腐等），因此复杂，难以设计加工。至于其活化效果，一方面湿式活化效果比干式差，另一方面由于在活化时浸出剂同时存在，可充分利用矿与球互相冲击瞬间高温、高能量的机遇进行反应，但最终体现在浸出方面的效果还有待于进一步研究。总的来说，当设备的耐腐材料优良时，将活化与浸出过程结合可能有其一定的优越性。

至于在工业规模下的活化设备，行星式离心磨的活化效果虽好，但在大型化方面难度较大，如果要求将活化与浸出在一起进行，则更困难；振动磨是较好的方案，它已经工业化，适当地进行改造就能适应浸出方面的要求。

3.4.2 超声波活化

早在20世纪50年代，人们就发现超声波能强化浸出过程。60年代中期，哈夫斯基等开始研究用超声波强化白钨矿的苏打浸出过程，发现能使浸出率成倍提高。别尔希茨基等在研究白钨矿的硝酸分解过程时，证明由于超声波破坏了矿粒表面的H_2WO_4膜，从而使过程由固膜扩散控制过渡到化学反应控制。在90~95℃，HNO_3过量50%，硝酸的质量分数为30%的条件下，经过1h，分解率达99%。什马列依等在工业条件下研究表明，在HNO_3分解白钨精矿时，当不用超声波活化，在90℃，HNO_3用量为理论量的360%的条件下分解4h，分解率仅93%；而用超声波活化时，在80℃，HNO_3用量为理论量的150%的条件下，分解1.5h，分解率达99.4%。我国彭少方等在研究白钨精矿盐酸分解时，发现当温度为40℃，初始盐酸浓度为2mol/L，分解时间为2h，则无超声波作用时，分解率32.7%；有超声波作用时，分解率达98.8%，并且使白钨矿与盐酸反应的表观活化能由83.05kJ/mol降为13.72kJ/mol。

用超声波活化的机理尚处在研究中，当超声波在水中传播过程时，水相每一个质点都发生强烈的振荡，每个微区都反复经受着压缩与拉伸作用，导致空腔的反复形成与破裂，在其破裂的瞬间，从微观看来，其局部温度升高达1000℃左右，压力亦升高许多（空腔效应）。许多学者认为在这种情况下，它对浸出过程的作用将一方面表现为“力学”的：使水相具有湍流的水力学特征，外扩散阻力大幅度降低，大幅度加速了固体表面以及其裂纹中的传质过程；使气体反应剂分散同时乳化；与此同时对反应的固体生成物膜产生剥离作用，清洗了反应表面，对固体颗粒产生粉碎作用，产生裂纹和孔隙，已经发现在超声波作用下，被浸出矿粒表面是凹凸不平的。另一方面在氧化还原反应中也不能排除超声波的化学作用，在空腔效应中，亦可能使水分解为活性基：

$$H_2O \longrightarrow H \cdot OH \longrightarrow H_2 \cdot O$$

这些活性基将直接参与氧化还原过程，导致过程的强化。

3.4.3 热活化

将矿物原料预加热到高温，然后急冷，往往能提高其与浸出剂反应的活性，强化其反应速度。造成热活化的原因主要是由于相变及物料本身的急冷急热而在晶格中产生热应力和缺陷，同时在颗粒中产生裂纹。例如锂辉石（$Li_2O \cdot Al_2O_3 \cdot SiO_2$）的低温相α-锂辉石基本不与酸作用，但1100℃时由α型转为β型，体积膨胀约24%，冷却后β-锂辉石成为细粉末，易与硫酸反应。

3.4.4 辐射线活化

在一定的辐射线照射下，使矿物原料在晶格体中产生各种缺陷，同时也可能使水溶液中某些分子离解为活性较强的原子团或离子团，从而加速化学反应。

在辐射线中最强的为γ射线。γ射线通过物质时，其一部分能量被吸收，所吸收的能量中约50%消耗于使物质的分子或原于处于激活状态，约50%消耗于使原子离子化。这些使物质的化学反应活性增加，往往能使浸出过程加速。

根据试验，有γ射线照射与无γ射线照射时，U_3O_8在浓度为1~2mol/L的H_2SO_4溶液中浸出速度对比，如图3-14所示。与γ射线一样，微波也能使物质活化并加速传质过程，加快浸出速度。彭金辉等研究$FeCl_3$浸出闪锌矿时，用微波与传统方式加热时，其锌的浸出率与时间的关系对比，如图3-15所示。

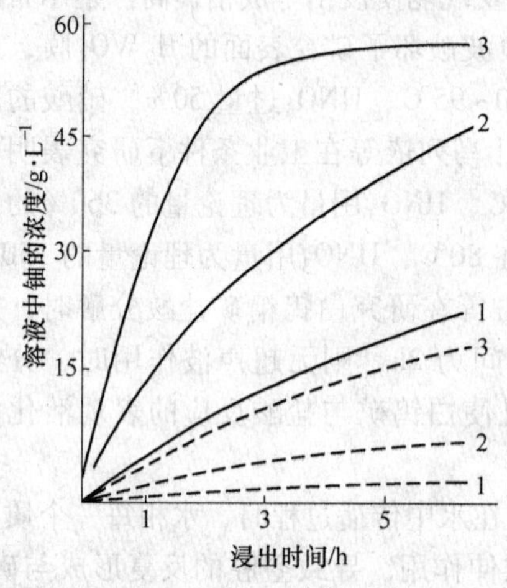

图3-14 U_3O_8在2mol/L H_2SO_4中的浸出速度

——有γ射线（15.48×10^{-2}C/kg）照射；——无γ射线照射

1—重铀酸铵在900℃下煅烧3h，慢冷却；

2—重铀酸铵在800℃下煅烧3h，迅速冷却；

3—重铀酸铵在700℃下煅烧1h，慢冷却

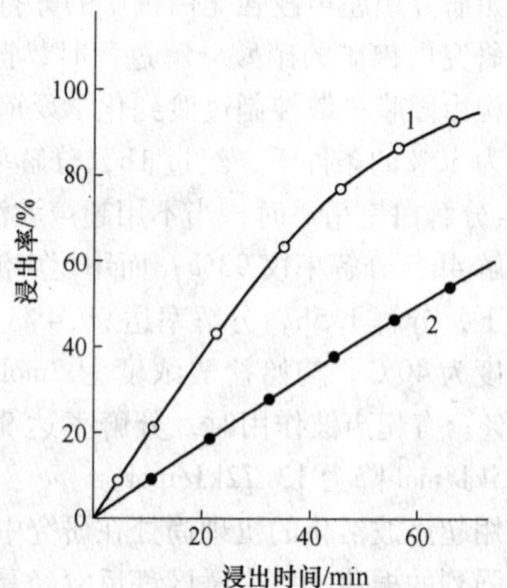

图3-15 Zn浸出率与加热时间τ的关系

（实验条件：温度为368K；

$FeCl_3$浓度为1.0mol/L）

1—微波辐射；2—传统加热方式

3.4.5 催化剂在浸出过程中的应用

当浸出过程受化学反应控制时，在某些情况下加入催化剂能强化浸出过程。目前，催化剂主要用来强化那些有氧化还原反应的浸出过程。

研究发现，在许多硫化矿的氧化浸出过程中，HNO_3有良好的催化作用，例如辉钼矿的高压氧浸时，如果加入10%~20%的HNO_3，浸出率将大幅度提高。

在闪锌矿高压氧浸、含金黄铁矿氧化预处理时，加入HNO_3也都大幅度提高其反应速

度。这种催化作用已广泛用于硫化矿的氧压浸出过程。

在硫化矿的氧浸和酸浸过程中，Cu^{2+}、Fe^{3+}对反应的催化作用效果如图 3-16 所示。

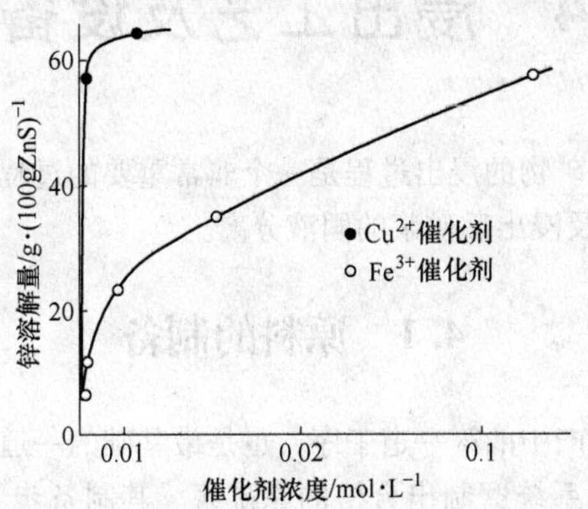

图 3-16　闪锌矿在酸性介质中高压氧浸时，浸出速度与 Cu^{2+}、Fe^{3+}离子浓度的关系（113℃，1h）

综上所述，对氧化还原反应的浸出过程而言，许多金属离子（特别是变价金属）都有一定的催化作用。这些催化作用可以强化冶金反应，至于催化的机理，目前研究不够充分，不同学者有不同看法，同时对不同的矿物原料亦不尽相同，有待进一步研究。总之，矿物原料的活化和催化剂的应用，为浸出过程的强化显示了良好的前景，预计它将为提高浸出过程的效益发挥较大的作用。

习题与思考题

3-1 浸出反应包括哪些步骤，具体控制反应进行的步骤是什么？

3-2 分析不同浸出反应影响因素对反应速度的影响。

3-3 浸出过程控制步骤的判别方法有哪些？

3-4 试述提高浸出过程速度的基本措施和浸出过程强化的措施。

3-5 试述矿物原料机械活化的过程、原理和影响因素。

4 浸出工艺及设备

湿法冶金生产过程中矿物的浸出过程是一个非常重要的过程，它通常包括：原料的准备（原料的制备）、浸出及浸出后矿浆的固液分离。

4.1 原料的制备

原料的制备是湿法生产中的第一道工序，也是最基础的一道工序。其主要任务在于使矿石破碎和均化，为溶出系统磨制出合格的原矿浆。其制备步骤主要有矿石的破碎、配矿、磨矿、料浆制备等。

在浸出过程中，矿石的粒度对浸出率的影响较大，一般说矿石粒度细化有利于浸出，但粒度过细对矿浆液固分离不利。实践表明，矿石粒度 0.147mm 占 90%以上是较适宜的，因此，矿石在浸出前应根据要求，将各种固体物料进行不同程度的破碎和研磨。使大块固体物料变成小块物料的操作，通常称为破碎；而使小块物料进一步粉碎的操作，则称为磨碎或研磨。

根据破碎产物的粒度大小，破碎阶段还分为粗碎段、中碎段和细碎段。这些“段”是按所处理的物料粒度或者按物料经过破磨机械的次数来划分的。磨碎阶段也分为粗磨段和细磨段。在不同的破磨阶段需要使用不同的设备，例如粗碎段用颚式破碎机或旋回破碎机，中细碎段则分别使用标准型圆锥破碎机和短头型圆锥破碎机；粗磨段用格子型球磨机，细磨段用溢流型球磨机等。因为一定的设备只有在适宜的粒度范围下才能高效率地工作，实际生产所需要的破碎和磨碎段数，要根据矿石性质和所要求的最终产物粒度来确定。

磨碎操作有干法和湿法两大类。用干法磨碎时物料中的水分含量需符合一定限度，水分过高的物料，需先经过干燥处理或在研磨过程中通以热烟气进行干燥。用湿法研磨时物料中需加入一定数量的水分。在有色冶金工厂，湿法冶金过程多采用湿法研磨。

为了控制破碎和磨碎产物的粒度，并将那些已符合粒度要求的物料及早分出，以减少过粉碎，使破磨设备能更有效地工作，通常将破碎机与筛分机配合使用，磨矿机与分级机配合使用。它们之间不同形式的配合组成了各种破磨工艺流程。

4.1.1 破碎

4.1.1.1 颚式破碎

A 颚式破碎机结构及工作原理

颚式破碎机是一种古老的碎矿设备，由于它具有构造简单、工作可靠、制造容易、维修方便等优点，所以至今仍在各工业部门获得广泛应用。在有色冶金工厂，它主要用来破碎矿石和熔剂。颚式破碎机的类型很多，工业中应用最广泛的主要有以下类型：

（1）简单摆动颚式破碎机，如图 4-1（a）所示；
（2）复杂摆动颚式破碎机，如图 4-1（b）所示；
（3）液压颚式破碎机，如图 4-1（c）所示。

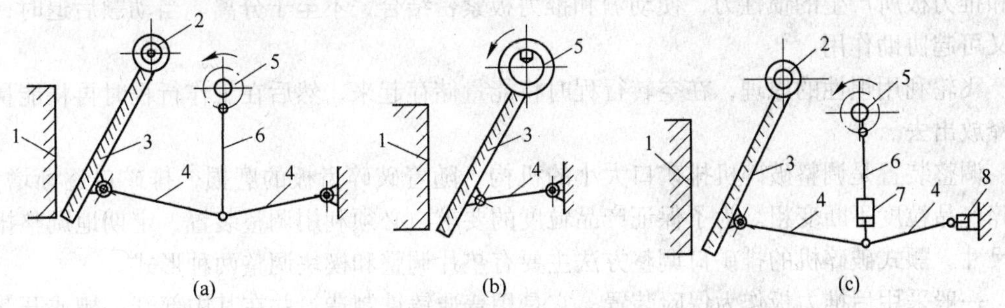

图 4-1 颚式破碎机的主要类型
（a）简单摆动颚式破碎机；（b）复杂摆动颚式破碎机；（c）液压颚式破碎机
1—固定颚板；2—动颚悬挂轴；3—可动颚板；4—前、后推力板；5—偏心轴；
6—连杆；7—连杆液压油缸；8—调整液压油缸

图 4-2 是简单摆动颚式破碎机结构图，它主要是由破碎工作机构、使动颚运动的动作机构、超负荷的保险装置、排矿口的调整装置和机器的支承装置等部分组成。

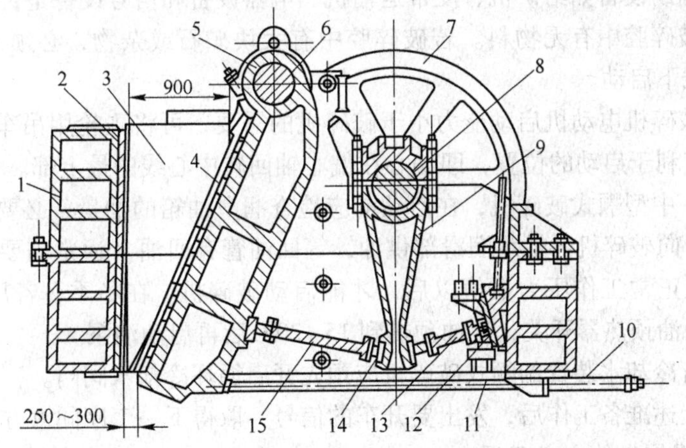

图 4-2 简单摆动颚式破碎机结构图
1—机架；2，4—破碎齿板；3—侧面衬板；5—可动颚板；6—心轴；7—飞轮；8—偏心轴；9—连杆；
10—弹簧；11—拉杆；12—楔块；13—后推力板；14—肘板支座；15—前推力板

破碎机的工作机构是指固定颚板和可动颚板 5 构成的破碎腔（图 4-1（a）），它们分别衬有高锰钢制成的破碎齿板 2 和 4，用螺栓分别固定在可动颚板和固定颚板上。破碎腔的两个侧壁也装有锰钢衬板，其表面是平滑的，采用螺栓固定在侧壁上，磨损后更换。可动颚板的运动是借助连杆与推力板机构来实现的。它是由飞轮 7、偏心轴 8、连杆 9、前推力板 15 和后推力板 13 组成。飞轮分别装在偏心轴的两端，偏心轴支撑在机架侧壁的主轴承中，连杆上部装在偏心轴上，前、后推力板的一端分别支撑在连杆下部两侧的肘板支座 14 上，前推力板的另一端支撑在动颚下部的肘板支座中，后推力板的另一端支撑在机架后壁的肘板支座上。当电动机通过皮带轮带动偏心轴旋转时，使连杆产生运动。连杆的上下运动，带动推力板运动。由于推力板的运动不断改变倾斜角度，于是可动颚板就围绕悬挂轴做往复运动，从而破碎矿石。当动颚向前摆动时，水平拉杆通过弹簧 10 来平衡动颚和推力板所产生的惯性力，使动颚和推力板紧密结合，不至于分离。当动颚后退时，弹簧又可起协助作用。

飞轮利用惯性的原理，在空转行程时将能量储存起来，然后在工作行程时再将能量全部释放出去。

调整装置是调整破碎机排矿口大小的机构。随着破碎齿板的磨损，排矿口逐渐增大，破碎产品粒度不断变粗。为了保证产品粒度的要求，必须利用调整装置，定期地调整排矿口尺寸。颚式破碎机的排矿口调整方法主要有垫片调整和楔块调整两种形式。

一般采用后推力板作为保险装置，它是用普通铸铁制造，并在其中部开一槽或开若干个小孔，以降低其断面强度；当破碎腔落入非破碎物时，机器超过正常负荷，后推力板立即折断，从而可避免机器损坏。

B　颚式破碎机的操作实践

a　启动前的准备工作

(1) 认真检查破碎机的主要零部件是否完好，紧固螺栓等连接件是否松动，皮带轮外罩是否完整，传动件是否相碰或有障碍物等。

(2) 检查辅助设备如给矿机、皮带运输机、电器设备和信号设备是否完好。

(3) 检查破碎腔中有无物料。若破碎腔中有大块矿石或杂物，必须清理干净，以保证破碎机在空载下启动。

(4) 有的破碎机电动机启动能力小于破碎机的需要，可将飞轮用吊车转过一定角度，使连杆处于最有利于启动的位置，即偏心在偏心轴回转中心线的最上部。

(5) 对大、中型颚式破碎机，在启动前应检查润滑油箱的油量，必要时补充润滑油，然后启动油泵，向破碎机各轴承润滑部供油，等回油管有回油（通常需要 5~10min），以及油压表指针在正常工作压力数值以后，才能启动破碎机。在冬季，若厂房内无取暖设备，则应先合上油预热器开关，使油预热到 15~20℃后再启动油泵。

(6) 通常有冷却水装置的颚式破碎机应预先开启循环冷却水阀门。

(7) 做好上述准备工作后，发出要开车的信号，取得下一工序同意方能开车。

b　启动和操作中的注意事项

(1) 破碎机启动后，要经过一段时间，才能达到正常回转速度。启动电动机时应注意控制台上的电流表，通常经 30~40s 的启动高峰电流后就降到正常工作电流值。在正常运转过程中，也要注意电流表的指示值，不允许较长时间超过规定的额定电流值，否则容易发生烧毁电动机的事故。

(2) 破碎机正常运转后，方可开动给矿设备向破碎机给矿。给矿时应根据矿块的大小和破碎机的工作情况，及时调整给矿量，保证给矿均匀，避免过载。通常，破碎腔中的物料高度不应超过破碎腔高度的 2/3。

(3) 破碎机在运转中，要经常注意大矿块卡住给矿口现象。如卡住，要用铁钩翻动，使其排除。如矿石太多或堵塞破碎腔，应停止给矿，待矿块破碎完后再开给矿机。绝对禁止从破碎机破碎腔用手取出矿块或用手整理矿石。如有大矿块需要取出时，应停车后用专门的器具取出。

（4）要严防电铲的铲牙、履带板、钻头、钢球等金属块进入破碎机，这些非破碎物将使破碎机损坏。如有非破碎物进入破碎机又被通过时，应立即通知运输岗位的操作人员，防止进入下道工序，造成事故。

（5）当电器设备自动跳闸后，若原因不明，严禁强行连续启动。

（6）破碎机在运转中，应经常检查各润滑点的润滑是否良好，并注意轴承的温度，特别是偏心轴承的温度不允许超过60℃。经常检查润滑油的油温，或采用手摸轴承的办法检查温度升高的情况。如油温超出允许范围，或机器有不正常的声音，应立即停车检查，找出原因并采取相应的消除措施。

c 停车注意事项

（1）必须按生产流程顺序停车，即先停给矿机，待破碎腔中全部物料破碎完毕后再停破碎机和皮带运输机。应当注意，当破碎腔中还有物料时不得关闭破碎机电动机，以免再次启动时造成困难。

（2）必须在破碎机停稳后，方准停止油泵供油。在冬季应放掉轴承的循环冷却水，以避免轴承被冻裂。

（3）停机后应检查机器各部分并做好清理卫生工作。

C 颚式破碎机检查和维护事项

（1）检查轴承发热情况，温度不得超过60℃（滚动轴承的温度不得超过70℃）。这是因为用于浇铸轴瓦的轴承合金在100℃以下的才能正常工作，超过60℃时应立即停车检查，排除故障。检查方法是，若轴承上有温度计，则可直接读得温度值；若没有温度计可用手估测，即用手背放在瓦壳上，到发烫放不住，大约不超过5s，这时其温度就超过了60℃。

（2）检查润滑系统工作是否正常。听油泵工作声音，观察油压表压力，检查油箱的油量和漏油等情况。

（3）检查回油是否含有金属末等污物，若有则应立即停车打开润滑部位检查。

（4）检查螺栓、飞轮键等连接件是否松动和破碎衬板、传动部件的磨损情况。

（5）检查排矿口大小。排矿口的大小，是指一块破碎衬板的波峰到另一块破碎衬板相对应的波谷之间的距离。为了测量方便，可按所需要的排矿口尺寸制成样板，进行测量。若排矿口由于衬板磨损而增大时，应及时调整排矿口的大小，使破碎产品符合所要求的粒度。排矿口大小的调整，应按破碎机产品说明书上所规定的范围进行。

（6）定期清理润滑油过滤器，清理后要等完全晾干才能使用。

（7）定期更换油箱内的润滑油。因为润滑油在使用过程中由于暴露于空气中和受热的影响，加上尘屑、水分等杂质的渗入和其他一些原因，使油逐渐老化变质，失去润滑性能，因此要合理地选择更换润滑油的周期，不能凑合使用。

4.1.1.2 圆锥破碎机

A 圆锥破碎机的工作原理

圆锥破碎机按照使用范围，分为粗碎、中碎和细碎三种。粗碎圆锥破碎机又称旋回破碎机。中、细碎用的圆锥破碎机按其破碎腔的形状不同，又分为标准型、中间型及短头型三种。但它们工作原理基本上是相同的，现以粗碎用的圆锥破碎机为例说明其工作原理。如图 4-3 所示，动锥 2 在定锥 1 内，其中空间为破碎腔。物料从上部给入，由于偏心轴套 4 的作用，使动锥做旋摆运动，周期地靠近与离开定锥，当动锥靠近定锥一边时，产生破碎矿石的作用。离开的一边，已破碎的矿石从破碎腔排出。圆锥破碎机的工作原理与颚式破碎机相似，可以看成是连续工作的颚式破碎机，这类破碎机对矿石的作用力，除有压碎作用外，还有弯曲及磨剥作用，并且是连续工作，故生产率也高得多。

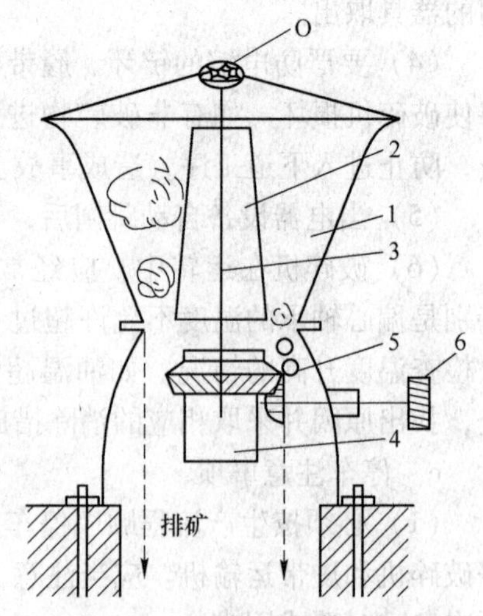

图 4-3 圆锥破碎机工作示意图
O—悬挂点；1—定锥；2—动锥；3—竖轴；4—偏心轴套；5—齿轮；6—皮带轮

B 圆锥破碎机的操作实践

a 开车前的准备

（1）检查破碎腔内有无矿石或铁块等。圆锥破碎机不允许带负载（即破碎腔内有矿石等物）启动。带负载启动会造成电气跳闸或机器零部件损坏，因此开车前应检查破碎腔，如有矿石或铁块，须清除后才能启动。

（2）检查排矿口宽度。为了保证产品粒度合格，应在开车前检查排矿口是否符合要求，特别是新安装或检修后第一次使用，必须进行检查。

（3）检查各种电气连锁装置和信号装置是否完好。

（4）检查油箱中的油位和油温，油温低于 20℃时不应开车。

（5）检查锁紧油缸的油压，调整环在锁紧状态下方可启动（齿板固定的应检查齿板及调整环上的固定螺栓是否牢固）。

b 启动

做完上述各项检查并确信不会发生故障后，方可按程序启动破碎机：

（1）开动油泵并检查油压，油压应在 0.05~1.2MPa 范围内。冷却水的压力应比油压低 0.025~0.05MPa，以免水渗进润滑油中。

（2）油泵运转 3~5 转一切正常时，则可按规定发出开车信号，然后启动破碎机。破碎机空转 1~2 转后，确信一切正常即可给矿生产。

c 运转

给矿以后，破碎机在有载运转中，操作人员须遵守和注意下列事项，正确地进行操作：

（1）给矿必须均匀，粒度应符合要求。

（2）随时注意排矿和运输，以免堵塞引起事故。

（3）经常检查油泵、冷却器、过滤器工作是否正常，回油温度不应超过 60℃。

（4）经常检查水封防尘的排水，如果没有水则不能运转。如果水中有油是因为球面轴承座上的回油环槽或回油孔堵塞。

（5）经常检查锁紧缸的油压，调整环必须在锁紧状态下方可运转。

（6）注意电动机工作电流是否正常。

（7）注意传动部分及齿轮的啮合声音和破碎机的运转声音是否正常。

（8）定期检查衬板磨损情况，特别注意调整环上的衬板固定螺栓。如果松了，会引起衬板松动。新换的衬板在工作 24h 以后，应停车紧固一次。

d 停车

破碎机停车必须按以下顺序操作：

（1）先停止给矿机给矿，破碎机继续运转，直到破碎腔中的全部矿石破碎完毕，才能停止破碎机。否则，会给下次启动带来很大的困难。

（2）停止破碎机运转。

（3）停止油泵和排矿运输设备运转。

（4）室温低于 0℃时，停车以后应将水封中的存水放净，以免结冰冻结。

4.1.1.3 其他破碎机

A 辊式破碎机

辊式破碎机有两种基本类型，即双辊式和单辊式，以双辊式应用最多（又称对辊式）。

对辊破碎机的工作原理如图 4-4 所示。物料从上面加入破碎机，两个圆辊相向旋转，由于物料与辊面的摩擦力将物料卷入破碎腔中，被辊子压碎。已破碎的矿石，在重力作用下，从两个辊子间的间隙处排出。

对辊破碎机的种类很多，按辊面的情况分类，有光滑和非光滑辊面两种；按辊子轴承的构造不同，又分为固定轴式、单可动轴式及双可动轴式三种，前后两种使用极少，只有单可动轴式应用最广。由于辊式破碎机具有构造简单、轻便、工作可靠、价格低、产品粒度均匀等优点，故在有色冶金工厂常用于精矿、焙烧矿、烟尘块的破碎和两段熔剂破碎中的第二段破碎。

B 反击式破碎机

反击式破碎机因转子的数目不同分为单转子和双转子两种，单转子反击式破碎机的构造如图 4-5 所示。电动机通过三角皮带带动转子 3 高速转动。物料经给料口 4、链条 5 送入破碎腔（转子与冲击板 6 之间的空间），在板锤和冲击板之间受到多次的冲击和反弹，即板锤先使碎块以高速抛向第一段冲击板而再次受到冲击并反弹到转子。碎块在转子上受到板锤的冲击，抛向第二段冲击板。第二段冲击板与转子之间构成第二段破碎腔，重复上述破碎过程，物料最终从下部排出。

反击式破碎机是一种新型高效率的破碎设备，其特点是体积小、构造简单、破碎比大（可达 40）、能耗少、生产能力大、产品粒度均匀并有选择性的破碎作用，是很有发展前途的设备。但它最大的缺点是板锤和反击板特别容易磨损。

反击式破碎机工作时振动大，所以要经常检查地脚螺栓紧固情况。要经常测量转子轴两端的滚动轴承温度，滚动轴承温升不超过 70℃。板锤磨损后可以反装使用，要更换时每排板锤质量必须称量，误差只允许±0. 25kg。

破碎机启动要注意遵守操作规程。液力联轴器内的油量要按技术文件的要求加入，加入后要通过试车来确定是否恰当。反击式破碎机工作时粉尘大，须随时检查收尘效果。开车前打开破碎机检查门，检查板锤螺栓、衬板螺栓是否齐全和牢固，反击板有无裂纹，排矿口要求无积料。

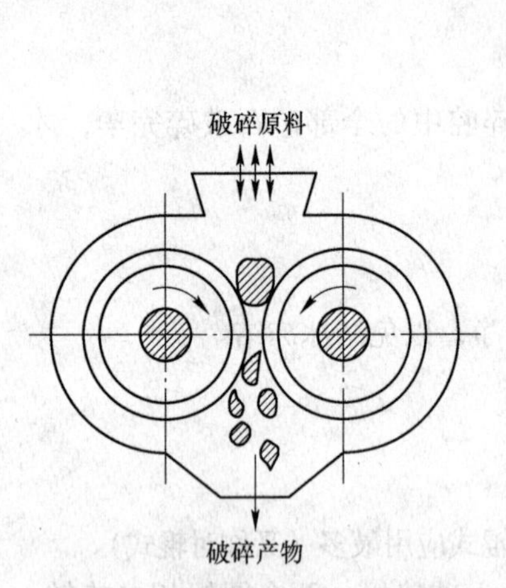

图 4-4　对辊破碎机的工作原理

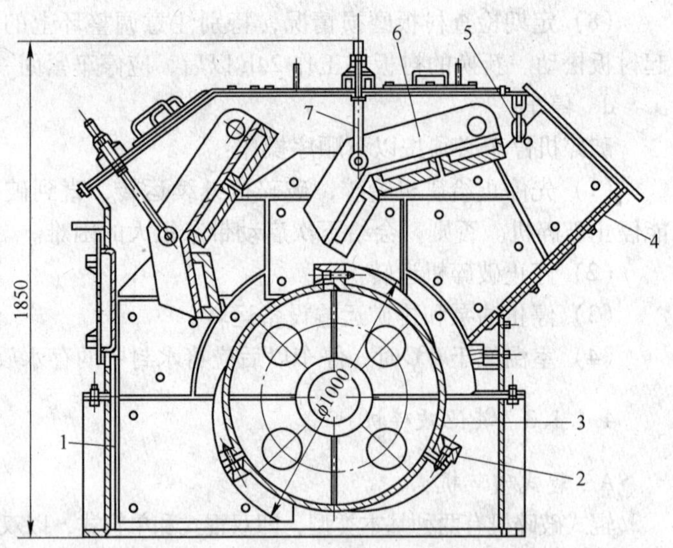

图 4-5　反击式破碎机结构示意图

1—机壳；2—板锤；3—转子；4—给料口；5—链条；6—冲击板；7—拉杆

对于双转子的反击式破碎机开车时要求两级转子分别启动，不得同时启动，防止跳闸。开车后要注意反击板吊挂螺栓及横轴是否断裂或脱落。开车 4h 后停车，详细检查所有板锤螺栓是否松动、脱落，反击板有无断裂，转子有无裂纹，发现问题及时处理。

反击式破碎机无负荷试车时要求转子运转平稳，机身振动振幅不应超过 0.2mm，无负荷试车 8h，连续运转时间 8~24h。必须在破碎机内物料全部排出后，方可停止主电机的运转。

4.1.2　球磨

4.1.2.1　球磨机的结构

球磨机结构如图 4-6 所示，由圆柱形筒体 1、端盖 2、轴承 3、传动大齿圈 4 等主要部件组成。筒体内装入直径为 25~150mm 的钢球，称为磨介或球荷，其装入量为整筒体有效容积的 25%~45%。筒体两端端盖的法兰圈通过螺钉同筒体的法兰圈相连接。端盖中部有中空的圆筒形颈部，称为中空轴颈。中空轴颈支承于轴承上。筒体上固定有大齿圈。电动机通过联轴器和小齿轮带动大齿圈和筒体转动。当筒体转动时，磨介随筒体上升至一定高度后，呈抛物线抛落或泻落下滑。由于端盖有中空轴颈，物料从左方的中空轴颈给入筒体，逐渐向右方扩散移动。在自左而右的运动过程中，物料遭到钢球的冲击、研磨而逐渐粉碎，最终从右

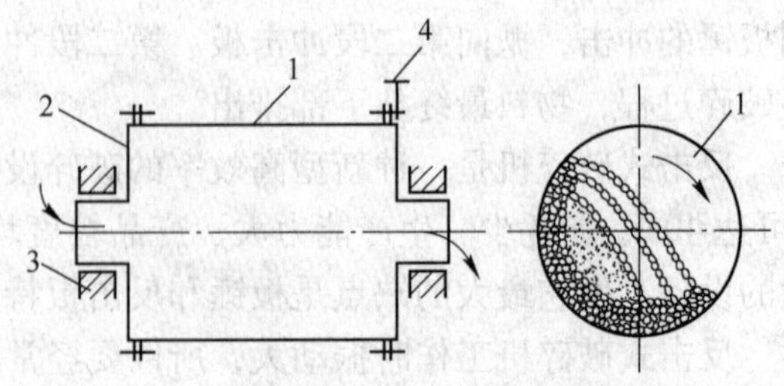

图 4-6　球磨机示意图

1—筒体；2—端盖；3—轴承；4—传动大齿圈

方的中空轴颈排出。

由于筒体内的钢球数目很多，钢球之间以及钢球同衬板之间的接触点也很多，故钢球之间或钢球与衬板之间的间隙内的物料，在这些接触点附近受到钢球的研磨、冲击和压力作用而粉碎。

物料给入筒体后即堆积于筒体左端，由于筒体的转动和磨介的运动，物料逐渐向右方扩散，最后从右方的中空轴颈溢流出去，因此图4-6所示的球磨机称为溢流型球磨机。另一种球磨机在排料附近有格子板，称作格子型球磨机，如图4-7所示。格子板由若干块扇形板组成，扇形板上有宽度为8~20mm的筛孔，物料可通过筛孔而聚集在格子板与右方端盖之间的空间内。该空间有若干块辐射状的举板2，筒体转动时举板将物料向上提举，物料下落时经过锥形块而向右折转，经右方中空轴颈排出。由于格子板和举板的作用，物料在排料端的料位较低，使排料加快，生产率提高。溢流型球磨机的构造简单，操作维护方便而且产品较细，常用于细磨矿。格子型磨矿机磨细的矿粒能及时排出，生产率和效率比溢流型球磨机高，但构造复杂，质量较大，功率消耗大，产品粒度粗，常用于粗磨矿。

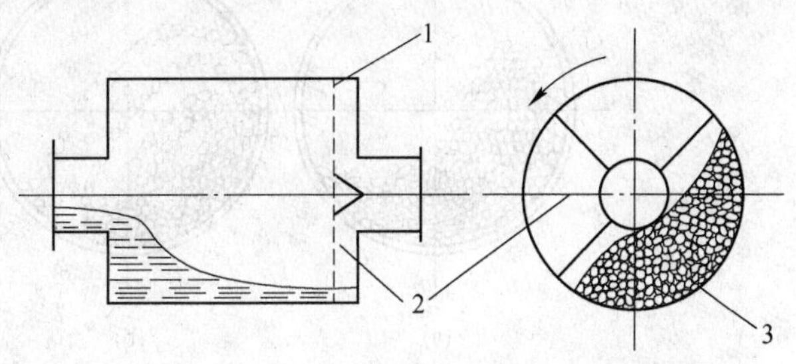

图4-7 格子型球磨机

1—格子板；2—举板；3—排料线

4.1.2.2 球磨机磨介的运动规律

当球磨机在正常生产情况下，筒体旋转时，磨矿介质与矿石一起在推力和摩擦力作用下提升到一定高度后，由于重力作用而脱离筒壁沿抛物线迹下落，使处于磨矿介质之间的矿石受冲击作用而被击碎。同时，由于磨矿介质的滚动和滑动，矿石受压力与磨剥作用而被粉碎。

在实际生产过程中球磨机磨介的运动有以下几种情况：

（1）当衬板较光滑、钢球质量小、磨机转速较低时，全部钢球随筒体被提升的高度较小，只向上偏转一定角度，其中每个钢球都绕自己的轴线转动。这种情况的磨碎效果很差，不予讨论。

（2）当球荷的倾斜角超过钢球表面上的自然休止角时，钢球即沿此斜坡滚下，如图4-8（a）所示，钢球的这种运动状态称为泻落。在泻落状态下工作的磨机中，矿料在钢球之间受到磨剥作用，冲击作用很小，故磨矿效率不高。

（3）当磨机的转速达一定值后，钢球边自转边随着筒体内壁做圆曲线运动上升到一定的高度，然后在重力作用下，纷纷呈抛物线下落。这种运动状态称为抛落式，如图4-8（b）所示。在抛落式状态工作的磨机中，矿料在圆曲线运动区受到钢球的磨剥作用，在钢球落下的地方（底脚区），矿料受到落下钢球的冲击和强烈翻滚着的钢球的磨剥。此种运动状态磨矿效率最高。

（4）当磨机的转速超过某一限度时，钢球就贴在筒壁上而不再下落，这种状态称为离心运转，如图 4-8（c）所示。发生离心运转时，矿料也随筒体一起运转，既无钢球的冲击作用，磨剥作用也很弱，磨矿作用几乎停止。

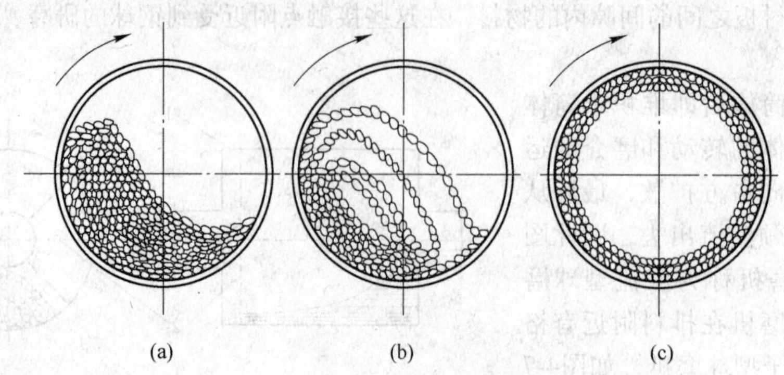

图 4-8 磨介的运动状态
（a）泻落状态；（b）抛落状态；（c）离心状态

球磨机中最外层钢球刚刚随筒体一起旋转而不下落时的球磨机转速称为临界转速，球磨机的工作转速与临界转速之比的百分数称为转速率。实践证明，从提高磨机单位容积生产率出发，最佳转速率为 76%~88%；从节省能耗、钢耗而言，最佳转速率应为 65%~76%。为了综合考虑工厂的技术经济指标，球磨机的最佳转速率应通过试验来确定，并在生产过程中进行调整。

4.1.2.3 球磨机的操作实践

一个磨矿机组，开路磨矿时一般包括磨机、润滑设备、给矿设备等，闭路磨矿时还有分级设备。磨矿机组的启动和停车一般都要遵循下面两条原则：

（1）全部设备启动完毕，运转稳定、正常后才能给矿。

（2）启动时，逆流程逐个启动设备；停车时，则应顺流程依次停车。

A 球磨机的启动

球磨机在开车之前必须进行下列检查和准备工作：

（1）对新安装或检修后未经试车的球磨机，在启动之前须转动 2~3 转，以检查球磨机是否与其他机件碰撞。

（2）检查球磨机紧固螺栓、齿轮、联轴器、减速器或皮带轮等紧固、传动件的装配是否正常。

（3）检查与球磨机相关联的设备（如分级机、给矿机等）是否正常。

（4）检查球磨机各润滑部位（如主轴承、传动轴、减速机和齿轮等）的润滑装置是否可靠，油质、油量、油温等是否符合要求。

（5）检查各种保护装置，如断油保护停车的水银接触器、油压断电器以及连锁装置和音响信号等是否完备、可靠。

做完上述各项检查和处理，确认不会有任何故障发生后，再按以下程序启动：

（1）先开动润滑装置油泵并检查油压和润滑情况。油压应保持在 0.05~0.15MPa 的范围内，进油、回油正常，无漏油现象。冷却水的压力稍低于油压（一般低 0.025~0.05MPa），以免让水渗漏到油中。

(2) 当润滑系统一切正常时，再按规定发出开车信号，先开磨机，后开分级机和给矿机。

(3) 根据球磨机停车时间长短和带料情况及电动机的启动能力，可采用直接启动或盘车后启动。当球磨机停车时间较长（一般在4h以上），启动电动机之前应先盘车2~3转，以检查磨矿介质是否黏结，转动是否自如。盘车时如果听不到介质滚动的声音，表明已黏结，必须继续盘车或采取其他措施，直到介质运动自如为止。

启动球磨机时应注意以下几点：

(1) 用频敏变阻器减压启动的磨机，启动过程不能超过规定的启动时间，启动时间一般是15~20s。若按下启动按钮磨机开始转动到规定时间磨机还达不到额定转速，则应立即停止启动，否则频敏变阻器会烧毁。停止启动后仔细检查机械和电器装置，找出启动不了的原因。第二次启动与第一次启动的时间间隔要在15min以上。如果频敏电阻器的温度比较高，可用风机强制冷却。

(2) 磨机连续启动不准超过两次，第三次启动必须经过全面检查后方可进行。

B 球磨机的运转

球磨机启动后，一切正常，即可开始给矿。球磨机在有载运转中，操作人员必须按以下要求正确地进行操作：

(1) 球磨机不能长时间不给矿空运转（一般不能超过15min），以免损伤衬板和增加钢球消耗。

(2) 球磨机的给矿量、排矿浓度应精心调整，介质的大小与配比亦应调整合适，以提高产量和产品质量。

(3) 经常检查各润滑部位的润滑情况，保证润滑正常，主轴承的回油温度不能超过60℃。

(4) 定期检查磨机筒体内衬板的磨损情况。发现衬板磨穿或破裂应及时更换，衬板螺栓松动或断裂应及时处理，以免损坏筒体和漏浆。

C 停车

(1) 正常停车是指球磨机在正常情况下有计划地停车。在接到停车指令后，先停止给矿，让球磨机继续运转10~20min，将球磨机筒体内的矿石全部处理完再停车，以避免球磨机下次在过重的负荷下启动。对于闭路磨矿，在磨机停车之前必须先停分级机，以免返砂堵塞给矿器。对螺旋分级机，停车以后应将下部提起来，防止分级机下一次在重负荷条件下启动，造成主轴或螺旋扭坏和电动机损坏。

(2) 事故停车因设备发生故障，又不能在运转的条件下排除，必须立即使磨机及其他设备停止运转，这种情况称为事故停车。

球磨机组发生下列情况之一者应立即事故停车：给矿器勺头掉落；给矿器与给矿槽相碰撞发生巨响；齿轮因打牙掉齿而发出周期性较大响声；电动机、减速器轴承急剧升温，温度高于80℃；地脚螺栓拉断，球磨机发生振动；球磨机衬板脱落，筒体内发出巨大响声；突然断油，但轴承还未过热；油箱有油，但循环量很小，一时又查不出原因等。

事故停车要立即停止给矿，停止分级机，并把所有的电器开关都打在停止位置。停止补加水，将螺旋分级机升起。若停车是突然停电造成，要检查磁力启动器等是否已自动脱开，闸刀开关必须拉开，防止来电时自行启动。

事故停车后再启动时一般都是在重负荷情况下启动，启动时对电动机、电器和设备都要特别注意。在启动时应做好以下几点：

1）检查给矿器下边的给矿箱是否存有矿石，若存矿太多，应打开箱底排矿口将矿石排出，否则箱内有大量矿石存在，使给矿器的阻力太大，造成启动困难。

2）启动前先盘车，使筒体内的矿石和介质充分活动起来，以减小偏心。

3）若球磨机及电动机、电器正常而启动不起来，说明负荷过重，只好打开孔盖倒出一部分矿石或介质，等启动完毕，球磨机正常运转后再给入。

4.1.2.4　球磨机的检查与维修

为了保证球磨机长期连续运转，必须经常对球磨机及所属设备进行检查和调整，做好维护保养工作，及时消除故障，防止事故发生。

球磨机在运转过程中，各部分的配合必须紧密可靠，传动正确、平稳，尤其是应具有良好的润滑。因此，球磨机的检查维护应着重在润滑、紧固和调整等方面。

A　球磨机的润滑

球磨机只有在良好的润滑条件下才能保证轴承和传动齿轮长期正常运行。筒体上的大齿轮给以良好的润滑和维护保养，寿命一般可达 15 年以上，若维护保养不当，仅 1~2 年就报废，尤其是半开式传动齿轮损坏更为严重。同样，主轴承轴瓦在正常的润滑与维护保养下，其寿命可达 10 年以上，相反，有时 2~3 年即需更换新的。主轴承烧瓦的重大事故往往是由于润滑不良造成的。所以，合理润滑对球磨机摩擦零件的影响极为重要。

球磨机各摩擦面的润滑，一般采取两种形式，即干油润滑和稀油润滑。大、中型球磨机的大、小传动齿轮，传动轴承，减速器和主轴承，采用稀油循环润滑，有的球磨机大、小传动齿轮和传动轴承也采用干油润滑。实践证明，大、小传动齿轮和滑动轴承采用稀油润滑而滚动轴承采用干油润滑效果良好。稀油润滑以压力循环油润滑为最好，极有利于球磨机的稳定运行和延长零件的使用寿命。小型球磨机传动齿轮多采用干油润滑，但仍以稀油润滑为好。

球磨机的润滑系统由油泵、过滤冷却器、油压调整阀、油箱、油管和指示仪表装置等组成。润滑油一般采用 30~50 号机械油。润滑油一般每半年进行一次过滤或更换，对于没有过滤器的润滑系统，应每季度过滤一次。当发现筒体大齿轮或主轴承有甩出的矿浆进入时，应立即进行检查清洗，否则会造成齿轮或轴瓦的快速磨损，必须加强检查。在正常运行时，大齿轮上的润滑脂一般每 2~4 个月清洗更换一次。

球磨机在运转工作中，对润滑系统的检查维护主要在以下几个方面：

（1）观察油压表，正常的油压应保持在 0.05~0.15MPa。当过滤冷却器前后的油压力差超过 0.04MPa 时，要及时清洗过滤器。

（2）检查油温，回油温度不允许超过 60℃。对装有油温表或测温器的球磨机，可直接测得油温。若球磨机无测温装置，可用手摸回油管，凭经验判断油温的高低。回油温度一般在 35~50℃以内。

（3）检查油流量。检查的部位包括：1）管路上的油流指示器。2）中空轴颈瓦盖上的观察孔。3）油箱中的油位指示器。润滑油多少以润滑正常为准。

（4）检查油泵、油路和各润滑点的密封部位有无漏油和进砂、进水情况。

(5) 从油流指示器或主轴承上盖观察孔观察油的黏度和清洁度。如果油流动性差说明油黏度高或油温低，油变色说明油不清洁。

(6) 对于由人工定期润滑的部位，必须按设备技术要求准确、及时地润滑。

B 球磨机回转体的检查

球磨机回转体主要包括筒体、端盖和给矿器。对回转体的检查主要是注意螺钉松动、拉断而漏浆的情况。

筒体和端盖固定衬板的螺钉因松动或拉断，都会引起球磨机漏浆。两端盖和靠端盖的筒体上的螺孔漏浆，都会使矿浆进入主轴承和大小齿轮，导致齿轮和轴承损坏。矿浆进入润滑系统，整个润滑情况都会变坏，所以要特别注意，一经发现漏浆，应及时停车处理。漏浆的处理，若螺钉未断，只需增加或更换垫圈即可；若螺钉已断，则必须更换。

C 紧固情况的检查

球磨机在工作过程中，对各连接部位必须经常检查、紧固，绝不允许有松动。

D 齿轮啮合间隙的检查

球磨机在运转过程中，各传动齿轮的啮合间隙应定期进行检查和调整，只有经常及时地检查和合理调整各部分间隙，才能保证各零部件的正常使用，确保设备正常运行。否则，当齿轮啮合间隙过大或过小而没有及时调整时，会引起打牙、快速磨损、轮齿变形、振动过大和噪声等缺陷和故障。对旧式三角皮带传动的球磨机大齿轮啮合间隙应特别注意及时检查，合理调整。各部轴承间隙也应根据运行和修理时的检查情况及时适当调整。

4.1.3 分级设备

分级可以用干法分级或湿法分级。干法分级用空气或烟道气作介质，称为风力分级。湿法分级用水作介质，称为湿式分级，湿法冶金主要采用湿式分级。

湿式分级机主要的类型有螺旋分级机、水力旋流器和圆锥分级机等。最常用的分级机是螺旋分级机。

4.1.3.1 螺旋分级机

螺旋分级机分为高堰式、低堰式和沉没式三种。根据螺旋数又可分为单螺旋和双螺旋。

如图 4-9 所示，螺旋分级机有一个倾斜的半圆形槽子 4，槽中装有一个或两个螺旋 3，它的作用是搅拌矿浆并把沉砂运向斜槽的上端。螺旋叶片与空心轴相连，空心轴支承在上、下两端的轴承内。传动装置安在槽子的上端，电动机经伞齿轮使螺旋转动。下端轴承装在升降机构 5 的底部，可转动升降机构使它上升或下降。升降机构由电动机经减速器和一对伞齿轮带动丝杆，使螺旋下端升降。当停车时，可将螺旋提起，以免沉砂压住螺旋，开车时不至于过负荷。从槽子侧边进料口给入水槽的矿浆，在向槽子下端溢流堰流动的过程中，矿粒开始沉降分级，细颗粒因沉降速度小，呈悬浮状态被水流带经溢流堰排出，成为溢流；而粗颗粒沉降速度大，沉到槽底后被螺旋叶片运至槽子上端，成为返砂，送回磨矿机再磨。

高堰式螺旋分级机的溢流堰比下端轴承高，但低于下端螺旋的上边缘。它适合于分离

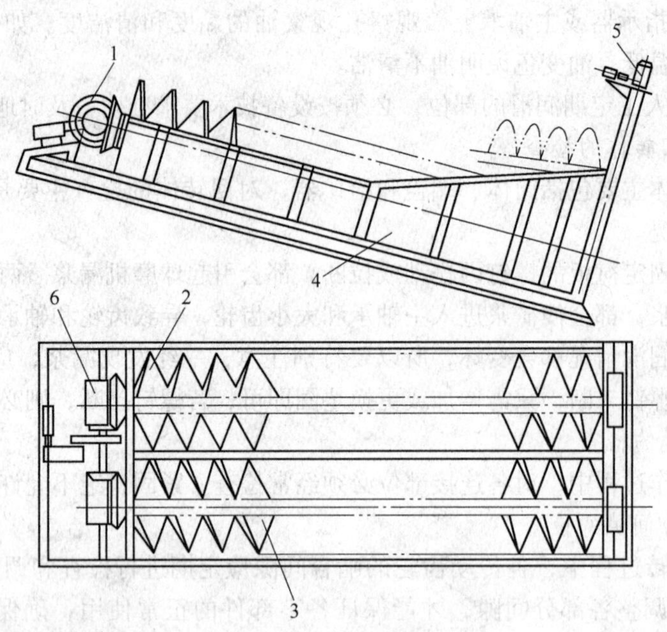

图 4-9　螺旋分级机示意图

1—传动装置；2，3—左右螺旋；4—分级槽；5—升降机构；6—上部支撑

出 0.15~0.20mm 级的粒级，通常用在第一段磨矿，与磨矿机配合。沉没式的下端螺旋有四至五圈全部浸在矿浆中，分级面积大，利于分出比 0.15mm 细的粒级，常用在第二段磨矿，与磨矿机构成机组。低堰式的溢流低于下端轴承中心，分级面积小，只能用以洗矿或脱水，现已很少用。

螺旋分级机比其他分级机优越，因为它构造简单、工作平稳可靠、操作方便、返砂含水量低、易于与磨矿机自流连接，因此常被采用。它的缺点是下端轴承易磨损和占地面积较大等。

4.1.3.2　水力旋流器

水力旋流器结构如图 4-10 所示。它的工作原理是：矿浆在泵的输送下由圆筒的上部进口处沿切线方向进入而产生旋流，利用离心力的作用，把矿浆中的固体颗粒抛向器壁而沿器壁向下运动。离心力愈大，粗颗粒愈集中于器壁，从下部排出口排出，矿浆中的较细颗粒在浮力的作用下则沿旋流器中心上部空管溢流而出。

此分级的优点是：结构简单，生产能力大；缺点是：易堵塞，不易清理。

采用水力旋流器时，应注意矿浆输出压力、流量、矿浆粒度与水力旋流器的大小相匹配，对于同一规格的水力旋流器，不同的输入流量或不同的矿浆粒度，可以得到不同的分级效果和不同的生产能力。

4.1.3.3　圆锥分级机

圆锥分级机的结构如图 4-11 所示。它是一个圆锥形的钢板卷制而成的桶子。矿浆从圆锥的中心上方进入导流桶中，在矿浆冲击到筛板时，均匀地向四周分布，当矿浆从断面较小的导流桶进入断面较大的分级器时，由于速度大大降低，矿浆内的大颗粒在重力作用下，向分级机底部沉降，从排出口排出。同时含有较细颗粒的矿浆则由分级机上部边缘环形槽溢出。

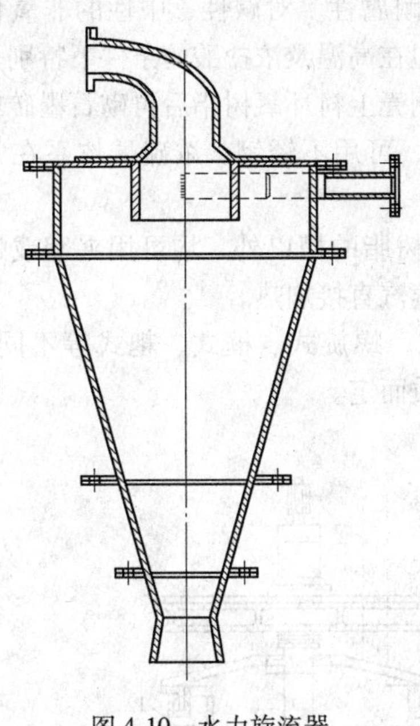
图 4-10 水力旋流器

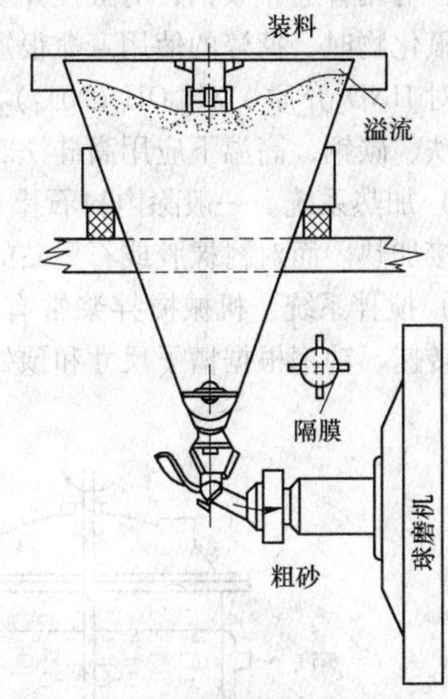

图 4-11 圆锥分级机

圆锥分级机具有结构简单、动力消耗小、不易堵塞、维修方便等优点，因而应用广泛。

圆锥分级机的进液流量口和底部排出口的管径匹配问题关系到分级效果。假如要分级出较细颗粒矿浆，可以采用加大底部排出口管径的办法解决，也就是说，从底部多排出一些大颗粒矿浆，则上部环形溢流槽溢出的矿浆就可以细一些。反之亦然。另外，要想分级出较细颗粒矿浆，也可以采用多个圆锥分级机串联使用。

4.2 浸出的方法及设备

4.2.1 搅拌浸出

搅拌浸出为应用最广泛的浸出方法，其实质是将原料充分磨细（0.04~0.1mm），以保证足够的比表面积，然后与浸出剂混合，在激烈搅拌并保证一定温度的条件下进行反应，因而两相间接触面积大，传质条件好，浸出速度快。

作为搅拌浸出的设备，一方面在结构上要求其搅拌效果好，相应地液-固（或液-固-气）相间有良好的传质条件，同时能按工艺要求控制适当的温度和压力；另一方面应有足够的强度且在作业条件下其材质对所处理的物料有足够的耐腐蚀性能，即应选择适当的材料和内衬。现将有色冶金常用的搅拌设备介绍如下，这些设备不仅用于浸出过程，亦可用于溶液的净化、结晶等其他湿法冶金过程。

4.2.1.1　机械搅拌浸出槽

机械搅拌浸出槽简单结构如图 4-12 所示，主要部件有：

（1）槽体。其材质应对所处理的溶液有良好的耐腐性。对碱性、中性的非氧化性介质而言，可用普通碳素钢；对酸性介质可用搪瓷，但在高温及浓盐酸的条件下特别是当原料中含氟化物时，搪瓷的使用寿命很短，一般是在钢壳上衬环氧树脂后再砌石墨砖或内衬橡胶；对 HNO_3 介质、NH_4OH-$(NH_4)_2SO_4$ 介质而言，可用不锈钢。浓硫酸体系在常温下可用铸铁、碳钢，高温下应用高硅铁。

（2）加热系统。一般除内衬石墨或橡胶、环氧树脂的槽以外，均可用夹套或螺管通蒸汽间接加热。而对衬橡胶或石墨砧的槽，一般用蒸汽直接加热。

（3）搅拌系统。机械搅拌桨常有涡轮式、锚式、螺旋式、框式、耙式等不同类型。搅拌的转速、功率根据槽子尺寸和预处理的矿浆性质而定。

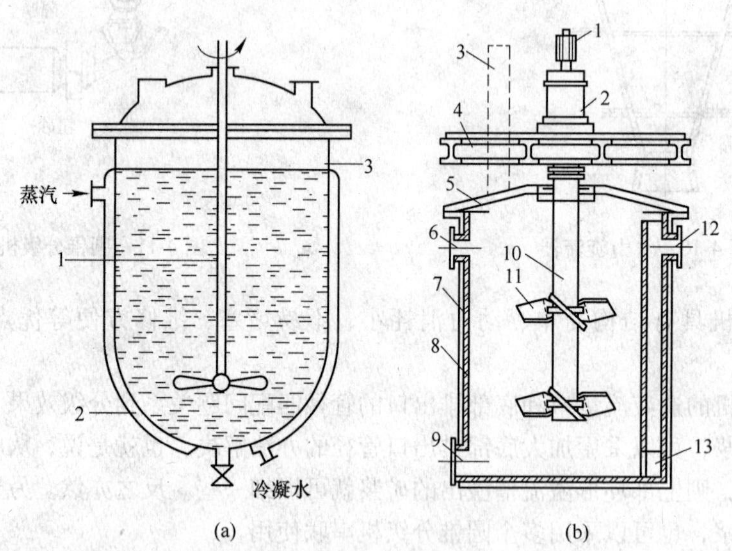

图 4-12　机械搅拌浸出槽结构示意图

（a）密闭型：1—搅拌器；2—夹套；3—槽体；

（b）普通型：1—传动装置；2—变速箱；3—通风管；4—桥架；5—槽盖；6—进液口；7—槽体；8—耐酸瓷砖；9—放空管；10—搅拌轴；11—搅拌桨叶；12—出液孔；13—出残液孔

4.2.1.2　空气搅拌浸出槽（帕秋卡槽）

空气搅拌浸出槽（帕秋卡槽）简单结构如图 4-13 所示。槽内设两端开口的中心管，压缩空气导入中心管的下部，气泡沿管上升的过程中将矿浆由管的下部吸入并上升，由其上端流出，在管外向下流动，如此循环。相对于机械搅拌浸出而言，帕秋卡槽的特点为结构简单，维修和操作简便，有利于气-液或气-液-固相间的反应，但其动力消耗大，约为机械搅拌槽的 3 倍。此设备常用于贵金属的浸出。帕秋卡槽的高径比一般为（2~3）：1，有的达 5：1。

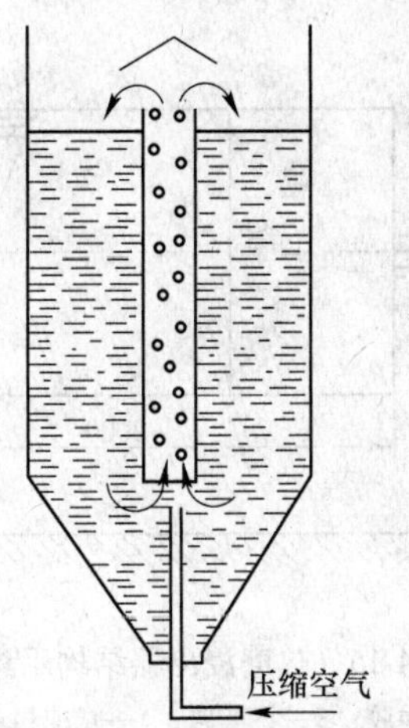

图 4-13 空气搅拌浸出槽

4.2.1.3 管道浸出器

管道浸出器工作原理如图 4-14 所示。

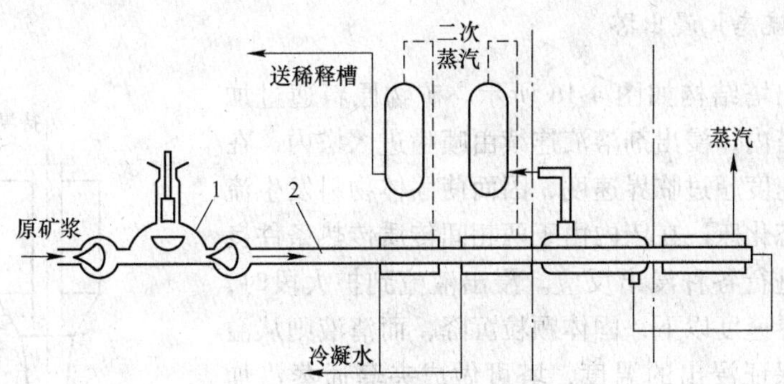

图 4-14 管道浸出器工作原理示意图
1—隔膜泵；2—反应管

混合好的矿浆利用隔膜泵以较快的速度（0.5~5m/s）通入反应管，反应管外有加热装置对矿浆进行加热，反应管的前部主要利用已反应后的矿浆的余热产生的二次蒸汽用夹套加热，后部则用高压蒸汽用夹套加热到浸出所需的最高温度（如铝土矿浸出需 290℃），因而矿浆在沿管道通过的过程中温度逐步升高并进行反应。管道浸出器的特点是由于矿浆快速流动，管内处于高度紊流状态，传质及传热效果良好，而且温度高，因而浸出效率高，一般反应时间远比搅拌浸出短。

4.2.1.4 热磨浸出器

用于酸性介质的热磨浸出器的结构如图 4-15 所示。

这种设备的特点是在磨矿的同时进行浸出，它将磨矿过程对矿物的机械活化作用、对矿粒表面固态生成物膜的剥离作用、对矿浆的搅拌作用与浸出的化学反应有机结合，因而浸出速度及浸出率远比机械搅拌浸出高，特别是当过程为固膜控制时更为明显。该设备根

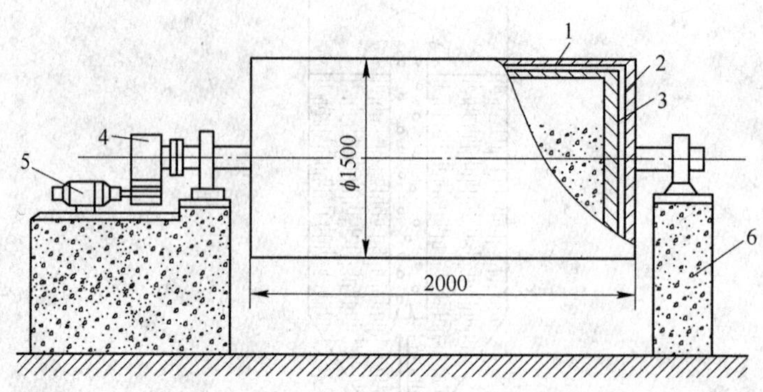

图 4-15　热磨浸出器结构示意图

1—钢制圆筒；2—耐酸胶；3—石英砖；4—减速机；5—电动机；6—机座

据浸出液的不同特点，内衬不同的耐腐介质，同时在采取严格的密封和耐压措施时，也可在高温高压下工作。目前它已在工业上用于白钨精矿的酸分解以及各种钨矿物原料的 NaOH 分解和独居石的 NaOH 分解。

4.2.1.5　流态化浸出塔

流态化浸出塔结构如图 4-16 所示。矿物原料通过加料口加入浸出塔内，浸出剂溶液连续由喷嘴进入塔内，在塔内由于其线速度超过临界速度，因而使固体物料发生流态化，形成流态化床。在床内由于两相间传质传热条件良好，因而迅速进行各种浸出反应。浸出液流到扩大段时，流速降低到临界速度以下，固体颗粒沉降，而清液则从溢流口流出。为保证浸出的温度，塔可做成夹套通蒸汽加热，亦可以用其他加热方式加热。

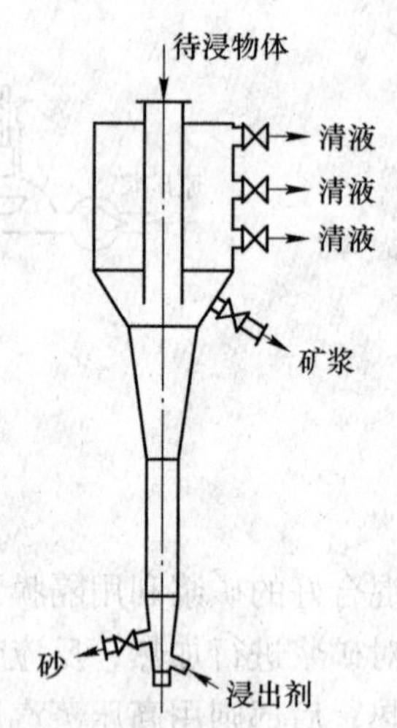

图 4-16　流态化浸出塔结构示意图

流态化浸出过程中，液相在塔内的直线速度为重要参数，其值随原料的密度和粒度而异。流态化浸出的特点是：溶液在塔内的流动近似于活塞流，容易进行溶液的转换，易实行多段逆流浸出；相对机械搅拌浸出而言，颗粒磨细作用小，因而对浸出后的固态产品保持一定的粒度有利；流态化床内有较好的传质和传热条件，因而有较快的反应速度和较大的生产能力。据报道，锌湿法冶金酸性浸出时采用流态化浸出，其单位生产能力比机械搅拌大 10~17 倍，特别是对有氧参与的浸出过程（如金矿的氰化浸出，是先将矿与浸出剂加入塔内，然后从底部鼓入氧，利用气流使矿料形成气-液-固三相流态化床），其传质条件更好，效果更佳。

应当指出，在湿法冶金中，固体流态化的原理和设备，不仅用于浸出过程，同时可用于所有固相参加的过程，如置换过程等。据报道，在流态化反应器中进行 $ZnSO_4$ 溶液的锌粉置换除铜、镉时，生产能力比机械搅拌槽大 8~10 倍。

4.2.2 高压浸出

浸出速度一般随温度的升高而明显增加，某些浸出过程需在溶液的沸点以上进行。对某些有气体参加反应的浸出过程，气体反应剂的压力增加有利于浸出过程，故在高压下进行，这种浸出过程称为高压浸出或压力溶出。高压浸出在高压釜内进行，高压釜的工作原理及结构与机械搅拌浸出槽相似，但应能耐高压，密封良好，若从设备上来说，可归属于机械搅拌浸出。高压釜有立式及卧式两种，卧式高压釜的结构如图 4-17 所示。其材质与上述机械搅拌槽相似。一般浸出槽分成数个室，矿浆连续溢流通过每个室，每室有单独的搅拌器。

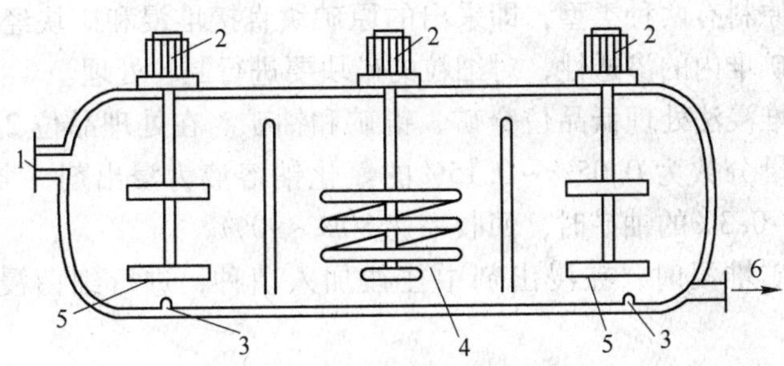

图 4-17 卧式高压釜结构示意图

1—进料口；2—搅拌器；3—氧气入口；4—冷却管；5—搅拌桨；6—卸料口

目前工业立式高压釜工作温度达 230℃左右，工作压力达 2.8MPa。

4.2.3 渗滤浸出

渗滤浸出法常用以浸出低品位、粗颗粒（9～13mm）的矿物原料，有时也用以浸出透过性能良好的烧结块，其实质如图 4-18 所示。水泥或钢板的槽体内衬适当的防腐材料，槽底是带筛孔的假底，它能让溶液通过而矿粒不能漏下。待处理的矿则放在假底上，浸出液连续流过矿粒层，其流动的方式可以是从槽上部流入，然后从底部流出；也可以从底部流入，然后以溢流的方式从上部流出，一般情况下后一种方式工艺更可靠，溶液通过矿粒层的过程中，即与矿粒发生反应将其中的有价金属浸出。

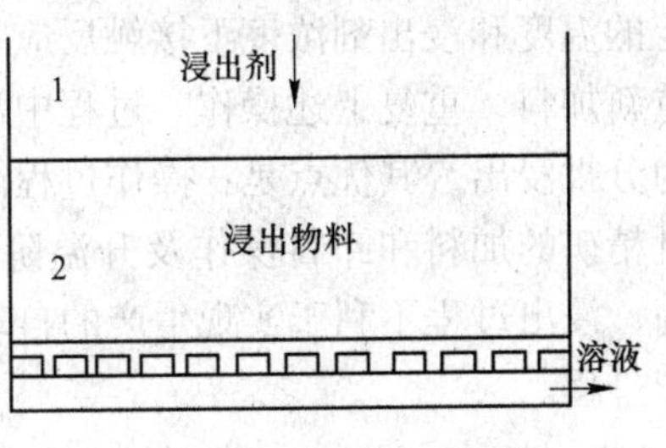

图 4-18 渗滤浸出示意图

1—槽身；2—假底

目前工业上所用的渗滤浸出槽体积可达 1000m³，在大规模浸出时，亦可将几个槽串联进行逆流连续浸出，这样能保证更好的浸出效果，更高的溶液浓度。

4.2.4 堆浸

堆浸是处理贫矿、表外矿或矿山产出的含金属品位很低的废石的有效方法，对上述矿的浸出而言，它具有工艺简单、投资少、成本较低的特点，目前广泛用于低品位铜矿、金矿以及铀矿的处理。据报道，美国和澳大利亚采用堆浸法产出的黄金量分别占其总产量的

60%和80%以上。现在全世界用堆浸法产出的铜占铜总产量30%，俄罗斯用堆浸法和地下浸出法产出的铀占铀总产量的60%左右。因此堆浸法在湿法冶金中占有十分重要的地位，且随着资源的开发与利用，贫矿比例越来越大，它的地位将越来越突出。

堆浸过程是将待浸出的矿石露天堆放在水泥涂沥青的地面上，地面设有沟槽或水管，以便收集溶液。利用泵将浸出剂喷洒在矿堆上。浸出剂在流过矿堆时与矿石发生反应，将其中有价元素浸出，再由底部沟槽管道收集。为使浸出液中有价金属富集到一定浓度，溶液往往循环，直至达到要求为止。矿堆经过一定时期的浸出，将有价金属大部分回收后，再废弃。其浸出周期，对大型矿堆（矿石量超过100000t）长达1~3年，对小型矿堆（矿石量数千吨）约5~6周。

堆浸法处理的原料有两种类型，即采出的原矿块直接堆浸和矿块经破碎至10~50mm后再堆浸。为保证矿堆内的渗透性，对细粒的矿块要进行制粒处理。

目前国内外用堆浸法处理低品位金矿、铜矿和铀矿。在处理品位2g/t左右的石英脉金矿时，一般以质量分数为0.05%~0.15%的氰化钠溶液为浸出剂，金回收率达70%~90%；处理0.05%~0.3%的铀矿时，回收率达80%~90%。

硫化铜矿和铀矿堆浸时，在浸出剂中往往加入菌种，进行细菌浸出，以加快反应速度。

4.3　浸出工艺

4.3.1　间歇浸出

间歇浸出是将浸出剂（酸或碱）、水和精矿一次加入到带搅拌装置的反应器中，在指定的温度和浸出剂浓度下接触反应一段时间，浸出完毕，物料即从反应器中全部卸出，再重新加料，重复上述操作。过程中没有物料流入和流出的浸出方法，就是间歇浸出，也称为分批浸出。其优点是：操作过程简单，反应技术条件和终点控制准确。缺点是：处理每批精矿的加料和卸料操作及升温阶段都需时间，故周期长，设备利用率低；同时能耗较高，浸出过程不利于实现生产的自动化，故此方法只适用于小规模生产或有特殊要求的生产过程。

4.3.2　连续并流浸出

连续并流浸出如图4-19所示。连续并流浸出是将浸出剂、水和精矿连续加入到反应器中，并连续卸料，在这种情况下，设计的搅拌系统必须使固体和液体在逆流时保持进料时的比例，一般是在几个串联起来的反应器内进行，而很少采用单级反应器。这是因为在单级反应器中进行连续浸出时，精矿中各部分矿粒的分解（反应）时间不相同，会有少部分精矿未在反应器内停留足够的时间，而从进料口直接到溢流口卸出，未达到分解的目的；另有少部分矿粒在反应器内的停留时间很长，特别是一些重的、粗粒的精矿，搅拌对它不起作用，将无限期地停留在反应器内，直到反应器停止工作和需要清理时才被卸出。因此，矿粒的分解时间（即在反应器内停留时间）是分布在0→∞的范围内，而采用多个反应器进行串联连续并流浸出则能克服此缺点，且串联的反应器愈多，或者说级数 N 愈大，则停留时间（即反应时间）接近其平均停留时间的矿粒愈多。

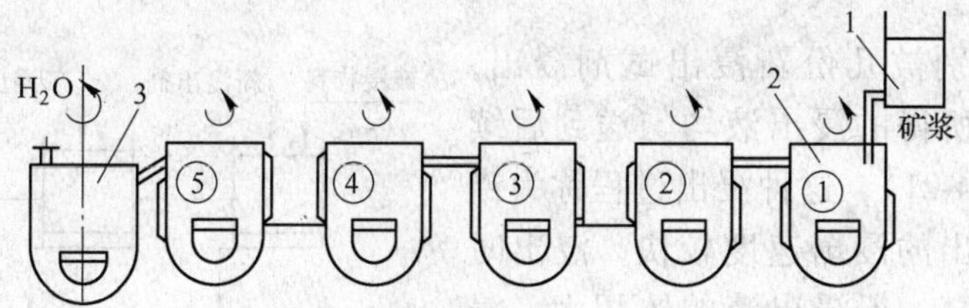

图 4-19 串联连续并流浸出示意图

1—计量槽；2—浸出槽；3—稀释槽

串联连续并流浸出的特点是：

（1）各单个反应器内反应物的浓度、反应速度是恒定的，但同一串联系列中各个反应器则互不相同，可根据要求在不同的反应器内控制不同的温度、搅拌速度。

（2）设备生产能力大。

（3）易于进行自动控制。

（4）热利用率高，能耗低。

4.3.3 连续逆流浸出

根据逆流原理进行精矿浸出，就是在一系列串联的分解槽中，浸出剂和精矿浆分别由系列的两端加入，精矿与溶剂逆向而行，如图 4-20 所示。

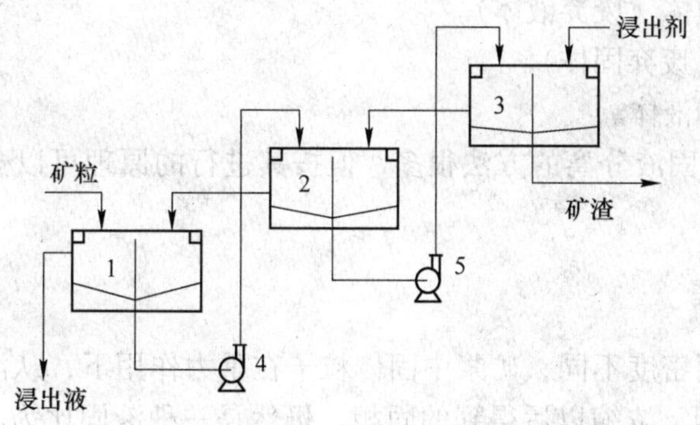

图 4-20 连续逆流浸出流程

1~3—浸出槽；4，5—泵

这种方式很适宜于高品位精矿的浸出，因高品位精矿需耗大量的浸出剂（如酸或碱），而在并流操作过程中随着反应的进行，浸出液中浸出剂浓度逐渐降低，金属离子的浓度逐渐增加，使浸出速度显著降低。当用逆流浸出时，已与浸出剂接触过的精矿，再次与新的浸出剂反应，得到进一步浸出；同时已与精矿接触过的母液，再与新矿反应，使其中剩余的浸出剂得到利用。最后浸出液中金属离子浓度高，而残渣中有价金属的浓度降到最低，而且浸出剂用量最少。连续逆流浸出效率高，还可减小设备的尺寸，易实现连续化和自动化。

逆流操作也常用于洗涤过程。例如，独居石精矿碱液分解后的水洗、混合稀土精矿碳酸钠焙烧后的水洗等都可用连续逆流工艺进行。

4.3.4 错流浸出

被浸物料分别被几份新浸出试剂浸出，并且将每次浸出所得的浸出液均匀送到后续作业处理（见图4-21），这种浸出过程称为错流浸出。错流浸出的浸出速度较快，浸出时间短，浸出率较高，但浸出液的体积大，浸出液中剩余试剂浓度较高，因而试剂耗量大，浸出液中目的组分含量较低，通常需要进行蒸发浓缩或其他方法来提高浸出液中目的组分含量。

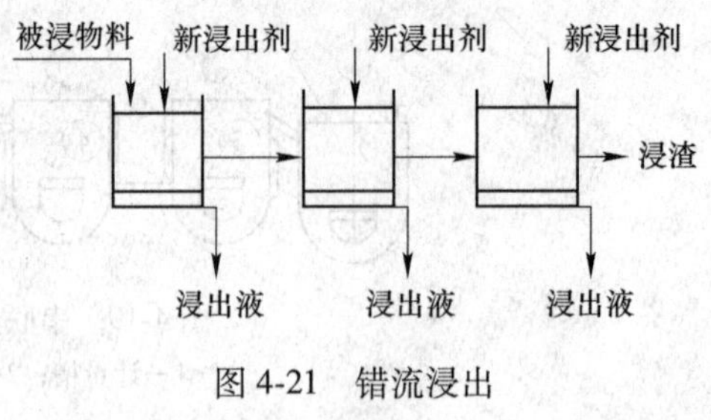

图4-21 错流浸出

4.4 固液分离方法及设备

湿法冶金过程实质上是逐步分离物料中的有价金属的过程，其得到的产物一般都是固体和液体的混合物，如矿物原料（或冶金生产的二次物料）通过浸出处理后得到的产物是固体和液体的混合物——矿浆。矿浆必须经过分离才能达到过程最终的目的，即使杂质和主体金属分离。固液分离顾名思义是指从混合物中分离出固相和液相。在很多工艺过程中应用固液分离以达到下列目的：

（1）回收有用固体（废弃液体）。

（2）回收液体（废弃固体）。

（3）回收固体和液体。

实际生产过程中固液分离的方法很多，但按其进行的原理可以分为两大类：浓缩和过滤。

4.4.1 浓缩及其设备

浓缩是利用液固密度不同，矿浆中固体粒子在重力作用下，从溶液介质中沉淀而使溶液得到澄清的过程。浓缩以后得到的固相，仍然是一种液固比为（2~4）:1的浓泥，而得到的上清溶液有的也含有少量的悬浮物，故浓缩是使矿浆进行液固分离的初步作业。

4.4.1.1 浓缩过程

浓缩过程就是将混合矿浆打入一定的设备，使矿浆中的固体粒子凝聚形成浓泥沉降，而溶液则成为上清液通过溢流分离出来的过程。混合液的分离通常分两段进行：第一段是物理化学处理。通常是添加凝聚剂或絮凝剂使悬浮液中分散的未絮凝颗粒凝聚转入浓密的底流，并得到澄清的溢流。第二段是工程操作，即用合适的固液分离方法减少浓泥的剩余水分并得到体积尽量大的上清液。为此通常采用浓缩槽来进行矿浆的浓缩分离过程。浓缩的最终目的是获得尽量多的澄清良好的上清液；而浓泥尽量少，浓泥区保持在最低的高度，以利于提高浓缩槽的生产能力。

4.4.1.2 影响浓缩过程的因素

影响沉降的因素：颗粒性质、混合液的密度差和液固比、溶液性质、矿浆温度、浓缩槽内固体物数量、矿浆的流量、絮凝剂等。

（1）颗粒性质和絮凝剂的性质。大颗粒的粒子比小颗粒的粒子沉降速度大；粒子形成近似球形的颗粒或颗粒聚集体，比相同质量的非球形（片状或针状）颗粒沉降速度大得多；絮凝剂的一个明显优点是可将粒度不同、形状不规则的颗粒变成能够大大改善悬浮液沉降性能的球形聚集体。絮团大小（在某种程度上还有其形状）主要取决于所用絮凝剂的类型，所以絮团的沉降速度也取决于絮凝剂的类型和絮凝的程度，更确切地说是取决于絮凝剂的吸附和分散的程度。实际生产根据需要选择不同的絮凝剂，冶金生产常用的絮凝剂主要有：动物胶、铝盐无机高分子絮凝剂、铝盐无机阳离子絮凝剂、人工合成的阳离子型有机高分子等。

（2）混合液的密度差和液固比。密度差和液固比愈大，则澄清愈快愈彻底。

（3）溶液性质。当溶液中胶体含量高，会造成澄清困难，实际生产通过控制前阶段的技术条件和使用絮凝剂来改变其澄清性质；矿浆的酸度亦会影响澄清分离效果，不同的酸度会得到不同澄清效果的沉淀物，如氧化锌烟尘酸性浸出时，矿浆的 pH 值小于 2，矿浆有良好的澄清效果，此时溶液中的硅酸以真溶液的状态存在。锌焙砂中性浸出时的矿浆和空气氧化除铁矿浆的 pH 值一般控制在 5.2～5.6，原因是在此 pH 值条件下，最有利于细粒胶状物如氢氧化铁或硅酸凝聚成大颗粒。

（4）矿浆温度。温度高能加速矿浆颗粒的运动，降低矿浆的黏度，从而有利于矿浆的澄清分离，但温度的提高要考虑成本和不超过溶剂的沸点，一般控制在 40～50℃。

（5）浓缩槽内固体物数量。当槽内固体物料过多时，相对降低了槽内的澄清区，影响沉降过程，严重时可能造成槽内扒渣耙的突然停车，甚至扭断，所以要定期排放槽内浓泥。

（6）矿浆的流量及速度。矿浆进入浓缩槽的流量，对间断进液浓缩最为重要。流量过大或忽大忽小，易造成上清区混浊，甚至无上清区，故应随时掌握浓缩槽上清区高度，及时调节矿浆进入量及速度或多排浓泥，矿浆才能获得良好的澄清效果。

4.4.1.3 浓缩的主要设备——浓缩槽（浓密机）

浓缩槽或浓密机是完全由沉降过程来提高浓泥浓度并得到澄清液的工业设备，它由槽体、耙臂、传动装置、提升装置等部件组成。按传动方式不同，浓缩槽分为中心传动和周边传动浓缩槽，大直径的浓缩槽采用周边传动方式。按槽的形状，浓缩槽又分为锥底和斜底两种，生产过程应用最多的是锥底浓缩槽。下面介绍中心传动的锥底浓缩槽，其机构如图 4-22 所示。

（1）槽体。浓缩槽上部为圆筒形，常见直径为 10～18m，高 3～7m，槽底为圆锥形，圆锥角为 160°，形成漏斗，这样的底能使已沉降的固体物料移向中间，浓泥自锥底孔排出。槽体采用钢筋混凝土，并衬以铅皮、锑铝板或环氧树脂玻璃布等耐腐蚀材料，也有直接采用钢板衬耐腐蚀材料。

在槽内的中心悬挂有缓冲筒，其底装有筛板，圆筒直径 1.5m，高 1.5m，由不锈钢板

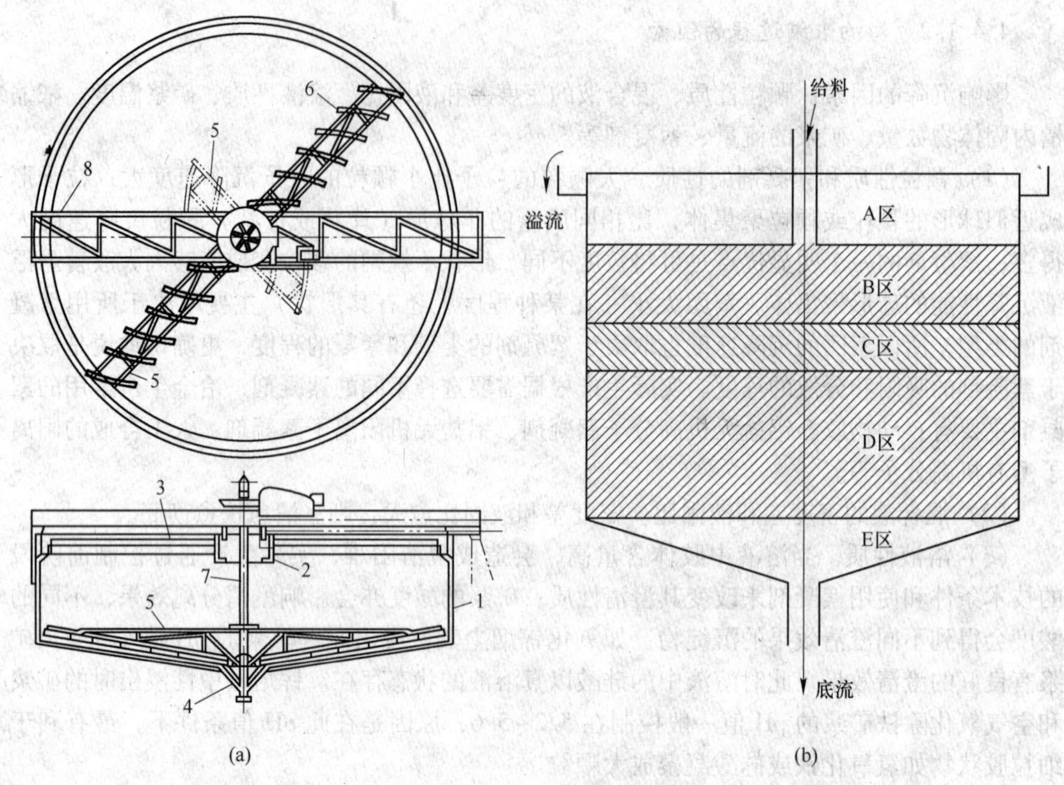

图 4-22　浓缩槽

（a）结构示意图；（b）过程示意图

1—圆形槽体；2—进料口；3—溢流堰；4—卸料锥；5—耙；6—叶片；7—垂直轴；8—桁架；

A—上清液区；B—上清液澄清区；C—混合澄清区；D—浓泥澄清区；E—浓泥区

卷制而成。缓冲筒安装时，上口应高于液面，圆筒使进入浓缩槽内的待浓缩矿浆与上清液区隔离以保证上清液质量，筛板起缓冲作用。浸出所得矿浆送入淹在澄清液内的给料圆筒内，不致把澄清液搅混。澄清的上清液通过位于浓缩槽上部边缘的溢流槽放出，聚集于中间的浓泥用砂泵抽出或用其他方法排出。

（2）耙臂。浓缩槽装有一带有耙齿的十字耙臂组成的特殊机构，以搅拌沉落在槽底的粒子，以便把沉落的粒子移向中间。

带有耙齿的十字耙臂与浓缩槽锥底平行，并固定在一根垂直轴上，其中两个对称的长耙臂长达边缘，另两个对称的短耙臂的长度只有槽半径的 2/3。耙臂的材质可用硬质木材、不锈钢或普通钢材用环氧玻璃布防腐后制成。为了防止变形，耙臂之间及耙臂与中心轴之间用拉杆固定。耙齿距离槽底 20～50mm，耙齿与耙臂轴线夹角呈 60°，当中心轴转动时，耙臂上的耙齿刮动槽底浓泥，使之向中心槽心移动，可由中心放出口放出，再通过泵送走。

（3）传动装置。为了保证整个带有耙齿的十字耙臂的运动，在浓缩槽槽面设有一套传动装置，它由电动机、齿轮减速机、蜗杆蜗轮减速机等几部分构成。中心轴通过滑键安装在蜗轮的中心孔上，当电动机带动齿轮减速机后，再传动蜗杆蜗轮减速机，从而带动中心轴转动。根据槽子直径的大小不同，中心轴的转速可控制在 10min 左右转一圈的范围内。

在传动装置的蜗杆端部设有负荷指针。在槽中无矿浆时指针调整为零，当浓缩槽装满溶液而底部浓泥增多，耙齿所受阻力增大，通过耙臂、中心轴将阻力传递给蜗轮，这时蜗轮所需驱动力矩增大，就迫使蜗杆发生向前的轴向位移，带动负荷指针移动，指示相应的刻度。操作人员根据刻度了解负荷情况，加强操作。

(4) 提升装置。在浓缩槽顶部设有螺旋提升装置，通过它进行中心轴和耙杆的提升，以便进行负荷的调节和设备的检修与维护。

4.4.1.4 浓缩槽的操作实践

A 开车步骤

(1) 先盘车，然后启动试空车。试空车时，注意观察耙机运转方向、电流及弹簧情况，当耙机运转和弹簧都很正常时方可进料，并通知底流工适当拉底流。

(2) 当槽内进料有一定压力时，通知底流工逐步控制底流液固比，直到转入正常控制范围。

(3) 开车完毕，各项操作条件逐步调节正常。

(4) 通知配料岗位转送絮凝剂溶液，并按规定量加入。

B 正常操作

(1) 要保持清液层高度大于 1m，不得跑浑。多层沉降槽要调整好各层溢流管高度，这样可以消除跑浑现象。

(2) 检查机械传动是否正常，轴承温度是否超过规定。注意耙机运转情况（即观察电流表、弹簧压缩情况），如有异常，及时提升耙机。

(3) 经常观察絮凝剂进料量，防止断料。

(4) 槽跑浑要及时调整，保证上清液悬浮物达到质量要求。

(5) 开车运转中，要定时按规定测出进料温度、进料液固比、沉降速度。定时检查槽内积泥、浮泥、清液层情况，防止浮泥堵阀件、管道。物料不好时要增加检查次数，或加大絮凝剂用量。

(6) 溜槽不能有沉淀，处理沉淀物时，防止大块掉入上清液槽内。

(7) 不能用拉大底流的方法，调整液面高低和溢流大小。

(8) 每 2h 分析一次上清液浓度、上清液悬浮物、底流，并认真填写记录。

(9) 物料有变化时与过滤机岗位联系，必要时向调度室和值班室汇报。

(10) 絮凝剂断料和质量不合格时要与配料岗位及时联系调整。

C 停车步骤

(1) 先检查流程，做好停车准备。

(2) 当沉降槽停止进料后，适当关小该槽底流，关闭加絮凝剂闸门。当槽内拉清后，关闭小底流开关，大小底流间断放料（指短时间的停产），将耙机停下。

(3) 沉降槽停槽清理检修时，将槽内清液慢慢拉空，打回流程，底流开关全部打开，把槽内存液全部放净送入流程，打开人孔冷却待清理检修。

4.4.2 过滤及其设备

在湿法冶金生产过程中浓缩只能达到固液的初步分离，浓缩后的浓泥必须进一步分离得到固相和液相，才能保证进入液相有价金属的回收和进入固相的有价金属的品位。过滤是浸出后浓泥固液分离的（或浓缩后得到的上清液中悬浮物被除去的）一种方法。凡是矿浆悬浮液中的固体微粒不能在适当时间内以沉降法得到分离时多采用过滤法，它的目的是分离矿浆悬浮液中所含的固体微粒，以得到较清的溶液。

4.4.2.1 过滤过程

过滤的基本原理是利用具有毛细孔的物质作为介质，在介质两边造成压力差，产生一种推动力，使液体从细小孔道通过，而悬浮固体则截留在介质上。介质的种类有：编织物、多孔陶瓷、多孔金属、纸浆及石棉。根据过滤介质两边压力差产生的方式不同，过滤机分为压滤机（正压力）与真空过滤机（负压力）。

4.4.2.2 影响过滤的因素

（1）滤渣的性质。当浓泥或上清液含有胶状的物质如硅酸、氢氧化铁以及粒状物质时，将使浓泥或上清液的黏度增大，造成过滤困难。细小的胶状微粒通过滤布毛细孔道，将堵塞过滤介质的毛细孔道，使滤布结板，降低过滤速度。生产实践中遇到胶状物质堵塞滤布时，应先加骨胶水处理矿浆或上清液，提高过滤温度，使其黏度降低，洗涤滤布或更换新布。当浓泥含粗粒渣较多及渣较难黏附时，易堵死过滤槽。

（2）过滤推动力。过滤介质两端的压力差大，过滤速度加快；压力差小，过滤速度缓慢。生产中随着过程进行，滤饼厚度增加，阻力增加，压差减小，过滤速度减慢。

（3）矿浆的温度。过滤温度高低，对矿浆黏度有影响。当温度增加，矿浆的黏度变小，提高了矿浆的流动性，大大加快了过滤速度；提高温度能使部分气体从滤液中排出，消除滤饼和滤布的毛细孔道内形成的小气泡，从而加快过滤液通过介质的速度；提高温度，有利于滤液中悬浮固体细粒胶结成大粒，利于消除过滤时悬浮细粒堵塞滤布毛细孔道，使过滤速度加快。

（4）滤饼的厚度。随滤饼厚度的增加，被过滤矿浆中的滤液通过过滤介质时阻力增加，过滤速度降低，还可能由于滤饼过厚而将滤布损坏。为此，当滤饼具有一定厚度时，应将滤饼除去后再进行压滤，以加快过滤速度。

上述因素虽然影响过滤速度，但最重要的是控制好技术操作条件，为过滤创造有利条件，有的矿浆过滤还必须加入适当的凝聚剂。

4.4.2.3 过滤设备

A 板框压滤机

板框压滤机是间歇式过滤机中应用最广泛的一种。一般的板框压滤机由多个滤板、滤布与滤框交替排列而成。每台过滤机所用滤板、滤布与滤框交替排列，而后转动机头螺旋使板框紧密接合。操作时原料液在压强作用下自滤框上的孔道进入滤框，如图 4-23 所示，滤液在压强作用下通过附于滤板上的滤布，沿板上沟渠自板上小孔排出，所生成的滤渣留在框内形成滤饼。当滤框被滤渣充满后，放松机头螺旋，取出滤框，将滤饼除去，然后将滤框和滤布洗净，重装。

如果滤饼需要洗涤，过滤机的板就需要有两种构造，一种板上开有洗涤液进口，称为洗涤板；另一种没有洗涤液进口，称为非洗涤板。

洗涤在过滤终了后进行，即当滤框已充满滤饼时，将进料阀门紧闭，同时关闭洗涤板下的滤液排出阀门，然后将洗涤液在一定压强下送入。洗涤液由洗涤板进入，穿过滤布和滤框，沿对面滤板下流至排出口排出。如图4-24所示，洗涤时，洗涤液所走的全程为滤饼的全部厚度。而在过滤时，滤液的途径只约为其一半，并且洗涤液穿过两层滤布，而滤液只需穿过一层滤布，因此，洗涤液所遇阻力约为过滤终了时滤液所遇阻力的两倍。而洗涤液所通过的面积仅为过滤面积的一半，如果洗涤时所用压强与过滤终了时所用压强相同，则洗涤速率约为最终过滤速率的1/4。

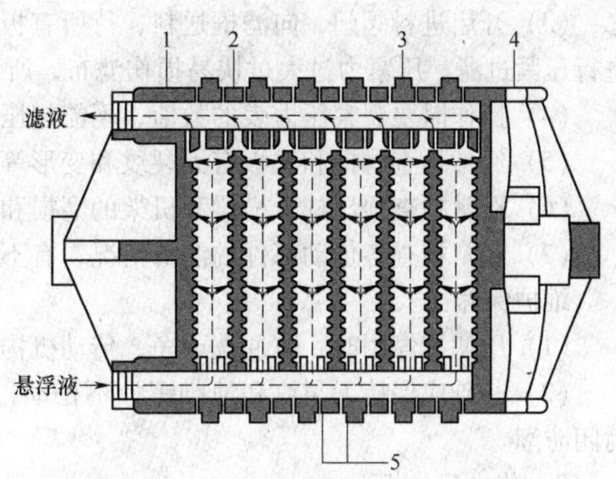

图4-23 板框压滤机过滤操作简图

1—固定头；2—板；3—框；4—可动头；5—过滤布

板框压滤机的操作压强一般为3~5kPa（表压）。板框可用各种材料制造，如铸铁、铸钢、铝、铜和木材等，并可使用塑料涂层，视悬浮液的性质加以选择。滤框的厚度通常为20~75mm。滤板一般较滤框薄，视所受压强大小而定。板框为正方形，其边长一般为0.1~1m。

板框压滤机的优点：占地小，过滤面积很大，过滤推动力大，设备构造简单。

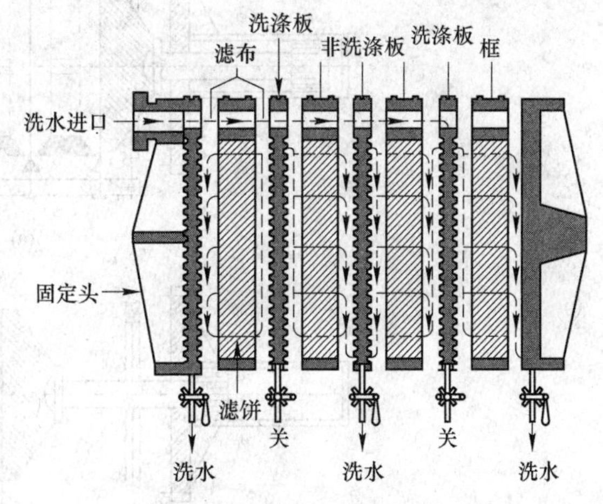

图4-24 箱式压滤机洗涤操作简图

其缺点是：设备笨重，装卸时劳动强度很大；为间歇式操作，洗涤速率小且不均匀，因此，此种过滤机已成为技术改造的对象。为了减轻板框的质量，有的采用钢丝网滤板；为了防腐蚀有的采用玻璃钢板框和木屑酚醛板框。

板框压滤机是一种间歇操作、劳动强度大和生产能力低的过滤设备，但由于它适用于颗粒细小、黏度较大、小批量生产和多品种物料的过滤，所以许多有色冶炼厂仍在使用，其压紧方式有手动、液压传动和电动三种，这里仅介绍电动压紧板框压滤机的使用和维护，其他两种形式也可参照使用。

正确使用：

（1）开车前，应对各部件进行检查，并清除各种障碍物。

（2）开动电动机，使压紧机构运行数次，属于正常情况，即可使滤板和滤框敞开，铺整滤布，随后开动自动顶压杠，使所有滤板、滤框和滤布相互接触，松紧适宜，以不跑漏液料为准则。

（3）开启进料阀门，向滤框送料，待所有板框滤布腔内充满滤浆后，缓慢开顶压杠，进行压紧过滤。压紧力过大过快易损伤滤布，所以应注意操作。

（4）操作时要观察压力表的数值，不能超压使用。

（5）经常检查滤框和滤板有无裂纹和变形等缺陷，发现后应更新。

（6）经常检查顶压杠、横梁和机架的磨损和腐蚀情况，发现问题及时处理。

（7）经常检查各传动部件的润滑情况，有不良之处应查明原因解决。

维护保养：

（1）压滤机停用时，应冲洗干净，传动机构应保持整洁，无油污油垢。

（2）基础应保持无裂纹和地脚螺栓不松动，机架应保持油漆完好，电器开关应保持封闭防潮。

B　箱式压滤机

箱式压滤机如图 4-25 所示。它以滤板的棱状表面向里凹的形式来代替滤框，这样在相邻的滤板间就形成了单独的滤箱。图 4-25（a）所示为打开情况，图 4-25（b）所示为滤饼压干的情况。

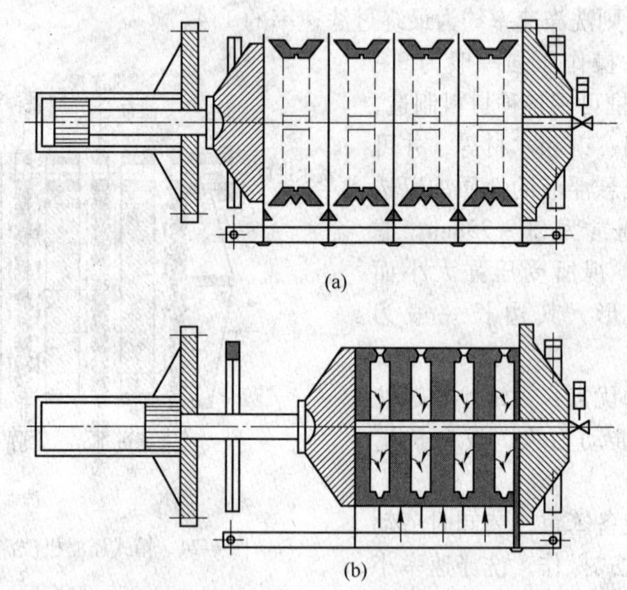

图 4-25　箱式压滤机打开和压缩示意图

（a）打开的情况；（b）滤饼压干的情况

进料通道通常与板框压滤机不同。滤箱由每个板中央的相当大的孔连通起来，而滤布由螺旋活接头固定，滤板上有孔。

为了压干滤饼，在每两个滤板中夹有可以膨胀的塑料袋（或可以膨胀的橡皮膜）。当过滤结束时，滤饼被可膨胀的塑料袋压榨而降低液体含量。

C　真空过滤机

所有真空过滤技术与其他滤饼过滤方法一样，都使用多孔过滤介质支撑滤饼。但与其他过滤方法不同的是，真空过滤使用的推动力较小，因而它只适合于一些特殊情况的应用。

与在高强度或高转速操作的过滤机，例如离心过滤机相比，真空过滤机的设计较容易解决。因为真空过滤机可以设计得很简单，并且为了在各种特定的应用中能获得良好的适应性，可以采用各种结构材料，可以在比较简单的机械条件下连续操作，这可能是真空过滤机的一个最大优点。

真空过滤机有间歇式和连续式两大类，目前绝大多数的真空过滤机是连续操作的。连续真空过滤机特别是旋转真空过滤机，早已证明其应用范围比其他连续过滤机宽广得多，并且具有满意的工业操作性能。

a 间歇真空过滤机

间歇真空过滤机可以认为是一种最简单的真空过滤器。工业间歇真空过滤机有两种：一种是努特舍真空过滤机（the vacuum Nutsche），用在规模相当大的工业分离中，并且可以设计成用刮刀或耙来卸除滤饼。另一种则以穆尔过滤机（Moore filter）为代表，这种过滤机是由浸入悬浮液的一组滤叶组成，并且可以设计成反吹卸除滤饼或移出滤叶卸除滤饼的形式。如图 4-26 所示，穆尔过滤机的 10~30 张过滤叶片呈并联排列，每个叶片上都有一个带孔的 U 形管，它们分别与聚合器连接再通过胶管与真空管路相连，然后固定在支架上形成一个过滤器组。在支架上设有供行车起吊的吊环，在每张叶片上包覆有相应材质的过滤介质。穆尔过滤机可以依次完成过滤、洗涤、去饼和吹除等工艺操作。随过程的不断进行，滤饼的厚度不断增加，当达到一定厚度后，用行车将穆尔过滤机吊出过滤槽继续抽吸 3~4min，然后吊至盛有清水的洗涤槽内继续抽吸进行洗涤；洗涤完成后用行车将穆尔过滤机吊出过滤槽继续抽吸 3~4min，然后吊至卸渣槽，将真空阀门关闭，打开空压阀反吹卸渣。

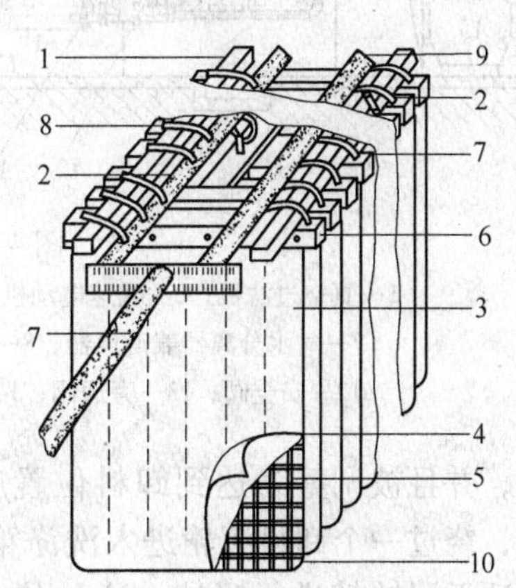

图 4-26 穆尔过滤机结构示意图

1—支架；2—聚合器；3—叶片；4—滤布；5—竹片格；6—木夹板；7—胶管；8—吊环；9—木塞；10—U 形管

b 连续真空过滤机

连续真空过滤机主要有三种，即转鼓真空过滤机、转盘真空过滤机和卧式旋转真空过滤机。应用最多的是转鼓真空过滤机和转盘真空过滤机。

（1）转鼓真空过滤机。图 4-27 所示为转鼓真空过滤机配置示例，图 4-28 为转鼓真空过滤机结构图。这种过滤机有一转鼓，该转鼓被分成若干扇形格室，各格室分别与一自动过滤阀接通。转鼓旋转时，浸入悬浮液当中的鼓面吸取滤液，而滤饼则沉积在转鼓的表面，在这一区域发生过滤。在转鼓转动的同时，鼓面离开过滤区进入洗涤区域，在转鼓面上方喷洒洗涤水，对滤饼进行洗涤；转鼓继续转动离开洗涤区域，进入干燥区域，滤饼逐渐被吸干，最后从转鼓的表面上卸除。

当滤饼在滤布（滤布包在适用于排水的转鼓面上）上形成时，滤液通过转鼓上的孔经管道流向自动过滤阀。

滤饼卸除方法的好坏对保持滤布的清洁很重要。在最近几年里，已经发展了几种滤布卸除技术。在这些技术中滤布并不是固定在转鼓上面，而是包在转鼓上面，它随转鼓而转

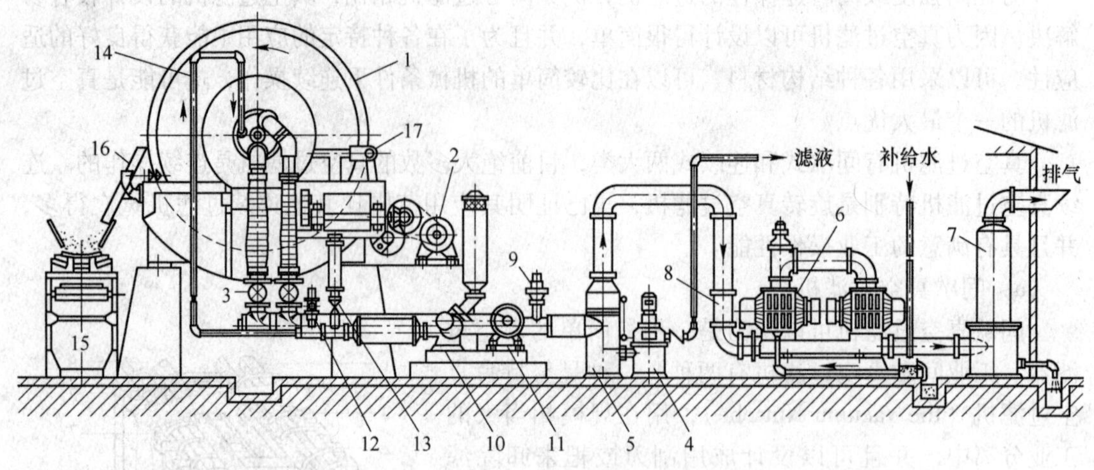

图 4-27　转鼓真空过滤机配置示例

1—真空过滤机；2—减速电动机；3—真空调节阀；4—滤液分离器；5—滤液泵；6—真空泵；7—气水分离器兼消声器；8—防尘网；9—真空遮断器；10—空气压缩机；11—电动机；12—安全阀；13—旁通阀；14—风管；15—滤饼皮带输送机；16—刮刀；17—搅拌耙子

动，并且被调整为达到卸料位置后便离开转鼓，绕过一个卸料滚轮进入洗涤箱进行洗涤，然后返回转鼓进行吸滤。这种技术很适合处理黏性滤饼和容易堵塞滤布的物料。但是，对于正常操作来说，这种便利大大增加了设备的费用，并会使其操作费用比一般过滤机高很多。

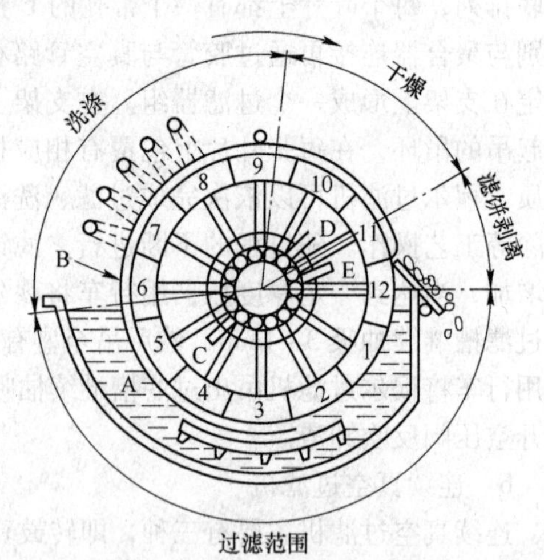

图 4-28　转鼓真空过滤机结构图

A—矿浆；B—滤饼；C—排液管；D—洗涤液排出管；E—加压空气导入管；1~12—小滤室

转鼓真空过滤机的优点是：

1）能够连续自动地操作，节省操作人力。

2）适合处理多种性质不同的悬浮液。

3）操作现场清洁，维修费用低。

4）能够进行有效的洗涤和脱水，能够分别收集洗涤液和滤液。

缺点是：

1）价格高。

2）受热液体或挥发性液体的蒸气压的限制。

3）不能处理含爆炸性气体或可燃性气体的产品。

4）不适于处理沉降快的悬溶液。

5）滤饼薄和循环周期短易使滤布堵塞。

6）用反吹法卸除的滤饼较湿。在反吹法与刮刀联合使用的情况下，滤布磨损较严重。

转鼓真空过滤机是将过滤、洗涤、去饼和吹除等工艺操作在一个转动的转鼓中完成，其生产效率高，适用于多种悬浮物料的分离，是一种较先进的过滤设备。

转鼓真空过滤机操作步骤：

1）开车前应做好以下检查和准备工作：

①检查滤布有无破漏孔洞，两侧是否漏气，若有应修补完好。

②检查滤浆槽内有无沉淀物料和杂物，若有应清理干净。

③检查刮刀与转鼓铁丝间的间隙量大小，一般为1~2mm。

④察看真空系统的真空度大小和冷风系统的压力大小是否符合要求。

⑤给分配头、主轴瓦、压辊系统、搅拌器和齿轮等传动机构加润滑脂和润滑油，检查和补充减速机的润滑油。

2）车启动后，随即观察电流大小及各传动机构运转情况，如平稳、无振动、无碰撞声，可试空车和洗车15min。

3）开启进滤浆阀门向滤槽注料，当液面上升到滤槽高度的1/2时，再开启真空、洗水和冷风阀门，进行正常生产。

4）经常检查滤槽内的液面高低，维持槽高的3/4~4/5为宜，不然影响挂滤饼的厚薄和溢流。

5）经常察看洗水分布是否均匀，不均匀则洗涤效果差，影响产品质量。

6）定时分析过滤效果，以便及时调整液面、洗水、真空度和压辊压力等。

7）经常检查分配头和各系统阀门是否渗漏，渗漏时应停车修理。

8）遇到下列情况之一时，应紧急停车处理：

①遇到断电时，迅速关闭滤浆和洗水阀门，防止滤浆外溢，随后关闭真空和冷风阀门，滤槽内积存滤浆应排放出或再开车时冲洗过滤。

②缠绕铁丝断开时，应尽快拉着铁丝头使之顺着转鼓旋转方向卸下，并立即停止转鼓旋转，当铁丝头固定好后再启动。

③真空系统和冷风系统出现故障，也应做紧急停车处理。

转鼓真空过滤机维护保养：

1）停车后，应进行洗车，除去转鼓和滤槽内的物料。

2）要保持各转动部位有良好的润滑状态，不可缺油。

3）发现紧固件松动应及时拧紧，发现振动及时查明原因并消除。

4）滤槽内不允许有物料沉淀和杂物。

5）备用过滤机应隔24h转动一次。

（2）转盘真空过滤机。转盘真空过滤机由一些滤盘组成，它们装在一个中心轴上并与一个普通真空过滤阀相连通。当转盘转动时，其中的扇形格室便依次进行过滤和脱水操作，这与转鼓真空过滤机相似；当扇形格室到达卸料位置时，滤饼则由绳索或刮刀卸除。在使用中，转盘真空过滤机的滤盘可以多达12个，总过滤面积约为0.05~3m^2。

图4-29为水平圆盘过滤机结构示意图。平面圆盘1，其盘径为ϕ5.8m，总过滤面积为24.5m^2，有效过滤面积为19cm^2，盘面共有18块扇形钢制滤板，其上铺设过滤介质（滤布）。圆盘之下为真空吸滤室2，吸滤室同样分成多个室，各室互不串通。吸滤室的下面连接一个错气盘3。错气盘随过滤圆盘转动。与错气盘相接触的是分配盘4，分配盘的作用是将吸滤室分配成不同工作区域。与分配盘连接的是真空头5，真空头内部根据工作区域分配隔成三室，分别用管道接通真空系统与吹风系统。真空系统是由真空泵、气液分离

器、水冷凝器等组成。水平圆盘支承在一个盘式滚道 6 之上。通过传动机构 7 的立式链齿轮带动圆盘下部的销柱齿轮 8 使圆盘转动，其转速为 24 r/min。圆盘平面上在出料方位设置出料螺旋 9（ϕ500mm×225mm）。

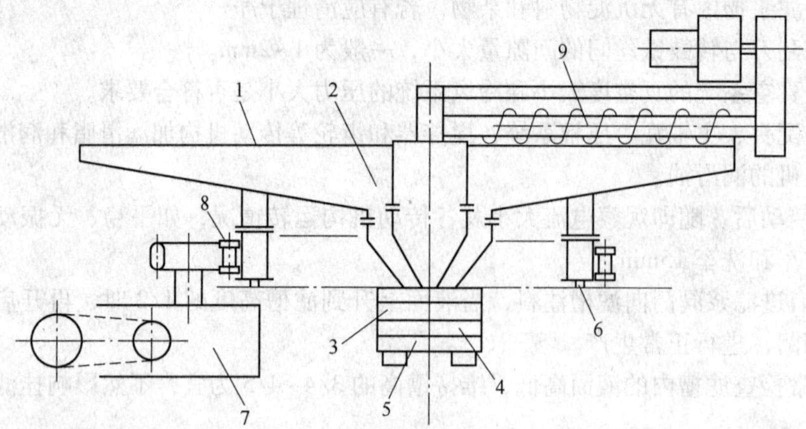

图 4-29　水平圆盘过滤机结构示意图

1—平面圆盘；2—真空吸滤室；3—错气盘；4—分配盘；5—真空头（隔成的分配室）；6—盘式滚道；7—传动机构；8—销柱齿轮；9—出料螺旋

盘面上方，用支架吊挂下料管、洗涤水管及隔离板。隔离板的作用是防止操作中各区域可能出现的过剩余液往另一分配区域漫流。盘面分布见图 4-30。

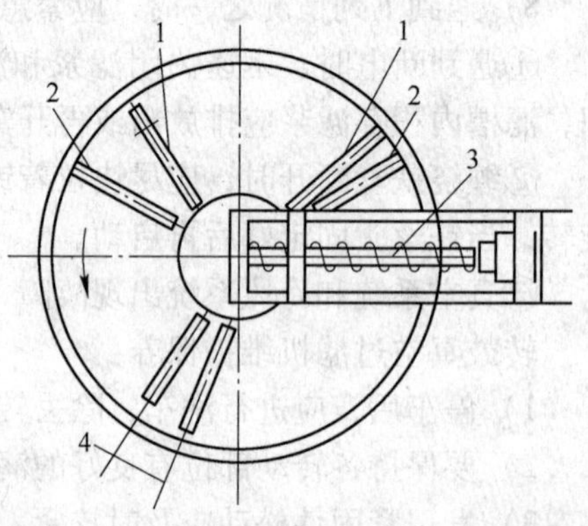

图 4-30　水平圆盘过滤机盘面分布图

1—下料管；2—隔离板；3—出料螺旋；4—洗涤管

以出料螺旋中心线为起始，当盘面的物料经螺旋刮除之后，尚残留一薄层滤饼，圆盘按图示回转方向前进，接受下料管来的浆液，浆液从下料管的各个小管喷出，具有一定冲击力量，将盘面残留滤饼层冲散开。与此同时，盘面进入反吹风区域，受到从下向上的吹风压力，使过滤介质再生。盘面继续前进便进入吸滤区，盘面浆液被吸滤，溶液从吸滤室通过真空管道流入气液分离器，气相再经水冷凝器至真空泵。液相流入下面工序。盘面上经吸滤的物料继续回转进入洗涤区，受到洗涤液冲洗，并同时又进行吸滤洗去物料所附的溶液。通过洗涤并充分吸干的滤饼到达出料螺旋下方时，被螺旋刮出圆盘由皮带运输送往下一工序。

上述水平圆盘过滤机集分离与洗涤于一机。因此，在生产过程中可以减少设备台数、节约投资、节省电力、简化流程，提高过滤效率。

优点：

1）单位面积购置费用比转鼓真空过滤机低。

2）过滤面积大，占地面积小。

3）更换过滤介质快。

4）悬浮液槽分成数格，在使用一个或几个自动阀的情况可以用一台过滤机同时处理几种不同的悬浮液。

5）一般用来处理含大量较易过滤固体（通常为0.370~0.074mm（40~200目））的悬浮液。

缺点：

1）因为在竖直滤饼表面上进行洗涤，加上滤饼干燥时间短，所以难以达到好的洗涤效果。

2）所得滤饼比转鼓真空过滤机的湿。

3）在某些设备中，反吹过来的滤液过多。

4）滤饼薄，较难卸除。

5）因为滤盘浸没深度变化范围不大，所以使用时不够灵活。

6）用刮刀卸料时，过滤介质磨损速度较高。

7）不适于处理非黏性滤饼。

目前，转盘真空过滤机已成功地应用于水泥、淀粉和制糖工业，以及浮选精煤脱水和絮凝原煤浆处理等方面。在造纸、选矿、冶金和烟道灰尘处理等方面，也使用这种过滤机。

转盘真空过滤机开车前的检查与准备：

1）按照所确定的工艺流程检查设备、阀门等是否具备开车条件。

2）检查各种联系通信设施是否畅通。

3）检查各种仪表及附属设施是否安全可靠。

4）检查设备的各个润滑点是否润滑。

5）停车8h以上应找电工检查电动机绝缘（阴雨天4h）。

转盘过滤机的开车步骤：

1）检查过滤机盘面，不允许有任何杂物。

2）选择好启动程序，注意把开关打到正确位置。

3）打开空气缓冲槽的进气阀，压力表值不能超过0.2MPa。

4）启动洗水泵，不完全打开进过滤机热水管道上的阀门。

5）打开进过滤机的弱滤液阀门。

6）部分打开真空管道上阀门。

7）启动润滑油泵。

8）启动真空泵，真空度不要太大。

9）启动矿浆输送设备。

10）启动过滤机上的卸料螺旋。

11）检查过滤机的转动方向和过滤机的进料箱及布料器。

12）启动过滤机的电动机，转速先调为零，再缓慢调至所需转速匀速运转。

13）准备就绪，开始下料，打开料浆进料阀，流量先控制小一点，使平盘旋转1~2周，使料均匀分布在平盘上。

14）增大料浆量，调整真空度以得到好的滤饼。

15）打开洗水阀调节水量。

16）打开蒸汽罩的蒸汽阀，打开蒸汽罩上的排气扇。

17）当溢流堰有溢流时，启动溢流泵，将溢流送回储液槽。

转盘过滤机的停车步骤：

1）接到停车通知后，先通知停止进料，同时将料浆管由进转盘过滤机改为进料浆贮槽。

2）始终保持系统的真空度和洗涤水流量。

3）用卸料螺旋尽可能地将平盘上的料卸出。

4）启动润滑油泵向各润滑点加足润滑油。

5）停止向蒸汽罩进蒸汽。

6）逐渐降低平盘的转速，直到转速接近零为止。

（3）带式真空过滤机。带式真空过滤机是一种卧式旋转真空过滤机，它有移动式真空过滤机和固定式真空过滤机两大类。图 4-31 所示为固定式真空过滤机的结构和工作原理。

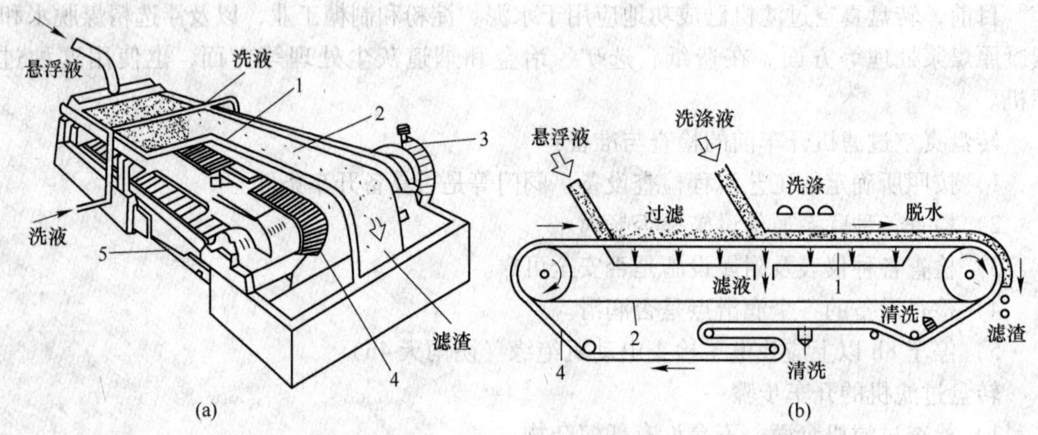

图 4-31　带式真空过滤机结构（a）及工作原理（b）

1—真空箱；2—排水带；3—驱动装置；4—滤布；5—滴水盘

该过滤机真空箱不移动，紧贴真空箱上缘的滤布带由驱动辊驱动，并沿真空箱上缘滑行完成过滤及过滤饼的洗涤操作。滤布带由两部分组成，即由带中部的滤布 4 和带两端的耐磨的排水带 2 构成。在真空箱上，它们紧贴一起绕过驱动辊后，则绕各自的导轨运动，滤布上的滤饼在端部经卸料辊和刮刀卸料后再经洗涤再生。

料浆由料浆分配器均匀地给到过滤机尾部的滤布上，滤渣被截留在滤布上，而滤液由真空吸入真空箱，然后进入受液槽。洗涤可分为并流和逆流两种。图 4-31 所示为逆流洗涤，新水加在最后洗涤段，洗涤段吸出的洗涤液单独收集返回到初次洗涤段，以保证用最少的洗涤水获得最佳的洗涤效果。

优点：

1）操作灵活。

2）无须使用悬浮液槽和搅动装置。

3）洗涤效果好，并能很快地将洗涤液和滤液分开。

4）固体的沉降有利于过滤，因而适于处理固体沉降快的悬浮液。

5）对脱水快的悬浮液来说，每台过滤机的处理能力很大（所形成的和被洗涤的滤饼的厚度能够达到 10~200mm）。

缺点：

1）占地面积大。

2）有效过滤面积仅为 45%左右。

3）单位过滤面积的购置费用比转鼓真空过滤机高。这一缺点被其单位过滤面积较大的处理能力所补偿，因为这种过滤机能在较高转速下处理较厚滤饼。

4）滤饼卸除费用比脱水机高，有时也比内滤面转鼓真空过滤机高。

习题与思考题

4-1 磨矿分级的目的是什么，常用的粗碎、球磨、分级设备有哪些？

4-2 简单颚式破碎机主要由哪几部分构成？试述其工作原理。

4-3 圆锥破碎机主要由哪几部分构成？试述其工作原理。

4-4 试述球磨机的结构及工作原理。正常球磨时磨矿介质处于什么状态？

4-5 试述螺旋分级机、水力旋流器、圆锥分级机各自的工作原理。

4-6 按浸出所使用的设备划分浸出有哪些方法，具体设备有哪些？

4-7 热磨浸出器、流态化浸出、高压浸出有哪些特点？

4-8 什么是渗滤浸出和堆浸，它们主要用来处理哪些物料？

4-9 间歇浸出、连续并流浸出、连续逆流浸出、错流浸出各自的特点是什么？

4-10 固液分离的方法和目的是什么，浓缩过滤的影响因素分别有哪些？

4-11 简述浓缩槽的主要结构和工作原理。

4-12 试述箱式过滤机、转鼓真空过滤机、转盘真空过滤机、带式过滤机的工作原理。

4-13 试述过滤的基本原理、过滤的种类和类型。

5 锌的浸出过程

5.1 锌的性质和用途

锌是一种银白色金属，断面具有金属光泽，在室温下呈脆性，但在100~150℃下其延展性良好。

锌属于重金属，原子序数为30，相对原子质量为65.4，20℃时的密度为7.13g/cm^3，熔点419.6℃。由于锌熔点低，液态流动性好，在压力浇注时能充满模内很精细的地方，所以它常作为精密铸件的原料。

液态金属锌的沸点比较低，为907℃。液态锌的蒸气压随温度升高而迅速增加。在不同温度下锌的蒸气压如下：

温度/℃	419.6	500	700	907	950
蒸气压/Pa	19.5	169	7982	101325	156347

在火法炼锌中，氧化锌用碳还原的反应必须在1000℃以上的温度进行，冶炼生成挥发的锌蒸气只有通过冷凝才能得到金属锌。

锌在420℃时开始与硫发生反应，而与氧反应在225℃时便开始了。锌对氧的亲和力比较大，硫化锌在空气中加热氧化生成稳定的氧化锌。氧化锌既能在高温下被碳还原，又能很好地溶解于稀硫酸溶液中，因此硫化锌的氧化焙烧对于火法炼锌和湿法炼锌都是重要的冶炼前预处理过程。

锌是比较活泼的重金属，室温下在干燥的空气中不发生变化，但在潮湿而含有CO_2的大气中，锌的表面会逐渐氧化生成灰白色致密的$ZnCO_3 \cdot 3Zn(OH)_2$薄膜层，阻止锌继续氧化。更为重要的是锌的电位较铁负，通过电化作用锌能代替铁被腐蚀，所以锌被大量用于镀覆钢铁材料以防腐蚀。随着汽车工业和建筑业对镀锌钢材的需求不断增长，镀锌材料已经成为锌的一项主要消费。

锌是负电性金属，标准电位为-0.76V；又由于锌价廉易得，在化学电源中锌是应用最多的负极材料，如锌-二氧化锰干电池、锌-空气电池、锌-银电池等。

锌能和多种金属形成合金，其中最主要的是锌与铜形成的黄铜，广泛应用于机械制造业；锌与铝、镁、铜等组成的压铸合金，可用于制造各种精密铸件。锌是现代生活中必不可少的金属。表5-1总结了锌的不同性能及应用。

表5-1 锌的性能及用途

性能	最初使用	最终使用
属负电性金属；抗腐蚀性能良好，保护钢材免受腐蚀	热镀锌、电镀锌、喷镀锌、锌粉涂层、粉镀锌	建筑物、电力/能源、家具、农用机械、汽车和交通工具
熔点较低，熔体流动性好，易于压铸成型	压铸和重力铸造	汽车、家用设备、机械器件、玩具、工具等

续表 5-1

性 能	最 初 使 用	最 终 使 用
是合金元素，易与其他金属形成不同性能的多种合金	黄铜（铜-锌合金）、铝合金、镁合金	建筑物、汽车、各种机械装置的零部件、电子元件等
成型性和抗腐蚀性好	轧制锌	建筑物
电化学性能	电池：锌-二氧化锰电池、锌-空气电池、锌-银蓄电池	汽车/交通运输工具、计算机、医用设备、家用电器
形成多种化合物	氧化锌、硬脂肪酸锌	橡胶、轮胎、颜料、陶瓷釉料、静电复印纸
	硫化锌	颜料、荧光材料
	硫酸锌	食品工业、动物饲料、木材、肥料、制革、医药、纸浆、电镀
	氧化锌	医药、染料、焊料、化妆品

5.2 锌的矿物资源和炼锌原料

锌在自然界多以硫化物状态存在，主要矿物是闪锌矿（ZnS），但这种硫化矿的形成过程中有 FeS 固溶体，称为铁闪锌矿（nZnS · mFeS）。含铁高的闪锌矿会使提取冶金过程复杂化。硫化矿床的地表部位还常有一部分被氧化的氧化矿，如菱锌矿（$ZnCO_3$）、硅锌矿（Zn_2SiO_4）、异极矿（$H_2Zn_2SiO_5$）等。

锌资源的特点是铅锌共生。世界上极少发现单独的铅矿和锌矿。闪锌矿与方铅矿（PbS）在天然矿床中常常紧密共生。

我国是铅锌资源较丰富的国家之一，已探明的铅锌储量 1.1 亿吨，约占目前全世界已探明的铅锌储量的 1/4，居世界首位，其中铅储量 3300 万吨，锌储量 8400 万吨，铅锌平均品位 4%，锌铅比 2.4∶1。

我国的铅锌资源分布广泛，遍及全国各省（区），相对集中在南岭、川滇、滇西（兰坪）、秦岭及狼山-阿尔泰五大地区。目前已探明的储量主要集中在云南、广东、内蒙古、江西、湖南和甘肃六省（区）。

我国铅锌资源的特点是多金属硫化物共生矿床多，矿石类型复杂，较难分选，成分复杂，但伴生矿综合利用价值高。我国的铅锌矿是镉、铟、银等金属的主要矿源，也是硫、铋、锗、铊、碲等元素和金属的重要来源。

铅锌矿的开采分露天开采和地下开采两种。由于金属品位不高，铅锌共生，并含有大量脉石和其他杂质金属，矿石需先经过选矿。通常采用浮选法优先选出锌精矿，副产铅精矿和硫精矿。

硫化锌精矿是生产锌的主要原料，成分一般为：锌 45%~60%，铁 5%~15%，硫的含量变化不大，为 30%~33%。可见，锌精矿的主要组分为 Zn、Fe 和 S，三者共占总重的 90%左右。从经济价值来考虑处理锌精矿的目的，首先应该回收锌和硫，因为两者加起来占精矿总量的 80%左右。从冶炼过程和回收率来考虑，铁是最主要的杂质金属，采用的冶炼工艺流程要有利于原料中的锌铁分离，相近的化学性质决定了它们在冶金过程中的行为相似，应使铁全部进入熔炼渣或湿法冶金浸出后的铁渣中，且渣量要少，分离性能要好，从而减少随渣带走的金属损失。

硫化锌精矿的粒度细小，95% 以上小于 40μm，堆密度为 1.7~2g/cm³。在选用精矿氧化焙烧脱硫设备时，应当充分利用精矿粒度小、表面积大、活性高、硫化物本身也是一种"燃料"的特点，使硫化锌迅速氧化生成氧化锌，同时还能充分利用精矿自身的能量。可见工业上普遍采用流态化焙烧处理锌精矿是合理的。

5.3　锌的生产方法

现代冶炼锌的生产方法分为火法和湿法两大类。

5.3.1　火法炼锌

火法炼锌的一般原则工艺流程如图 5-1 所示。火法炼锌首先将锌精矿进行氧化焙烧或烧结焙烧，使精矿中的 ZnS 变为 ZnO，以便为碳质还原剂所还原。由于锌的沸点较低，在高于其沸点温度下还原出来的锌将呈蒸气状态从炉料中挥发出来，这样，锌便与炉料中其他组分分离。锌蒸气随炉气一起进入冷凝器，在冷凝器内冷凝成液体锌。与锌一起呈蒸气状态进入气相的还有其他易挥发的杂质金属，如镉和铅，这些元素会影响锌的纯度，需将冷凝所得的粗锌进行精炼。火法炼锌的精炼方法是利用锌和杂质金属的沸点不同，采用蒸馏的方法来提纯的，称为锌精馏。将精馏锌浇注成锭，得到纯度在 99.99%以上的精锌。

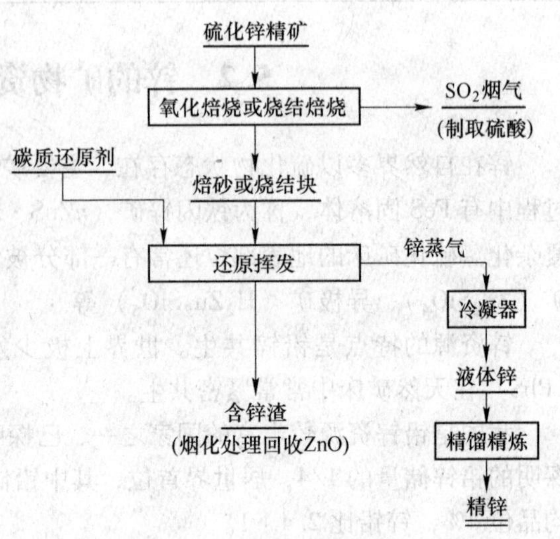

图 5-1　火法炼锌原则流程

5.3.2　湿法炼锌

自 20 世纪 80 年代以来，世界锌产量的 80%~85%以上是由湿法炼锌生产的。湿法炼锌处理硫化锌精矿一般要预先进行焙烧，使 ZnS 变成易于被稀硫酸溶解的 ZnO。在浸出过程中，与氧化锌一起溶解进入溶液的还有杂质金属，$ZnSO_4$浸出液中的这些杂质将严重影响下一步的电积过程，因此必须将这种溶液进行净化。净化过程得到的含杂质金属的滤渣送去回收有价金属（镉、钴、铜等），净化后的 $ZnSO_4$溶液经电解沉积后，阴极析出锌最终熔化铸锭，即产出电锌。

在湿法炼锌中，焙烧、浸出、浸出液净化和电解是生产上的主要工艺过程，其中浸出又是整个湿法流程中的最重要环节，湿法炼锌厂的主要技术经济指标在很大程度上取决于所选择的浸出工艺及操作条件。湿法炼锌可供选择的工艺流程如图 5-2 所示。

锌焙砂是硫化锌精矿流态化焙烧的产物，也是浸出过程的主要原料，用于焙砂浸出的

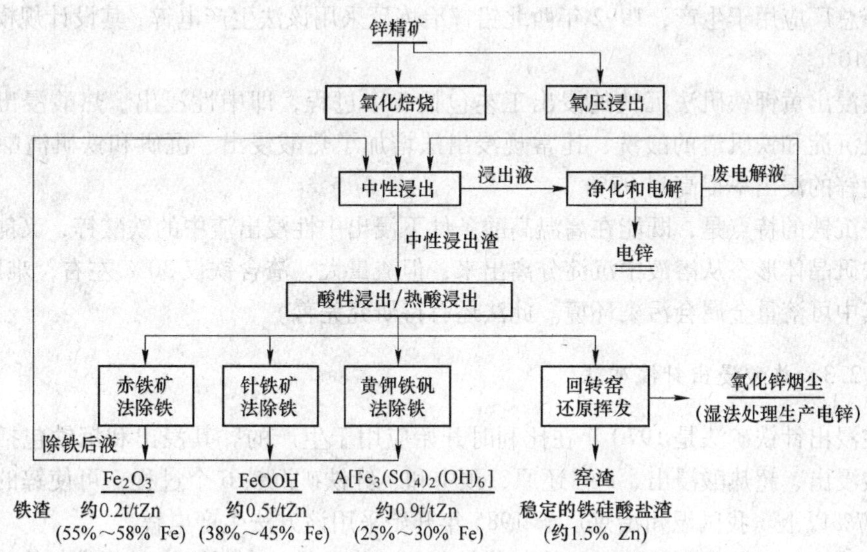

图 5-2 湿法炼锌可供选择的工艺流程概况

稀硫酸是来自锌电解沉积车间的废电解液。根据浸出作业所控制的最终溶液酸度，锌焙砂浸出分为中性浸出、酸性浸出和高温高酸浸出（又称为热酸浸出）。为了提高锌的浸出率和整个生产流程锌的回收率以及其他经济技术指标，酸性浸出和热酸浸出带来的生产问题集中在锌铁分离过程中，因而湿法炼锌方法又分为常规浸出法、热酸浸出黄钾铁矾法、热酸浸出针铁矿法、热酸浸出赤铁矿法。

在 20 世纪 80 年代，还发展了取消锌精矿焙烧工艺的硫化锌精矿氧压浸出法。湿法炼锌是炼锌技术的发展方向，它将进一步朝改善对环境的影响、提高金属回收率和综合利用水平、降低能耗、实现设备大型化、机械化和自动化的方向发展。

5.3.2.1 常规浸出法

锌焙砂常规浸出的主要目的是尽可能使锌溶解进入溶液，并以中和水解法除去铁、砷、锑、锗等有害杂质，经液固分离后，溶液送往净化，得到合格的中性硫酸锌溶液，然后送去电解得到高纯度电锌。

常规浸出法尽管经中性浸出和酸性浸出两段浸出过程，但采用的浸出条件（温度和浸出终点酸度）不足以使锌焙砂中呈铁酸锌形态存在的锌溶解。常规浸出法产出的锌浸出渣含锌在 20%左右，一般采用回转窑烟化法回收其中的锌。这种火法处理锌浸出渣的传统方法所产出的窑渣，在自然环境中处于较稳定状态，可溶性的盐类和其他化合物少，便于堆存，从环保角度看，有其优点，且 In 、Ge 等稀散元素富集在烟尘中，有利于综合回收。但由于回转窑挥发处理浸出渣工艺是高温火法过程，存在燃料、还原剂和耐火材料消耗大的缺点。从 20 世纪 70 年代以来，便相继出现了热酸浸出黄钾铁矾法、热酸浸出针铁矿法和热酸浸出赤铁矿法来处理锌浸出渣。

5.3.2.2 热酸浸出黄钾铁矾法

热酸浸出黄钾铁矾法是 1968 年开始应用于工业生产的。我国于 1985 年首先在柳州市有色冶炼总厂应用于生产，1992 年西北铅锌冶炼厂采用该法生产电锌，其设计规模为年产电锌 10×10^4t。

热酸浸出黄钾铁矾法沉铁的浸出工艺包括 5 个过程，即中性浸出、热酸浸出、预中和、铁矾沉淀和铁矾渣的酸洗，比常规浸出法增加了热酸浸出、沉矾和铁矾渣酸洗等过程，可使锌的浸出率提高到 97% 。

该法沉铁的特点是，既能在高温高酸条件下浸出中性浸出渣中的铁酸锌，又能使浸出的铁以铁矾晶体形态从溶液中沉淀分离出来，但渣量大，渣含铁仅 30% 左右，难以利用，堆存时其中可溶重金属会污染环境。此法还有待研究完善。

5.3.2.3 热酸浸出针铁矿法

热酸浸出针铁矿法是 1970 年在比利时开始应用于生产的。其浸出和沉铁包括中性浸出、热酸浸出、超热酸浸出、Fe^{3+}还原、预中和、针铁矿沉铁 6 个过程，可使锌的浸出率提高到 97%以上。我国温州冶炼厂于 1985 年开始采用该方法生产电锌。

针铁矿法的沉铁过程采用空气或氧作氧化剂，将二价铁离子逐步氧化为三价，然后以针铁矿（FeOOH）形态沉淀下来。溶液中的砷、锑、氟大部分可随铁渣沉淀而除去。该法的铁渣率低于黄钾铁矾法，渣含铁较高，便于利用。

5.3.2.4 热酸浸出赤铁矿法

热酸浸出赤铁矿法是 1972 年在日本开始应用于工业生产的。该法首先是将锌浸出渣在高压釜中进行还原浸出，使三价铁离子还原成二价，然后将这种含二价铁离子的热酸浸出液送往沉铁高压釜中，通入氧气，将铁离子氧化成赤铁矿形态沉淀除去。

赤铁矿法沉铁渣量小，渣含铁达 60%，可作为炼铁原料使用，但该工艺需要昂贵的高压釜设备，建设投资大，世界上仅日本和德国各有一家炼锌厂采用。

5.3.2.5 硫化锌精矿氧压浸出工艺

硫化锌精矿氧压浸出新工艺于 1981 年在加拿大开始投入工业生产，因而取消了锌精矿的焙烧作业，真正实现了全湿法炼锌流程。

硫化锌精矿氧压浸出工艺的特点是锌精矿不用焙烧，在一定压力和温度条件下，直接酸浸可获得硫酸锌溶液和元素硫，因而无需建设配套的焙烧车间和制酸厂，该工艺浸出效率高，适应性好，与其他炼锌方法相比，在环保和经济方面都有很强的竞争能力。尤其是对成品硫酸外运交通困难的地区，氧压浸出工艺以生产元素硫为产品，便于贮存和运输。锌精矿氧压浸出工艺需要高压设备，建设费用较高，目前采用的厂家不多。

5.4 锌焙烧矿的浸出目的与浸出工艺流程

5.4.1 锌焙烧矿浸出的目的

湿法炼锌浸出过程是以稀硫酸溶液（主要是锌电解的废电解液）作溶剂，将含锌原料中的有价金属溶解进入溶液的过程。其原料中除含锌外，一般还含有铁、铜、镉、钴、镍、砷、锑及稀有金属等元素。在浸出过程中，除锌进入溶液外，金属杂质也不同程度地溶解而随锌一起进入溶液。这些杂质会对锌电积过程产生不良影响，因此在送电积以前必须把有害杂质尽可能除去。在浸出过程中应尽量利用水解沉淀方法将部分杂质（如铁、砷、锑等）除去，以减轻溶液净化的负担。

浸出过程的目的是将原料中的锌尽可能完全溶解进入溶液中，并在浸出终了阶段采取措施，除去部分铁、硅、砷、锑、锗等有害杂质，同时得到沉降速度快、过滤性能好、易于液固分离的浸出矿浆。

浸出使用的锌原料主要有硫化锌精矿（如在氧压浸出时）或硫化锌精矿经过焙烧产出的焙烧矿、氧化锌粉与含锌烟尘以及氧化锌矿等。其中焙烧矿是湿法炼锌浸出过程的主要原料，它是由 ZnO 和其他金属氧化物、脉石等组成的细颗粒物料。焙烧矿的化学成分和物相组成对浸出过程所产生溶液的质量及金属回收率均有很大影响。

5.4.2 焙烧矿浸出的工艺流程

浸出过程在整个湿法炼锌的生产过程中起着重要的作用。生产实践表明，湿法炼锌的各项技术经济指标，在很大程度上取决于浸出所选择的工艺流程和操作过程中所控制的技术条件。因此，对浸出工艺流程的选择非常重要。

为了达到上述目的，大多数湿法炼锌厂都采用连续多段浸出流程，即第一段为中性浸出，第二段为热酸浸出。通常将锌焙烧矿第一段中性浸出、第二段酸性浸出、酸浸渣用火法处理的工艺流程称为常规浸出流程，其典型工艺如图 5-3 所示。

常规浸出流程是将锌焙烧矿与废电解液混合经湿法球磨之后，加入中性浸出槽中，控制浸出过程终点溶液的 pH 值为 5.0~5.2 。在此阶段，焙烧矿中的 ZnO 只有一部分溶解，甚至有的工厂中性浸出阶段锌的浸出率只有 20% 左右。此时有大量过剩的锌焙砂存在，以保证浸出过程迅速达到终点。这样，即使那些在酸性浸出过程中溶解了的杂质（主要是 Fe、As、Sb）也将发生中和沉淀反应，不至于进入溶液中。因此中性浸出的目的，除了使部分锌溶解外，另一个重要目的是保证锌与其他杂质很好地分离。

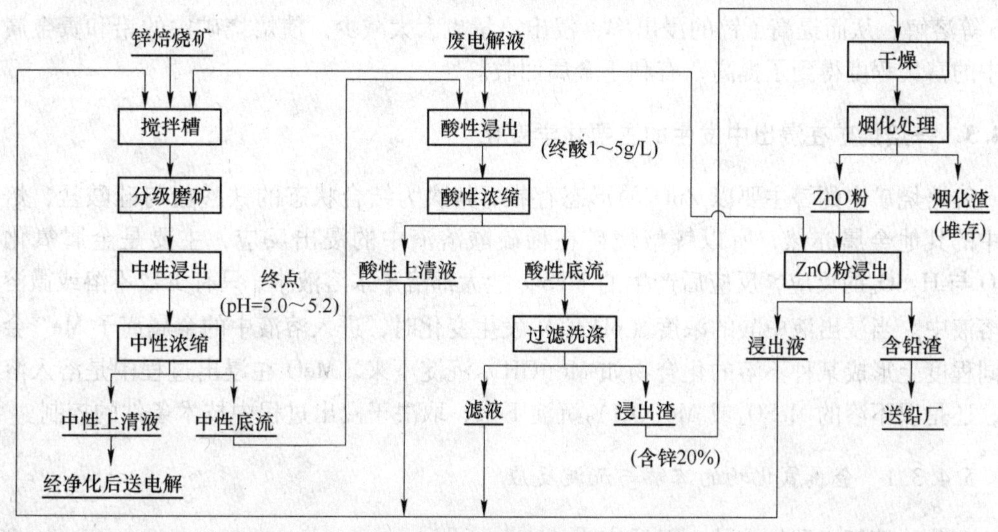

图 5-3 锌焙砂常规浸出工艺

由于在中性浸出过程中加入了大量过剩的焙砂矿，许多锌没有溶解而进入渣中，故中性浸出的浓缩底流还必须再进行酸性浸出。酸性浸出的目的是尽量保证焙砂中的锌更完全地溶解，而避免杂质溶解，所以终点酸度控制在 1~5g/L 。

虽然经过了上述两次浸出过程，所得的浸出渣含锌仍有 20%左右。这是由于锌焙砂中有部分锌以铁酸锌（$ZnFe_2O_4$）的形态存在，且即使焙砂中残硫小于或等于 1%，也还有少量的锌以 ZnS 形态存在。这些形态的锌在上述两次浸出条件下是不溶解的，与其他不溶解的杂质一起进入渣中。这种含锌高的浸出渣不能废弃，一般用火法冶金将锌还原挥发出来，然后将收集到的粗 ZnO 粉用湿法处理。

由于常规浸出流程复杂，且生产率低，回收率低，生产成本高，在 20 世纪 70 年代后广泛采用锌焙烧矿热酸浸出。现代广泛采用的热酸浸出流程如图 5-4 所示。

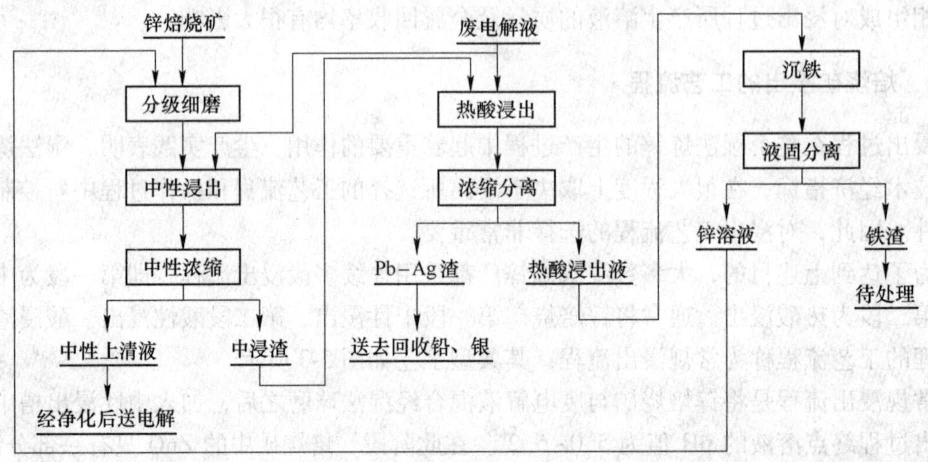

图 5-4 现代锌热酸浸出工艺

热酸浸出工艺流程是在常规浸出的基础上，用高温（大于 90℃）高酸（浸出终点残酸一般大于 30g/L）浸出代替了其中的酸性浸出，以湿法沉铁过程代替浸出渣的火法烟化处理。热酸浸出的高温高酸条件，可将常规浸出流程中未被溶解进入浸出渣中的铁酸锌和 ZnS 等溶解，从而提高了锌的浸出率，浸出渣量也大大减少，使焙烧矿中的铅和贵金属在渣中的富集程度得到了提高，有利于金属回收。

5.4.3 锌焙烧矿在浸出中发生的主要化学变化

锌焙烧矿中的锌主要以 ZnO 的形态存在，其次为结合状态的铁酸盐与硅酸盐，焙烧矿中的其他金属亦然，所以锌焙烧矿在稀硫酸溶液中的浸出反应，主要是金属氧化物 MeO 与 H_2SO_4的反应，反应后产生的 $MeSO_4$盐大都溶于水溶液中，只有少数不溶或微溶于水溶液中。当浸出液中酸的浓度（pH 值）发生变化时，进入溶液中的金属离子 Me^{n+}会在不同程度上形成某种不溶的化合物如 $Me(OH)_2$沉淀下来。MeO 在浸出过程中是溶入溶液中，还是以不溶的 $MeSO_4$或 $Me(OH)_2$沉淀下来，取决于浸出过程中技术条件的控制。

5.4.3.1 金属氧化物的溶解与沉淀反应

氧化物溶解于酸溶液的一般反应为：

$$MeO_{Z/2} + ZH^+ = Me^{Z+} + Z/2\ H_2O$$

当溶解反应达到平衡时，溶液中的金属离子活度 $a_{Me^{Z+}}$（可视为金属离子的有效浓度）与上述反应的平衡常数 K 及溶液 pH 值的关系为：

$$\lg a_{Me^{Z+}} = \lg K - n\text{pH}$$

平衡常数 K 值可由 25℃下的 $\Delta_r G^{\ominus}_{mT}$ 值计算得到，从而可作出 25℃时的 $\lg a_{Me^{Z+}}$ 与 pH 值的关系图（见图 5-5）。

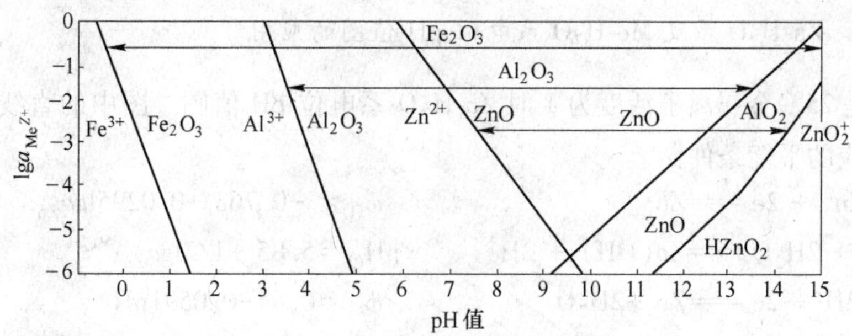

图 5-5 浸出液中 $\lg a_{Me^{Z+}}$ 与 pH 值的关系（25℃）

由图 5-5 可知，要使 ZnO 完全溶解，得到 $a_{Zn^{2+}}=1$ 的溶液，必须控制浸出液的 pH 值在 5.5 以下。一些难溶的氧化物，如 Al_2O_3 在酸浸时仅少量溶解进入溶液，大部分不溶而进入渣中。Fe_2O_3 在中浸时不溶，在酸浸时部分溶解进入溶液。进入溶液中的铁主要以低价铁存在，在一般酸浸条件下，锌焙烧矿中的铁有 10%~20% 进入溶液中。CuO 在中浸时不溶，在酸浸时部分溶解，锌焙烧矿中铜约有 60% 转入溶液中，其余一半则遗留在残渣中。砷、锑氧化物因具有两性化合物的性质，可以亚砷酸及亚砷酸盐、砷酸的形态进入溶液。

镍、钴、镉等氧化物易溶于酸，以金属硫酸盐形式进入溶液，而铅与钙的硫酸盐是难溶于水的，在室温下其溶度积分别为 2.3×10^{-8} 和 2.3×10^{-4}，溶解度分别为 0.042g/L 和 2.0g/L，所以可以认为在浸出时铅完全进入渣中，钙只有少量进入溶液。但是这类反应消耗了硫酸，故原料含钙高时采用硫酸溶液进行湿法冶金是不适宜的，应先进行预处理，脱除钙。如果原料含铅高，采用硫酸作溶剂，只能从溶解了锌、铜等金属之后的浸出渣中提取铅。镁的硫酸盐在水溶液中有较大的溶解度，表 5-2 示出了 $MgSO_4$ 和 $CaSO_4$ 在不同温度下的溶解度。

表 5-2 $MgSO_4$ 和 $CaSO_4$ 在不同温度下的溶解度（在 100g 饱和溶液中的克数）

名称	298K	303K	313K	323K	333K
$MgSO_4$	26.65	29.0	31.0	33.4	35.0
$CaSO_4$	0.209	0.213	0.214	0.211（326K）	0.200

从表 5-2 可见，$MgSO_4$ 比 $CaSO_4$ 的溶解度大得多，虽然随温度的降低其溶解度有所减小，但仍然可以认为浸出时产生的 $MgSO_4$ 会完全进入溶液中；而 $CaSO_4$ 的溶解度虽随温度的降低而略有增加，但增加不大。所以湿法炼锌的循环溶液中，钙、镁在溶液中的浓度会达到饱和，尤其在冷却过程中容易从溶液中析出，造成所谓钙镁结晶，堵塞管道，给生产带来许多麻烦。

锌、铁、铜、镉、镍、钴的氧化物在浸出时与硫酸作用生成硫酸盐，这些硫酸盐大部分都能很好地溶解在水溶液中。这样一来，浸出的结果只能得到一种含有多种金属离子的溶液。这种溶液，将给下一步电解法提取锌带来很多困难，必须在电解之前将锌以外的杂质离子除去。

分离酸性溶液中的金属离子最简便的方法是中和沉淀法，在理论上大都借助电位-pH图进行讨论。

5.4.3.2　Zn-H_2O 系及 Me-H_2O 系电位-pH 值图的应用

图 5-6 是 25℃金属离子活度为 1 时 Zn-H_2O 系电位-pH 值图。图中的直线①~⑤分别表示下列反应的平衡条件：

$$Zn^{2+} + 2e \Longrightarrow Zn \qquad \phi_{①} = -0.763 + 0.0295\lg a_{Zn^{2+}}$$

$$Zn^{2+} + 2H_2O \Longrightarrow Zn(OH)_2 + 2H^+ \qquad pH_{②} = 5.85 + 1/2\lg a_{Zn^{2+}}$$

$$Zn(OH)_2 + 2H^+ + 2e \Longrightarrow Zn + 2H_2O \qquad \phi_{③} = 0.44 - 0.0591pH$$

$$ZnO_2^{2-} + 2H^+ \Longrightarrow Zn(OH)_2 \qquad pH_{④} = 14.9 + 1/2\lg a_{ZnO_2^{2-}}$$

$$ZnO_2^{2-} + 4H^+ + 2e \Longrightarrow Zn + 2H_2O \qquad \phi_{⑤} = 0.44 - 0.12pH + 0.03\lg a_{ZnO_2^{2-}}$$

图 5-6 中的直线①~⑤将 Zn-H_2O 系电位-pH 值图分为 4 个稳定区，即 Zn、Zn^{2+}、$Zn(OH)_2$、ZnO_2^{2-}四个稳定相区。在湿法炼锌中，生产过程的 pH 值都控制在 7 以下，因此 ZnO_2^{2-}稳定相区对目前锌冶金无意义，而 Zn^{2+}、$Zn(OH)_2$和 Zn 三个区域则构成了湿法炼锌的浸出、水解、净化和电积过程所要求的稳定区域。

从图 5-6 可看出，锌的溶解曲线②表示，当溶液中 Zn^{2+} 为 1mol/L 时从含锌的溶液中开始沉淀锌的 pH 值为 5.5，即这种锌浓度的溶液 pH 值达到 5.5 时，便会沉淀析出 $Zn(OH)_2$。锌焙砂浸出实践中，在 70℃左右温度下进行浸出，浸出后溶液中的锌浓度为 130~160g/L 。25℃ 时焙砂浸出后溶液锌含量为 130g/L 时，锌离子活度系数为 0.038，此时锌离子活度为 0.0774，产生 $Zn(OH)_2$ 沉淀的 pH 值为 6.1，图 5-6 中②线向右移动。当温度为 70℃ 时，$Zn(OH)_2$沉淀的 pH 值为 5.47，则图中②线向左移动。不过在这样的浓度变化范围内，pH 值降低不大，所以维持浸出终了的 pH 值为 5.2 左右，溶液中的锌是不会沉淀出来的。

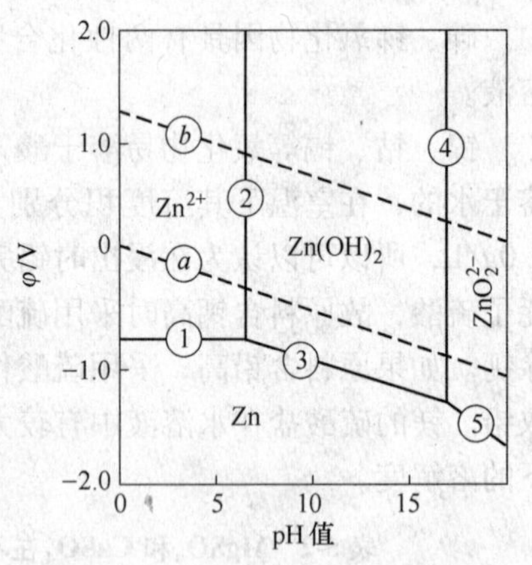

图 5-6　Zn-H_2O 系电位-pH 值图

为了研究进入锌浸出液中的杂质 Me^{n+}能否用中和沉淀法使其以 $Me(OH)_n$沉淀除去，现将这些杂质反应的电位-pH 值关系，也绘制在 Zn-H_2O 系电位-pH 值图上，以比较哪些金属的 $Me(OH)_n$能在低于 $Zn(OH)_2$开始沉淀的 pH 值下沉淀下来。有关金属的 Me-H_2O 系电位-pH 值图见图 5-7。

Cd-H_2O 系电位-pH 值图与 Zn-H_2O 系类似。在 25℃，离子浓度为 0.00445mol/L 时，$a_{Cd^{2+}}$为 0.00212，pH_{298}值为 7.15，于是 Cd^{2+}与 $Cd(OH)_2$两区域的分界线，即溶解度直线

的 pH 值应为 pH_{298}=7.15−1/2lg0.00212 =8.49。当温度为 343K 时，pH_{343}值为 7.49，这说明 Cd^{2+}在浸出液中是不能采用中和法将镉沉淀除去的，否则锌也将沉淀。

与镉一样，假设工业溶液含铜为 300mg/L 时，Cu^{2+}和 $Cu(OH)_2$的分界线，即溶解度直线在 Cu-H_2O 系电位 - pH 值图上的位置应该在 pH_{298}= 5.9 处。在锌焙砂中性浸出控制终点 pH 值为 5 左右，只有溶液中的铜含量大大高于 300mg/L 时，才能用中和法从溶液中分离出部分铜。例如有一个工厂酸性浸出液中的铜含量高达 1800mg/L，将这种溶液返回中性浸出，pH 值升到 5.6 时，中性浸出液中的铜含量便降到 400mg/L，这说明一部分铜已沉淀进入渣中。

图 5-7 中也画出了 Fe-H_2O 系电位-pH 值图。在实际溶液中铁离子的活度也低于 10^{-6}。将 Fe-H_2O 系电位-pH 值图划分为 Fe^{2+}、Fe^{3+}、$Fe(OH)_2$、$Fe(OH)_3$几个区域。而铁在浸出液中有低价态即 Fe^{2+}存在，Fe^{2+}与 $Fe(OH)_2$的分界线在 pH 值为 6.6~9.15 处。所以在锌焙砂浸出时控制 pH 值为 5 左右，不能将溶液中的 Fe^{2+}沉淀除去，只有将其氧化成高价铁 Fe^{3+}后才能除去，因为在一般中性浸出液的铁离子浓度范围内，Fe^{3+}离子开始沉淀的 pH 值为 1.8~4.8，这个 pH 值低于 $Zn(OH)_2$开始沉淀的 pH 值，所以湿法炼锌可以采用中和法将溶液中的 Fe^{3+}沉淀下来。

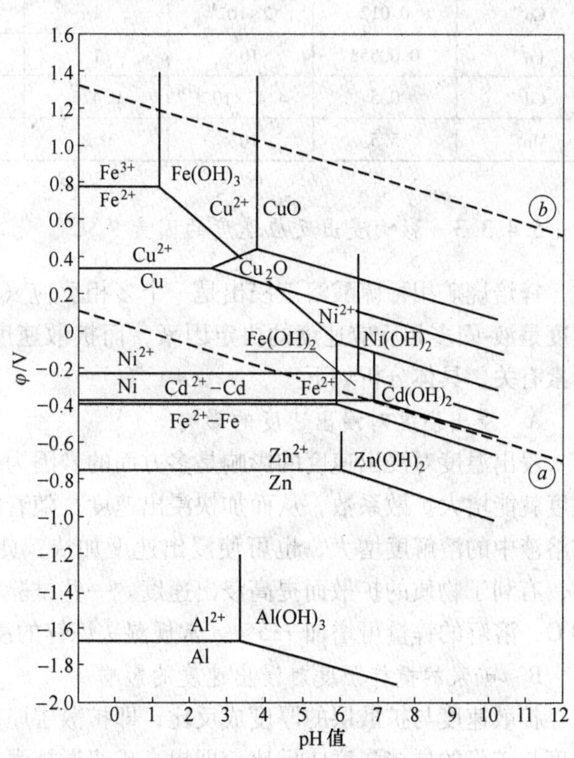

图 5-7　Me-H_2O 系电位-pH 值图

当 $a_{Co^{2+}}=2\times10^{-4}$ mol/L 时，Co^{2+}和 $Co(OH)_2$的稳定区域分界线是在 pH =8.15 处，所以用中和法是不能从这种溶液中将钴沉淀出来的。如果加入氧化剂使溶液的电势升高，例如达到 0.95V，那么溶液中的 Co^{2+}便可以氧化成 Co^{3+}，然后 Co^{3+}以 $Co(OH)_3$的形态沉淀出来。在此电势值下，Co^{3+}开始沉淀的 pH 值为 6.6。所以在中性浸出条件下钴不会沉淀，不能从溶液中分离出来，镍也是如此。

综上所述，在锌焙砂浸出过程中，溶解进入溶液的上述杂质都有可能通过调节溶液 pH 值采用中和水解法使其沉淀下来，但是当 pH 值升高到 5 以上时，锌也会开始沉淀，从而达不到锌与杂质分离的目的，所以目前各湿法炼锌厂的中性浸出过程都控制 pH 值在 4.8~5.4 之间。在这样的 pH 值条件下，进入溶液中的 Cu^{2+}、Co^{2+}、Ni^{2+}、Cd^{2+}、Fe^{2+}等杂质便不能通过中和水解完全沉淀下来，只有 Fe^{3+}可以完全沉淀。生产实践还表明，在锌焙砂进行中性浸出沉铁时，溶液中的砷和锑可以与铁共同沉淀进入渣中。工业硫酸锌水溶液中各种金属离子平衡 pH 值见表 5-3。

表 5-3 在工业硫酸锌水溶液中各种金属离子的平衡 pH 值（温度为 298K 和 343K）

金属离子 Me^{Z+}	金属离子质量浓度/g·L^{-1}	金属离子浓度/mol·L^{-1}	离子活度系数(f_1)	$\lg a_i$	298K 时的平衡 pH 值	343K 时的平衡 pH 值
Fe^{3+}-FeOOH	0.00558	10^{-5}	1	−5	1.351	0.86
Fe^{3+}-$Fe(OH)_3$	0.00558	10^{-5}	1	−5	3.284	2.657
Cu^{2+}	0.3	4.72×10^{-3}	0.53	−2.6	5.9	5.18
Zn^{2+}	130.8	2.0	0.038	−1.112	6.41	5.476
Ni^{2+}	0.005	8.52×10^{-5}	1	−4.07	8.125	6.995
Co^{2+}	0.012	2×10^{-4}	1	−3.7	8.15	7.13
Fe^{2+}	0.00558	10^{-5}	1	−5	9.15	8.10
Cd^{2+}	0.5	4.45×10^{-3}	0.476	−2.674	8.49	7.49
Mn^{2+}	5.5	10^{-1}	0.2	−1.7	8.505	7.4

5.4.3.3 影响浸出反应速度的因素

锌焙烧矿用稀硫酸溶液浸出是一个多相反应（液-固）过程。一般认为，物质的扩散速度是液-固多相反应速度的决定因素，而扩散速度又与扩散系数、扩散层厚度等一系列因素有关，具体分析如下。

A 浸出温度对浸出速度的影响

浸出温度对浸出速度的影响是多方面的。因为扩散系数与浸出温度成正比，提高浸出温度就能增大扩散系数，从而加快浸出速度；随着浸出温度的升高，固体颗粒中可溶物质在溶液中的溶解度增大，也可使浸出速度加快；此外提高浸出温度可以降低浸出液的黏度，有利于物质的扩散而提高浸出速度。一些试验说明，锌焙烧矿浸出温度由40℃升高到80℃，溶解的锌量可增加7.5%。常规湿法炼锌的浸出温度为60~80℃。

B 矿浆的搅拌强度对浸出速度的影响

扩散速度与扩散层的厚度成反比，即扩散层厚度减薄，就能加快浸出速度。扩散层的厚度与矿浆的搅拌强度成反比，即提高矿浆搅拌强度，可以使扩散层的厚度减薄，从而加快浸出速度。应当指出，虽然加大矿浆的搅拌强度，能使扩散层减薄，但不能用无限加大矿浆搅拌强度来完全消除扩散层。这是因为，当增大搅拌强度而使整个流体达到极大的湍流时，固体表面层的液体相对运动仍处于层流状态，扩散层饱和溶液与固体颗粒之间存在着一定的附着力，强烈搅拌，也不能完全消除这种附着力，因而也就不能完全消除扩散层。所以过分地加大搅拌强度，只能无谓地增加能耗。

C 酸浓度对浸出速度的影响

浸出液中硫酸的浓度愈大，浸出速度愈大，金属回收率愈高。但在常规浸出流程中硫酸浓度不能过高，因为这会引起铁等杂质大量进入浸出液，进而会给矿浆的澄清与过滤带来困难，降低$ZnSO_4$溶液质量，影响湿法炼锌的技术经济指标；此外，还会腐蚀设备，引起结晶析出，堵塞管道。

D 焙烧矿本身性质对浸出速度的影响

焙烧矿中的锌含量愈高，可溶锌量愈高，浸出速度愈大，浸出率愈高。焙烧矿中

SiO_2的可溶率愈高，则浸出速度愈低。焙烧矿粒的表面积愈大（包括粒度小、孔隙度大、表面粗糙等），浸出速度愈快。但是粒度也不能过细，因为这会导致浸出后液固分离困难，且也不利于浸出，一般粒度以0.15~0.2mm为宜。为了使焙烧矿与浸出液（电解废液和酸性浸出液）良好接触，先要进行浆化，然后进行球磨与分级。实际上，浸出过程在此开始，大部分的锌在这一阶段就已溶解。

E 矿浆的黏度对浸出速度的影响

扩散系数与矿浆的黏度成反比，这主要是因为黏度的增加会妨碍反应物和生成物分子或离子的扩散。影响矿浆黏度的因素除温度、焙砂的化学组成和粒度外，还有浸出时矿浆的液固比。矿浆液固比愈大，其黏度就愈小。

综上所述，影响浸出速度的因素很多，而且它们之间，又互相联系、互相制约，不能只强调某一因素而忽视另一因素。要获得适当的浸出速度，必须从生产实际出发，全面分析各种影响因素，并经过反复试验，从技术上和经济上进行比较，然后选择最佳的控制条件。

5.4.3.4 常规浸出的一般操作及技术条件

A 常规法浸出流程

湿法炼锌常规浸出工艺是采用一段中性浸出、一段酸性浸出、浸出渣经过一个火法冶金过程使锌还原挥发出来，变成氧化锌再进行湿法处理，其原则工艺流程见图5-1。

B 浸出过程的技术条件控制

为确保浸出矿浆的质量和提高锌的浸出率，一般来说，浸出过程技术条件控制主要有3个方面：中性浸出终点控制、浸出过程平衡控制和浸出技术条件控制。

中性浸出控制终点pH值为4.8~5.4，使三价铁呈$Fe(OH)_3$水解沉淀，并与砷、锑、锗等杂质一起凝聚沉降，从而达到矿浆沉降速度快、溶液净化程度高的目的。过去浸出终点pH值控制是通过操作人员用试纸或pH值计测定，然后调整浸出过程的加酸量来达到控制终点pH值的目的。随着自动化水平的提高，浸出过程终点pH的控制可以通过pH值自动控制系统来实现。浸出过程的各个浸出槽出口的pH值设定后，自动控制系统可自动调整酸的加入量，使终点pH值达标。

湿法炼锌的溶液是闭路循环，故保持系统中溶液的体积、投入的金属量及矿浆澄清浓缩后的浓泥体积一定，即通常说的保持液体体积平衡、金属含量平衡和渣平衡是浸出过程的基本内容。湿法炼锌溶液的总体积，一方面因水分蒸发、渣带走水以及跑、冒、滴、漏损失等原因会随过程进行不断减少，另一方面又由于贫镉液、洗渣、洗滤布、洗设备等收集的低酸、低锌废水，给系统带进许多新水，二者必须保持平衡，即保持系统中溶液体积不变，否则有可能因带入的水过多，系统的溶液量增加，致使溶液无法周转，打乱生产过程，导致生产技术条件失控。如果带入的水不足，则系统溶液体积减少，同样会使正常溶液周转受到影响，影响正常生产技术条件控制。同时溶液体积减少相当于系统溶液浓缩，将导致溶液锌含量升高，如果偏离允许范围，将直接影响浸出以及后续净化及电解工序。

实践中，夏天气温高，溶液体积容易减小；冬天蒸发量少，且蒸汽直接加热的冷凝水增加等原因，溶液的体积容易膨胀，故为了保持溶液体积平衡，必须严格控制各种洗水量，因时、因地保持水量平衡。

浸出过程的金属量平衡是指浸出过程投入的焙砂经浸出后进入溶液的金属量与锌电解过程析出的金属量保持平衡。如投入的金属量与析出的锌量不平衡，将导致电解产出的废液量不平衡，影响正常生产。

渣平衡是指焙砂经两段浸出后所产出的渣量，与从系统通过过滤设备排出的渣量的平衡。如果浸出产出的渣不能及时从系统中排走，浓缩槽中浓泥体积增大，不仅影响上清液的质量，也直接影响到下一工序生产的进行，无法保持浸出过程连续稳定进行。浓泥体积的变化往往是造成上述恶性循环的起因，如酸性浓泥体积大，澄清困难，使酸性上清液含固体量升高，当返回一次中性浸出时，又增加了一次浸出矿浆的固体量，从而减小了一次浸出矿浆的液固比，使一次浸出矿浆澄清困难，结果是中性上清液中悬浮物大量增加，净液工序的压滤负担加重，甚至无法完成净液作业。

浸出过程的好坏与选用的技术条件密切相关。实践表明，只有正确选用操作技术条件，严格操作，精心控制，方能取得好的浸出效果。

常规法浸出一般控制的浸出工艺条件如下：

（1）中性浸出的技术条件：

浸出温度　60~75℃

浸出液固比（浸出液量与料量的质量比）（10~15）：1

浸出始酸浓度　30~40g/L

浸出终点 pH 值　4.8~5.4

浸出时间　1.5~2.5h

（2）酸性浸出的技术条件：

浸出温度　70~80℃

浸出液固比（浸出液量与料量的质量比）（7~9）：1

浸出始酸浓度　25~45g/L

浸出终点 pH 值　2.5~3.5

浸出时间　2~3h

由于原料和酸同时加入，故按浸出矿浆最后从浸出槽出口终酸的 pH 值控制始酸。浸出过程的产物为矿浆，是硫酸锌溶液和不溶残渣的悬浊液，为了满足下一工序的要求，矿浆必须进行液固分离。湿法炼锌的浸出矿浆液固分离通常采用重力沉降浓缩和过滤两种方法。一段中性浸出矿浆经中性浓缩液固分离后，中性上清液送净化，中性浓缩底流送酸性浸出。

中性上清液的一般成分（g/L）如下：

Zn 150~170；Ni 0.008~0.01；Sb 0.0003~0.0005；As 0.00024~0.00048；Cd 0.6~1；Co 0.01~0.02；Cu 0.2~0.4；Ge 0.0005~0.0008；Fe 0.02~0.03。

二段酸性浸出矿浆经酸性浓缩液固分离后，酸性上清液返回中性浸出，酸性底流经过过滤、干燥后送回转窑火法处理，使锌还原挥发变成氧化锌。

C　浸出的主要技术经济指标

（1）锌浸出率。浸出率是焙烧矿经两段浸出后，进入溶液中的锌量与焙烧矿中总锌量之比。当焙烧矿锌含量为 50%~55%、可溶锌率为 90%~92%时，锌浸出率 80%~87%。在设计时，连续浸出可取 80%~82%，间断浸出可取 86%~87%。

(2) 浸出渣率。浸出渣率是焙烧矿经浸出、过滤、干燥后的干渣量与焙烧矿量的百分比。当焙烧矿含锌为50%~55%时，其相应的浸出渣率为50%~55%。近几年来各厂渣率一般约为52%。

(3) 渣含锌。各厂渣含锌波动于下列范围：全锌18%~22%；酸溶锌2.5%~7%；水溶锌0.5%~5.5%。

D 浸出矿浆的液固分离

浸出所得矿浆需经液固分离，才能分别送往下一工序处理。一次浸出矿浆经浓缩，所得上清液送净化，底流送二次浸出；二次浸出矿浆先经浓缩，所得上清液返回一次浸出，底液送去过滤。矿浆的浓缩在浓缩槽（亦称浓密机）内进行。浸出矿浆的浓缩效率取决于固体粒子的沉降速度，其沉降速度公式如下：

$$v_{降} = d^2(\rho_1 - \rho_2)/(18\mu)$$

式中 $v_{降}$——固体粒子沉降速度，m/s；

d——固体粒子的直径，m；

ρ_1，ρ_2——固体粒子和液体介质的密度，kg/m^3；

μ——介质的黏度，Pa·s（$1Pa \cdot s = 1.02 \times 10^{-6} kg \cdot s/m^2$）。

由该式可以看出，矿浆中固体粒子的沉降速度与微粒的大小、密度及液体的黏度有关。此式适用于粒度为0.05~0.1μm，雷诺数小于1的矿浆。

在实际生产过程中情况比较复杂，因此影响浓缩的因素很多，主要有：

(1) 矿浆的pH值。中性浸出矿浆的pH值控制在4.8~5.4之间，因为此条件最有利于细微胶质氢氧化铁和硅胶粒子的凝聚长大，所以澄清快，浓缩效果好。

(2) 焙烧矿的粒度。固体粒子沉降速度与其粒度成正比，粒度越大，沉降越快，故浓缩效果越好。但粒度太大，易堵塞浓缩槽和损坏扒动设备；反之，粒度越小，沉降越慢，浓缩效率就越差。

(3) 固体与液体的密度差。固体与液体的密度差越大，固体粒子的沉降速度越快，浓缩效率越高。

(4) 矿浆的温度。一般锌焙烧矿中性浸出矿浆浓缩温度以55~60℃为宜；酸性浸出矿浆浓缩温度以60~70℃为宜。温度升高，矿浆黏度减小，固体粒子的沉降速度加大。

(5) 矿浆的液固比。矿浆的液固比越大，则矿浆的黏度就越小，就越有利于固体的沉降，浓缩效果也越好。

(6) 溶液中胶体氢氧化铁和二氧化硅的含量。当溶液中氢氧化铁和硅酸含量增大时，矿浆的黏度就升高，从而使固体物料的沉降困难，恶化浓缩过程，所以应严加控制。遇此情况可用提高矿浆温度和增大液固比的办法，降低其黏度，利于固体粒子的沉降。

(7) 浸出时间。当浸出时间较短时，则残存的固体粒子较大，其沉降速度较快；相反，则固体粒子较细，甚至将已凝聚的大颗粒击碎，而使浓缩发生困难。

(8) 3号凝聚剂的加入量。3号凝聚剂一般只在中性浓缩槽中加入，其用量为$(20 \sim 30) \times 10^{-6}$。凝聚剂的加入可使微小的悬浮颗粒凝聚成较大的粒子，因而加快沉降速度，浓缩机能力提高1.5~2倍。

二次浸出矿浆经浓缩后得到的底流，仍是含有很多硫酸锌溶液的浓泥，为了尽可能地回收其中的锌，必须将底流过滤，进一步进行液固分离。过滤就是将浓缩后所得底流装在有过滤介质的过滤机中，在一定压力差的作用下，使溶液通过过滤介质，而固体（浸出渣）则截留在过滤介质上，以达到液固分离的目的。过滤机的生产能力取决于过滤速度，影响过滤速度的因素有：

（1）滤渣的性质。当浓泥中含胶状物质如氢氧化铁、硅酸过多和渣粒过细时，将使浓泥的黏度增高，且细小的胶状微粒在过滤时会堵塞过滤介质的毛细孔道；当浓泥中含硫酸锌、硫酸钙、硫酸镁等硫酸盐过多时，同样会使浓泥的黏度增高，且在过滤时它们易生成细小结晶而堵塞过滤介质的毛细孔道，这些都使过滤困难，降低过滤速度。

（2）滤饼的厚度。过滤时随着过滤时间的延长，滤饼厚度增加，被过滤的浓泥中的溶液通过过滤介质的阻力增大，而使过滤速度降低。同时，还可能由于滤饼过厚而将滤布损坏。根据某厂实践，滤饼的合理厚度以25~35mm为宜。

（3）过滤温度。温度对过滤速度有很大影响，归纳起来有如下几点：过滤温度高，浓泥的流动性好，过滤速度快；提高过滤温度，可以消除滤饼和滤布的毛细孔道内形成的小气泡，从而加快过滤速度；提高过滤温度，有利于滤液中悬浮固体微粒凝聚长大，使过滤速度加快。

因此，在生产实践中应控制较高的过滤温度，一般为70~80℃，有时达90℃。

5.5 铁酸锌的溶解与中性浸出过程的沉铁反应

5.5.1 铁酸锌的溶解

锌焙砂经过常规法工艺的中性与酸性浸出以后，得到的浸出渣仍含锌高，一般为20%~22%。当处理含铁高的精矿时，渣含锌还会更高。这种浸出渣处理在20世纪70年代以前都是经过一个火法冶金过程将锌还原挥发出来，变成氧化锌粉再进行湿法处理。这样使湿法炼锌厂的生产流程复杂化，且火法过程的燃料、还原剂和耐火材料消耗很大，生产成本高。

为了解决浸出渣的处理问题，必须清楚地了解渣中锌是以什么形态存在的。下面是几个厂浸出渣中锌的物相结果，以占渣中总锌的百分数列于表5-4中。

表5-4 锌在浸出渣中按不同形态分配的百分比和总锌量 （%）

序号	$ZnO \cdot Fe_2O_3$	ZnS	$ZnSiO_3$	ZnO	$ZnSO_4$	$Zn_{总}$
1	61.2	15.8	2.2	2.7	18.1	100(22.2)
2	94.9		1.8	2.2	1.1	100(20.4)
3	80.2	10.7		1.6	7.5	100(18.7)

从表5-4所列数字可以看出，铁酸锌中的锌量占渣中总锌量的60%以上。这说明，在一般的湿法炼锌浸出过程中，铁酸锌将不溶解而进入渣中。如能提高焙砂质量，则可降低渣中硫化锌的含量；加强渣的洗涤则可降低渣中硫酸锌的含量，这样渣中铁酸锌所占的锌量将会提高到99%以上，所以，要想简化原有湿法炼锌流程，取消浸出渣火法处理及ZnO粉的浸出过程，必须研究 $ZnO \cdot Fe_2O_3$ 在浸出时的溶解条件。

根据相关热力学数据，可画出铁酸锌-H_2O 系电势-pH 值图（见图5-8）。

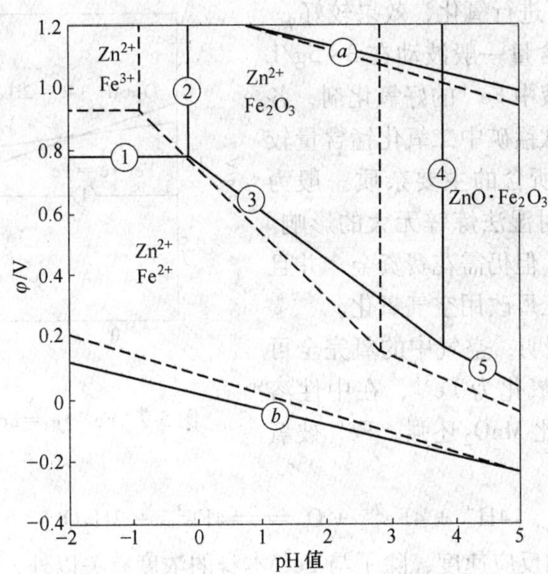

图 5-8　$ZnO \cdot Fe_2O_3$-H_2O 系电位-pH 值图

（$a_{Zn^{2+}}=a_{Fe^{3+}}=a_{Fe^{2+}}=1$，实线 $T=298K$，虚线 $T=373K$）

从图 5-8 可知：

（1）随着温度的升高（从 298K 升至 373K），$ZnO \cdot Fe_2O_3$-Zn^{2+}平衡线④向左方（酸度升高方向）移动，表明 $ZnO \cdot Fe_2O_3$的稳定区增大，即酸浸难度增大；欲提高浸出温度，势必提高浸出液酸度，才能取得好的浸出效果。

（2）$ZnO \cdot Fe_2O_3$的浸出分两段进行，首先在低酸下按反应 $ZnO \cdot Fe_2O_3+2H^+ = Zn^{2+}+H_2O+Fe_2O_3$溶出 Zn^{2+}，随后在高酸下按反应 $Fe_2O_3+6H^+ = 2Fe^{3+}+3H_2O$ 溶出 Fe^{3+}，即锌比铁优先溶解。从浸出动力学来看，$ZnO \cdot Fe_2O_3$属于难以分解的铁氧体。

锌焙砂中铁酸锌呈球状，其表面积在热酸浸出过程中是变化的，过程会呈现“缩核模型”动力学特征，即 $ZnO \cdot Fe_2O_3$的酸溶速率与表面积成正比。

从以上对 $ZnO \cdot Fe_2O_3$酸溶的理论分析可以得出结论：对于难溶球状 $ZnO \cdot Fe_2O_3$的溶出，要求有近沸腾温度（95~100℃）和高酸（终酸 40~60g/L）的浸出条件以及较长的时间（3~4h），锌浸出率才能达到99%。

5.5.2　中性浸出过程的沉铁反应

前已述及，在中性浸出时只有将溶液中的 Fe^{2+}氧化成 Fe^{3+}，才能在终点 pH 值为 5 左右时 Fe^{3+}以 $Fe(OH)_3$的形式从溶液中完全沉淀下来。为使溶液中 Fe^{2+}氧化为 Fe^{3+}，必须将溶液的电势值提高到 0.8 以上。在生产中提高电势所采用的氧化剂有软锰矿（MnO_2）或鼓入的空气。

为了说明 MnO_2与空气中 O_2对 Fe^{2+}的氧化作用，可将其氧化还原反应的电位-pH 值关系绘在 Fe-H_2O 系电位-pH 值图（见图 5-9）上。

从图 5-9 可以看出，溶液的 pH 值愈小，②、③线所表示的氧化电势愈高，即 Fe^{2+}被氧化为 Fe^{3+}的趋势愈大，所以在用 MnO_2作氧化剂时，宜在酸性溶液中进行。在浸出液含酸 10~20g/L 的条件下进行氧化，效果较好。

锌电解液中锰的含量一般波动在 3~5g/L 之间。软锰矿是锌溶液中 Fe^{2+} 的好氧化剂，各个工厂都乐于采用。软锰矿中二氧化锰含量较高，可达 60% 以上，所含的主要杂质一般为氧化铁和二氧化硅，对湿法炼锌无大的影响。虽然软锰矿价格不高，但仍需花费资金，并且要增加渣量，故有的工厂改用空气氧化。

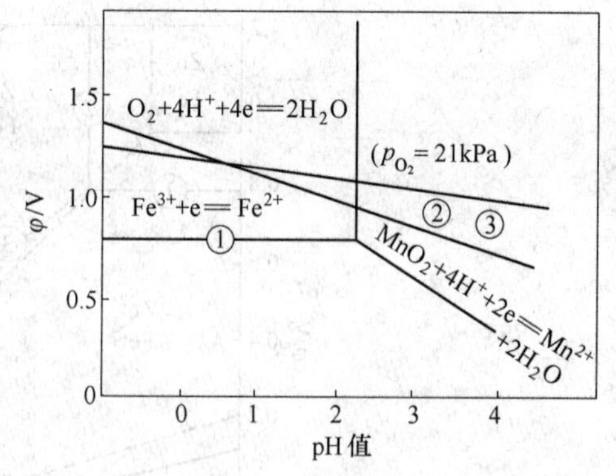

图 5-9 $Fe^{3+}+e = Fe^{2+}$ 系电位-pH 值图

图 5-9 中的③线表明，空气中的氧完全可以使溶液中的 Fe^{2+} 被氧化为 Fe^{3+}，在中性溶液中空气的氧化能力比 MnO_2 还强。Fe^{2+} 被氧化的反应式可写为：

$$4H^+ + 4Fe^{2+} + O_2 = 4Fe^{3+} + 2H_2O$$

Fe^{2+} 氧化为 Fe^{3+} 的反应速度，除了与 Fe^{2+} 本身的浓度有关以外，还与溶解于溶液中的氧浓度及溶液酸度有关。在温度为 20~80℃、pH 值为 0~2 的范围内，溶液中 $[O_2]$ 愈大，Fe^{2+} 的氧化反应速度便愈大。所以实际生产中为了提高 $[O_2]$，应将空气喷射入溶液，使之高度分散，产生极细小的气泡。也有工厂采用富氧鼓风。

当溶液的酸度愈低，即 pH 值愈大时，Fe^{2+} 的氧化速度增大。当 pH 值小于 2 时，溶液中的 Fe^{2+} 几乎不被空气中的 O_2 氧化。所以，在用空气氧化 Fe^{2+} 的过程中，需加入焙砂进行预中和，以提高溶液的 pH 值。

根据试验研究，在用空气进行氧化时，Cu^{2+} 的存在有利于反应加速进行。有人曾测定过铁和铜的氧化电势随 pH 值变化的情况。当 pH 值大于 2.5 时，溶液中的 Cu^{2+} 可以直接氧化 Fe^{2+}。

用中和法沉淀铁时，溶液中的 As 与 Sb、Ge 可以与铁共同沉淀，所以在生产实践中溶液中的 As、Sb、Ge 的含量比较高时，为了使它们能完全沉淀，必须保证溶液中有足够的铁离子浓度。溶液中的铁含量应为 As+Sb 总量的 10 倍以上，当 Sb 含量高时要求更高。在 As 与 Sb 含量高的情况下，溶液中铁含量不够时，应在配制中性浸出料液时加入 $FeSO_4$ 或 $Fe_2(SO_4)_3$，但铁的总浓度不应超过 1g/L，否则会使中性浸出矿浆的澄清性质变差。

氢氧化铁除砷、锑的作用可以简述如下：氢氧化铁是一种胶体，胶体微粒带有电性相同的电荷，所以相互排斥而不易沉降，在不同的酸度下因吸附的离子不同，所带的电荷亦不相同。在溶液 pH 值小于 5.2 时，$Fe(OH)_3$ 胶粒带正电；在 pH 大于 5.2 时它带负电，定位离子为 OH^-，其等电点在 pH 值为 5.2 附近。pH 小于 5.2 时，$Fe(OH)_3$ 胶粒带正电；AsO_4^{3-}、SbO_4^{3-} 将成为其反离子。一般来说，溶液中各种负离子都可以成为“反离子”从而被胶核所吸引，其中一部分可以进入胶团内一起运动。在工业浸出液中，可成为反离子的物质很多，如 SO_4^{2-}、OH^-、SbO_4^{3-}、SiO_4^{2-}、GeO_4^{2-} 等，但它们进入胶团吸附层的数量将取决于这些离子的浓度和电荷的大小。浓度大、电荷高的离子更易进入吸附层，浓度和电荷相比电荷作用更大。因此进入氢氧化铁胶粒吸附层的负离子主要是 AsO_4^{3-}、SbO_4^{3-}、SO_4^{2-}，也会有少量的 SiO_4^{2-} 和 OH^-。

砷、锑只有在溶液酸度很高的情况下方能以阳离子 As^{5+}、Sb^{5+} 的形式存在。对于中性浸出，终点 pH 值控制在 5.2 以上的溶液，砷、锑将主要以配位离子 AsO_4^{3-}，SbO_4^{3-} 形式存在，金属砷、锑离子将是极少的。尽管溶液中 AsO_4^{3-}、SbO_4^{3-} 的浓度较 SO_4^{2-} 低得多，但它们在荷电方面却占有极大优势，故可以被氢氧化铁胶核吸附在表面层中。

5.6 从含铁高的浸出液中沉铁

浸出渣采用热酸浸出，可使以铁酸锌形态存在的锌的浸出率达 90%以上，显著提高了金属的提取率，但大量铁、砷等杂质也会转入溶液，使浸出液中的铁含量高达 30g/L 以上。对于这种含铁高的浸出液，若采用中性浸出过程所采用的中和水解法除铁，则会因产生大量的 $Fe(OH)_3$ 胶状沉淀物而使中性浸出矿浆难以沉降、过滤和渣洗涤，甚至导致生产过程由于液固分离困难而无法进行。为了从含铁高的溶液中沉铁，自 20 世纪 60 年代末以来，先后在工业上应用的沉铁方法有黄钾铁矾法、转化法、针铁矿法、赤铁矿法。这些方法与传统的水解法比较，其优点是铁的沉淀结晶好，易于沉降、过滤和洗涤。目前国内外采用黄钾铁矾法的最多，其他方法只有少数工厂采用。

从高浓度 $Fe_2(SO_4)_3$ 溶液中沉铁的方法取决于 Fe_2O_3-SO_3-H_2O 系状态图（图 5-10）。

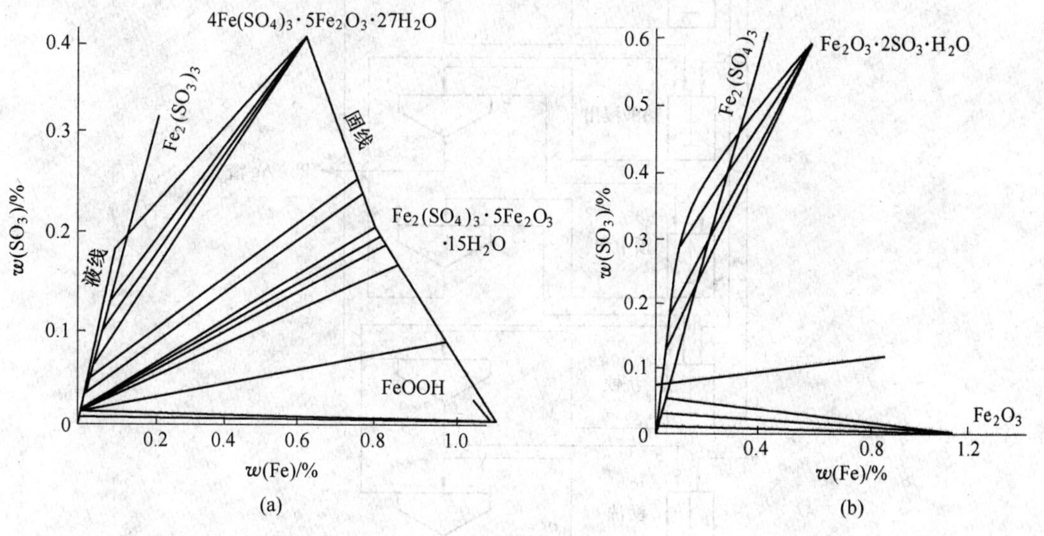

图 5-10 Fe_2O_3-SO_3-H_2O 系平衡状态图

（a）100℃；（b）150℃

根据在 75~200℃下 Fe 和 H_2SO_4 的浓度小于 100g/L 时所作的 Fe_2O_3-SO_3-H_2O 系平衡状态图可知，在高价铁溶液内，相应的 $Fe_2(SO_4)_3$ 浓度可能形成一些不同组分的化合物。在非常稀的溶液中（Fe^{3+}）形成 α-FeOOH（针铁矿），在较浓的溶液中[$\rho(Fe^{3+})>20g/L$]形成 $H_3O[Fe_3(SO_4)_2(OH)_6]$（水合氢黄铁矾），在 175~200℃高温下随着溶液中硫酸铁浓度的变化而生成不同的铁的化合物。三价铁浓度低时形成 Fe_2O_3(赤铁矿)，三价铁浓度高时形成 $Fe_2O_3 \cdot SO_3 \cdot H_2O$ 或 $FeSO_4OH$（铁的羟基硫酸盐）。温度由 100℃升高到 200℃，可使铁在高酸性介质中沉出。

因此从高 Fe^{3+} 含量溶液中沉铁，当采用针铁矿（α-FeOOH）法和赤铁矿（Fe_2O_3）法时，有一个共同特点，就是必须大大降低高铁溶液中 Fe^{3+} 的含量，也就是要预先将 Fe^{3+} 还原成 Fe^{2+}，随后 Fe^{2+} 用空气氧化析出针铁矿或赤铁矿。在生产实践中可采用硫化物（如 ZnS 和 SO_2）将 Fe^{3+} 进行还原。因为此类还原剂本身被氧化后，不会给生产过程带入新的杂质，其中硫化锌被浸出而进入溶液，其反应为：

$$Fe_2(SO_4)_3 + ZnS = 2FeSO_4 + ZnSO_4 + S$$

5.6.1　黄钾铁矾法

黄钾铁矾法的典型生产工艺流程如图 5-11 所示。为了溶解中浸渣中的 $ZnO \cdot Fe_2O_3$，将中浸渣加入到起始 H_2SO_4 浓度大于 100g/L 的溶液中，在 85～95℃下经几小时浸出。浸出后的热酸液 H_2SO_4 浓度大于 20～25g/L，通过加焙砂调整 pH 值为 1.1～1.5，再将生成黄钾铁矾所必需的一价阳离子（如 NH_4^+、Na^+、K^+）加入，在 90～100℃下迅速生成铁矾沉淀，而残留在锌溶液中的铁仅为 1～3g/L。

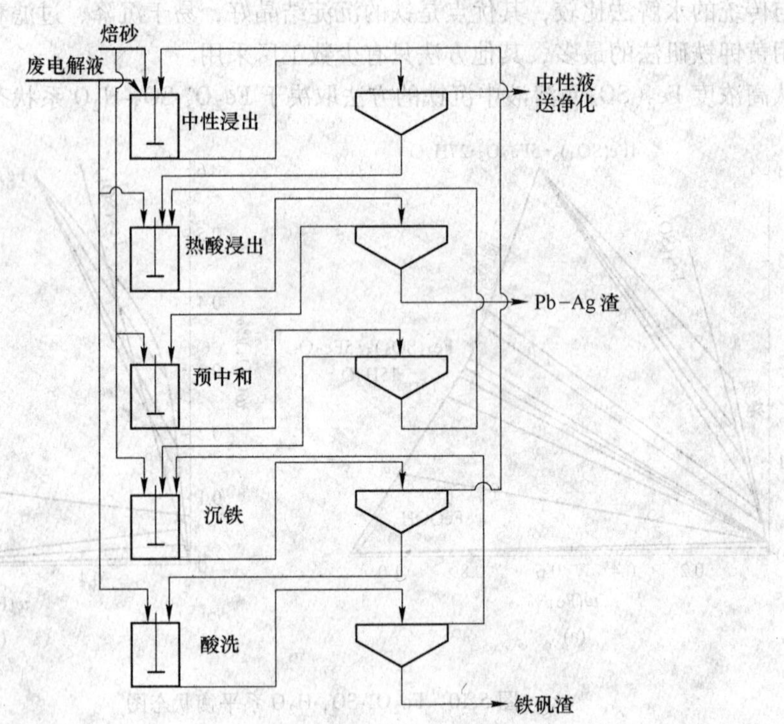

图 5-11　黄钾铁矾法传统工艺流程

铁矾的组成一般包含有+1 价和+3 价两种阳离子，其中+3 价离子是要除去的 Fe^{3+} 离子，而+1 价阳离子（A^+）可以是 K^+、Na^+、NH_4^+等，因此其化学通式为 $AFe_3(SO_4)_2(OH)_6$。在湿法炼锌生产上，考虑含 K^+的试剂太昂贵，常以 NH_4^+或 Na^+作沉铁试剂，其主要沉铁反应为：

$$3Fe_2(SO_4)_3 + 10H_2O + 2NH_3 \cdot H_2O = (NH_4)_2Fe_6(SO_4)_4(OH)_{12}\downarrow(\text{铵铁矾}) + 5H_2SO_4$$

$$3Fe_2(SO_4)_3 + 12H_2O + Na_2SO_4 = Na_2Fe_6(SO_4)_4(OH)_{12}\downarrow(\text{钠铁矾}) + 6H_2SO_4$$

沉铁后溶液中铁的浓度随温度升高而升高，随A离子的增加和酸度的减小而降低。在铁矾化合物形成的同时产生一定的酸，常用焙砂来中和。中和时焙砂溶解的铁同样也会发生上述反应而沉淀，但焙砂中的铁酸锌不溶解而留在铁矾渣中。因此，黄钾铁矾法要达到高的锌浸出率和沉铁率，生产流程就比较复杂，它包括五个主要过程（见图5-11），即中性浸出、热酸浸出、预中和、沉铁和酸洗。

在一般的黄钾铁矾法中，由于热酸浸出液的含酸量很高，加之在沉矾过程中发生如下反应：

$$2NH_3 \cdot H_2O + 3Fe_2(SO_4)_3 + 10H_2O \longequal 2NH_4Fe_3(SO_4)_2(OH)_6 + 5H_2SO_4$$

反应产生大量的酸，必须用大量焙砂来中和，以便反应继续进行使 Fe^{3+} 完全沉淀，这样就会造成铁矾渣含锌高，否则大量 Fe^{3+} 将返回中浸，加重中浸负担。高 Fe^{3+}（20~25g/L）高酸（40~60g/L）的热酸浸出液在高温下（90℃）进行预中和时，有大量的 Fe^{3+} 会沉淀下来，会增大热酸浸出及随后过程的流量。只有将温度降至55~70℃中和时，溶液中的 Fe^{3+} 才能稳定存在。同时用［Fe^{3+}］低的中性浸出液来稀释热酸浸出液，也可以避免沉矾过程中溶液酸浓度的迅速升高，从而阻碍沉矾过程的进行，并可减少沉矾过程中焙砂中和剂的用量。

低污染黄钾铁矾法克服了常规铁矾法的若干缺点，可进一步回收黄钾铁矾渣中的一些有价金属。通过调整溶液成分，不需要添加任何中和剂就可沉淀黄钾铁矾。该法所产出的铁矾渣对环境污染也较低，还能用它来生产有用的铁化合物。可能由于溶液中最终酸度较高的缘故，低污染黄钾铁矾法在沉矾工序中除去氟、锑和镓等杂质的效果较差，杂质均集中在预中和工序与中性浸出工序。然而中性浸出工序的给料溶液铁含量较高，因此在中性浸出阶段能保证达到净化要求。低污染黄钾铁矾法与常规铁矾法所产渣的成分比较列于表5-5中。

表5-5 常规铁矾法与低污染黄钾铁矾法渣的成分对比

金属元素	常规铁矾法			低污染黄钾铁矾法		
	铁矾渣成分含量/%	金属回收率/%	入相应渣回收率/%	铁矾渣成分含量/%	金属回收率/%	入相应渣回收率/%
Fe	24			30		
Zn	5	94~97		1.3	98~99	
Cu	0.3		90	0.04		95
Cd	0.05	94~97		0.004	97~98	
Pb	2		75	0.2		>95
Ag	100×10^{-6}		75	18×10^{-6}		93
Au	4×10^{-6}		75			95

黄钾铁矾法的主要优点：

（1）可获得适于电解的硫酸锌溶液，锌、镉、铜的回收率均较高。

（2）过程简单，铁矾是晶体，沉铁后矿浆易于浓缩、过滤、洗涤。按铁矾渣计的过滤速度达到5~10t/($m^2 \cdot d$)，随渣损失的锌低。

（3）铅、银、金富集在二次渣中，适于作炼铅厂的配料和进一步处理回收。

(4) 除铁率可达 90%~95%，且因生成黄钾铁矾沉淀，比生成 $Fe(OH)_3$或 Fe_2O_3时，产生的硫酸要少，故中和剂用量较少。

(5) 铁矾渣带走少量的硫酸根，对 H_2SO_4有积累的电锌厂有利。

(6) 黄钾铁矾渣中只含有少量的 Na^+或 NH_4^+离子，试剂消耗不多。

黄钾铁矾法的缺点是渣量大，需要消耗碱。渣含铁低，随后的处理费用大。按黄钾铁矾法，锌精矿铁含量为 8%，年产 100kt 锌的工厂，每年渣产量约 53kt。

低污染黄钾铁矾法的优点：

(1) 在沉矾过程中不需加中和剂，可沉淀出较纯的铁矾渣，渣含铁较高。

(2) 该铁矾渣中金属的损失少，可改善矾渣对环境的污染，且金属回收率高。

该法的缺点是需将沉铁液稀释，增加沉铁液的处理量，生产率较低。其生产工艺流程见图 5-12。

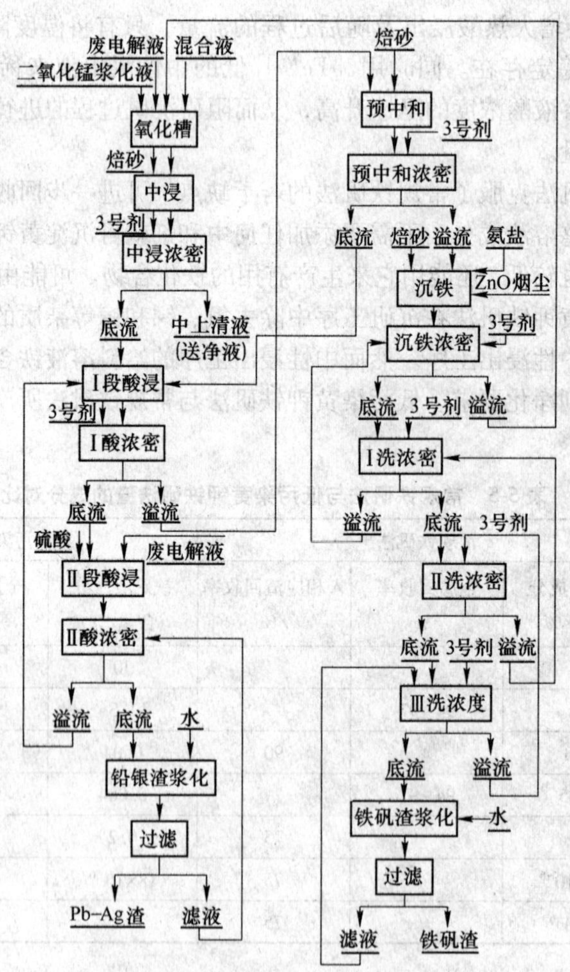

图 5-12 西北冶炼厂热酸浸出-黄钾铁矾法工艺流程

5.6.2 针铁矿法

针铁矿法沉铁的总反应式为：

$$Fe_2(SO_4)_3 + ZnS + 1/2O_2 + 3H_2O = ZnSO_4 + Fe_2O_3 \cdot H_2O + 2H_2SO_4 + S^0$$

式中 $Fe_2O_3 \cdot H_2O$（一般写成 FeOOH）是针铁矿。它是一种很稳定的晶体化合物，其晶格能 $U=13422.88$kJ/mol，比三水氧化铁的晶格能大。25℃在 3mol/L 的 $NaClO_4$溶液中测得其溶解反应平衡常数的对数为 $\lg K=-38.7$，其溶解反应式为 $FeOOH+H_2O = Fe^{3+}+3OH^-$，与反应 $Fe(OH)_3 = Fe^{3+}+3OH^-$ 的 $\lg K=-38$ 比较，两者平衡常数很接近，表明它们的溶解度相差不大。随着酸度的增大，与 FeOOH 固相平衡的 Fe^{3+}浓度也会急剧增大。两相平衡时 Fe^{3+} 的浓度与 pH 值的关系为：$\lg[Fe^{3+}]=3.96-3\text{pH}$，当 pH 值为 2 时，$[Fe^{3+}]=9.12\times10^{-3}$。当 pH 值升高到 2 以上时，溶液中的高价铁离子的平衡浓度是很小的，表明绝大部分铁离子已从溶液中沉淀下来。

针铁矿沉铁有两种实施途径：一是 V·M 法，即把含 Fe^{3+}的浓溶液用过量 15%~20%的锌精矿在 85~90℃下还原成 Fe^{2+}状态（$2Fe^{3+}+ZnS = Zn^{2+}+2Fe^{2+}+S^0$），其还原率达 90%以上，随后在 80~90℃以及相应的 Fe^{2+}状态下中和到 pH 值为 2~3.5 时被氧化（$2Fe^{2+}+1/2O_2+2ZnO+H_2O = 2FeOOH+2Zn^{2+}$）。V·M 法的生产工艺流程如图 5-13 所示，为比利时两家锌厂采用。另一种是 E·Z 法（又称稀释法），即将浓的 Fe^{3+}溶液与中和剂一起加入到加热的沉铁槽中，其加入速度等于针铁矿沉铁速度，故溶液中 Fe^{3+}浓度低，得到的铁渣组成为：$Fe_2O_3 \cdot 0.64H_2O \cdot 0.2SO_3$，为意大利一家锌厂采用。以上两种沉铁法，不论是哪一种，重要的条件是应当控制沉铁时溶液中 Fe^{3+}浓度应小于 1g/L，且溶液 pH 值应控制在 3~3.5 之间。

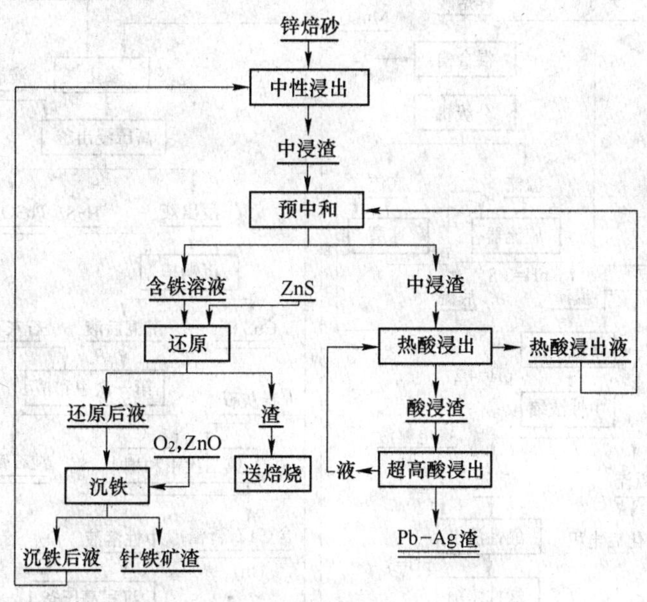

图 5-13 针铁矿法沉铁工艺流程

针铁矿法渣量较黄钾铁矾法少，锌回收率与黄钾铁矾法相近，但铜的回收率不如黄钾铁矾法高。针铁矿法流程中硫酸盐平衡问题未获得很好解决，目前主要靠控制焙烧条件、加入含有生成不溶硫酸盐的原料（如铅）、抽出部分硫酸锌溶液生产化工产品以及用石灰中和电解液等办法维持硫酸平衡。

针铁矿法沉铁的优点是：

（1）铁沉淀完全，溶液最后含 Fe^{3+}。

（2）铁渣为晶体结构，过滤性能良好，过滤速度高达 12t 残渣/(m^2 · d)。

（3）不需要添加碱，沉铁的同时，还可有效地除去 As、Sb、Ge，并可除去溶液中大部分（60%~80%）的氟。

（4）E · Z 法较 V · M 法的优点是高浓度的 Fe^{3+} 溶液不需要进行还原处理。

针铁矿法沉铁的缺点是：

（1）V · M 法工艺需要对铁进行还原-氧化，而 E · Z 法中和酸需要较多的中和剂。

（2）针铁矿渣含有一些水溶性阳离子和阴离子（如 SO_4^{2-} 和 Cl^-），有可能在渣贮存时渗漏而污染环境。

（3）沉铁过程的 pH 值控制要比黄钾铁矾法严格。

5.6.3 赤铁矿法

赤铁矿法沉铁于 1972 年在日本的饭岛炼锌厂投入生产，其工艺流程见图 5-14。20 世纪 80 年代日本帮助德国 Datteln 电锌厂建成了世界上第二个赤铁矿法炼锌厂，该工艺中，中性浸出渣与废电解液在高压 SO_2 下，于温度为 95~100℃ 时进行作用，其结果是 Fe^{3+} 还原成 Fe^{2+} 状态：$2Fe^{3+}+SO_2+2H_2O = 2Fe^{2+}+SO_4^{2-}+4H^+$。在用 H_2S 除铜之后，溶液经过两段

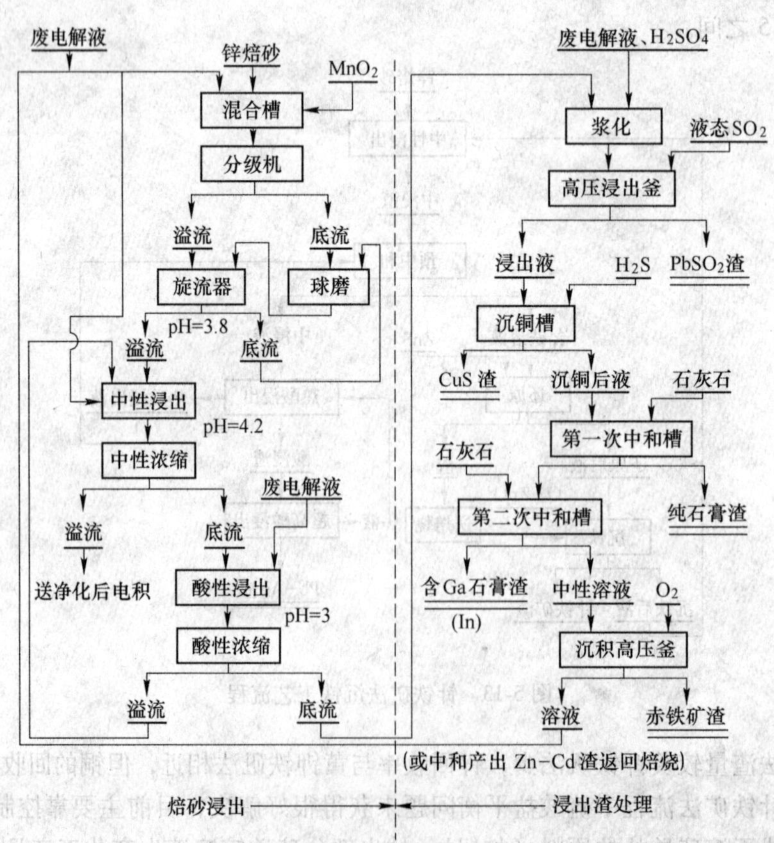

图 5-14 日本饭岛炼锌厂用赤铁矿法处理浸出渣的流程

用石灰中和控制到 pH=4.5，产出石膏可供销售用。由于铁以 $FeSO_4$ 存在，它在中和时保留在溶液中，最后通过加热使温度升到 180~200℃，经 3h 在 1.3~2.0MPa 压力作用下，铁以 α-Fe_2O_3 沉出，其反应式如下：

$$2Fe^{2+} + 1/2O_2 + 2H_2O \longrightarrow Fe_2O_3 \downarrow + 4H^+$$

沉铁后溶液含铁只有 1~2g/L，加上洗涤过程反溶的铁，脱铁后溶液含铁只有 4g/L 左右，沉铁率达到 90%。沉铁过程是在衬钛的高压釜中进行的。

赤铁矿法的优点是：

（1）赤铁矿渣含 0.5%Zn、3%S、58%Fe，经焙烧脱硫后可作炼铁原料。

（2）渣过滤性能好。

（3）原料的综合利用好，能从渣中回收 Ga 和 In。

缺点是：

（1）由于需要昂贵的钛材制造高压设备和附设 SO_2 液化工厂，投资费用高。

（2）需要一个用 SO_2 单独还原铁的阶段。

（3）酸平衡问题用石灰中和解决，石膏渣销售一般比较困难。

上述三种沉铁方法产生的铁渣成分如表 5-6 所示。

表 5-6 湿法炼锌浸出液沉铁所产铁渣的化学成分 （%）

铁渣名称	Zn	Cu	Cd	Fe	Pb
铁矾渣	6.0	0.4	0.05	30	1.4
酸洗后铁矾渣	3.0	0.2	0.02	30	1.5
针铁矿渣	8.50	0.5	0.05	41.35	2.20
赤铁矿渣	0.45	—	0.01	58~60	—
普通浸出渣	18~22	0.5~0.8	0.15~0.2	20~30	6~8

从表 5-6 可以看出，赤铁矿渣含铁最高，经过焙烧脱硫以后，可以提高到 67%。针铁矿渣虽然含铁可达 40%以上，但锌含量仍然很高。铁矾渣虽然含铁低，但含锌也很高，不过与普通浸出渣比较，锌含量大大降低了，但要作为弃渣或作为炼铁原料还存在许多问题，所以目前这种渣暂时堆存待处理。为了减少对环境的污染，可将含 40%水分的黄钾铁矾渣与生石灰混合，以便产生一种水溶金属非常低的物料便于堆存。

5.7 氧化锌粉及含锌烟尘的浸出

5.7.1 氧化锌粉及含锌烟尘的来源与化学成分

铅锌矿物原料大都来源于铅锌共生矿，经过优先浮选也很难达到铅锌完全分离。冶炼厂所处理的铅精矿与锌精矿都是相互掺杂在一起，还有赖于冶金过程进一步分离。如铅精矿冶炼过程，是将精矿中的锌富集在炉渣中，然后用烟化炉处理炉渣，产出的氧化锌便作为湿法炼锌原料。湿法炼锌厂产出的浸出渣以及贫氧化锌矿，许多工厂都是采用回转窑烟化产出氧化锌粉，作为湿法炼锌的原料。

50%左右的金属锌用在钢铁镀锌工业上。当这些镀锌钢铁废件回炉再生时，便会产生一种含锌烟尘。这种烟尘含锌约 20%，经回转窑和其他设备进行烟化富集，产出的氧化锌粉可作为炼锌的原料。有一部分金属锌用在黄铜（Cu-Zn 合金）生产上，当这种黄铜废件再生冶炼回收铜时，锌以氧化锌粉形态回收，也可送湿法炼锌厂作原料。

上述各种氧化锌粉的化学成分列于表 5-7。分析其中的数据可以看出，这种原料的成分复杂，含有害杂质较多，一般将其单独浸出后，得到 $ZnSO_4$ 溶液再泵至焙砂浸出系统。由于氧化锌粉中的 F、Cl 含量较高，浸出时都进入溶液，要从 $ZnSO_4$ 溶液中脱去 F^- 与 Cl^- 是比较困难的，所以在浸出之前需预先处理脱氟、氯。

表 5-7　各种氧化锌粉的化学成分　（质量分数/%）

成分	株洲冶炼厂		会泽铅锌矿	钢铁厂产	铜加工厂产
	铅烟化炉氧化锌	锌回转窑氧化锌	氧化矿烟化炉氧化锌	氧化锌	氧化锌粉
$w(Zn)$	59~61	66.39	53~58	56~60	(ZnO) 75.96
$w(Pb)$	11~12	10.40	16~22	7~10	10.45
$w(F)$	0.9~1.1	0.167	0.11~0.17	—	1.1~2
$w(Cl)$	0.03~0.06	0.126	0.055~0.07	2~4	0.2~0.4
$w(In)$	0.08~0.1	0.064		—	—
$w(Ge)$	0.008	0.0124	0.025~0.032	—	—
$w(Ga)$	0.003	0.0116		—	—
$w(As)$	0.3~0.9	0.423	0.4~0.6	0.01~0.02	<0.01
$w(Sb)$	0.2~0.4	0.0566	0.07~0.12	—	<0.01
$w(SiO_2)$	0.8~1.0	0.277	1.5~2.5	0.4~0.6	—
$w(CaO)$	0.2~0.5	0.038	0.45~1.6	0.5~0.8	—
$w(Al_2O_3)$	0.13~0.75		0.2~0.6	(FeO)2~5	—
$w(S)$	1.82~2.40	2.73	1.2~3.4	1~2	—

这些氧化锌粉的粒度很小，表面能很大，在火法烟化中能吸附 SO_2 和有机物，亲水性差，导致浸出过程消耗更多的氧化剂（如 MnO_2），延缓浸出时间。浸出前将氧化锌粉进行预处理才能改善这些性能。

5.7.2　氧化锌粉浸出前的预处理

氧化锌粉送浸出前的预处理主要是脱去其中的氟与氯。脱除氟、氯的方法有高温焙烧和碱洗两种。高温焙烧脱氟、氯可以在多膛炉或回转窑中进行。碱洗是含氯和氟的粗氧化锌用苏打水进行洗涤脱除卤族元素。因为有一部分氯是以不溶于水的 $PbCl_2$ 和 PbFCl 形态存在，而氟多以不溶于水的氟化物存在，当用苏打水洗涤时可以发生如下的分解反应：

$$PbCl_2 + Na_2CO_3 = PbCO_3 + 2NaCl$$

$$PbFCl + Na_2CO_3 = PbCO_3 + NaCl + NaF$$

$$PbF_2 + Na_2CO_3 = PbCO_3 + 2NaF$$

因此便可洗去 75%的氯和氟。洗涤过滤后所得滤饼在圆筒干燥窑中经 700℃ 的高温干燥可以进一步脱去 30%以上的氯和 70%以上的氟。

日本小名浜冶炼厂曾处理一种钢厂的烟尘，含氯4%~7%，含氟0.3%~0.5%，用5∶1（水量∶烟尘量）的水量，维持矿浆的pH值为8的条件下进行洗涤，可以洗去90%的氯。俄罗斯电锌厂的浸出渣经回转窑处理产出的ZnO粉，采取第一段碱洗和第二段水洗的两段逆流洗涤后，ZnO粉中的氟和氯可除去85%~90%，还能洗去吸附的SO_2和有机物，从而降低了ZnO粉的还原能力，减少了MnO_2的消耗量。

1t回转窑氧化锌粉在洗涤过程中消耗苏打25~30kg，水2.5~3.5m^3。

5.7.3 氧化锌粉的浸出

工业原料氧化锌与含锌烟尘经高温（700℃左右）脱除氟、氯后的物料统称为氧化锌粉，湿法处理该物料都要经过浸出过程，与焙砂浸出相类似。浸出过程要求锌物料中的锌化合物迅速而尽可能完全溶解进入溶液中，只有极少部分锌进入到氧化锌浸出渣中。这种含Pb、Ag高，含锌低的渣，可送到铅系统处理。

在氧化锌被浸出的同时，锌物料中的部分杂质也会不同程度地溶解。所以，ZnO浸出液成分复杂，一般将其单独浸出后，再与焙砂浸出液合并。

氧化锌物料中的铟、锗、镓等有价金属则在酸性浸出过程中进入溶液，在铟锗置换工序，利用锌粉置换的办法沉淀这些稀散金属，使其进入置换渣中，以达到锌与铟、锗分离并富集的目的，也有采用其他方法将稀散金属单独分离出来。

浸出过程得到矿浆，所以还必须通过浓缩与过滤进行固液分离。故浸出的目的除要求尽可能多地溶解锌、富集有价金属和除去一部分杂质外，还要求得到澄清性能与过滤性能好的浸出矿浆。氧化锌粉浸出生产工艺流程如图5-15所示。

氧化锌粉具有还原性强、比表面积大、疏水性好的特性，故难于直接进入溶液。干法上矿往往会使氧化锌粉悬浮在液面，需要强烈地搅拌，故只有个别小厂应用干法上矿。大多数厂家采用湿法上矿。湿法上矿是将氧化锌粉首先与含酸的浸出溶液混合，以矿浆的形式泵入浸出槽内。湿法上矿的优点是，矿浆先后经浆化槽（或球磨机）、泵、分级机、管道或溜槽，使氧化锌粉与溶液充分接触，从而加速了浸出过程，提高了锌及有价金属的浸出率。株洲冶炼厂采用串联两台球磨机（1.5m×3m）湿法磨矿后再泵入中性浸出槽，提高了磨矿效果，使锌的浸出率达到了95%~97%。

氧化锌粉的浸出是用锌电积的废电解液作溶剂，其反应为：

$$ZnO + H_2SO_4 = ZnSO_4 + H_2O$$

就浸出锌而言它是一个简单的溶解过程，但是原料的成分复杂，因而该浸出过程也就复杂化了。一般采用一段中性与一段酸性的两段浸出作业。第一段为中性浸出，使原料中大部分锌进入溶液，借助中和水解法使铟、锗等有价金属残留于渣中。第二段浸出为酸性浸出，主要是使中性浸出渣中的锌、铟、锗、镓等尽可能多地进入溶液，而铅留于渣中，达到锌、铟、锗、镓和铅的分离。

$$ZnO + H_2SO_4 = ZnSO_4 + H_2O$$

$$In_2O_3 + 3H_2SO_4 = In_2(SO_4)_3 + 3H_2O$$

$$GeO_2 + 2H_2SO_4 = Ge(SO_4)_2 + 2H_2O$$

$$GaO + H_2SO_4 = GaSO_4 + H_2O$$

获得的酸性上清液采用锌粉置换法将其中的铟、锗、镓置换沉淀出来。

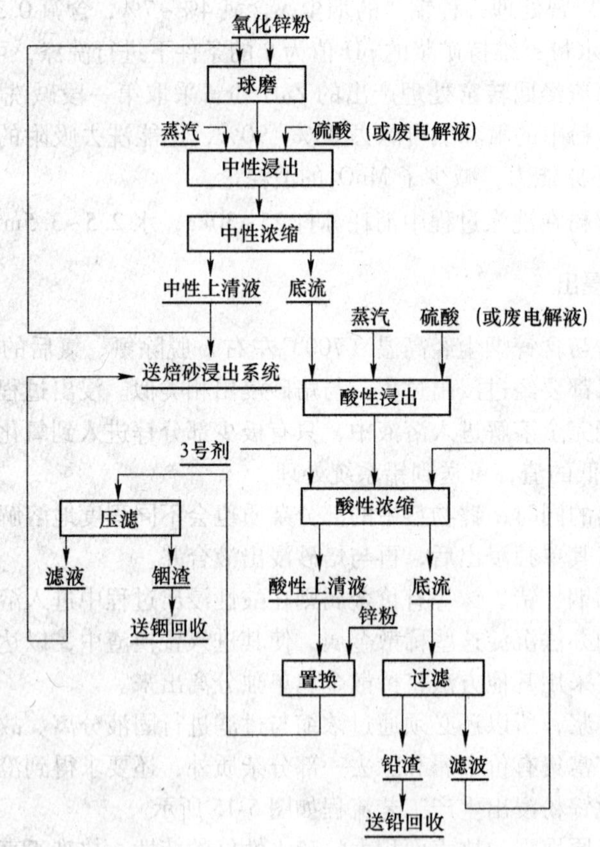

图 5-15 氧化锌粉浸出工艺流程

$$In_2(SO_4)_3 + 3Zn = 3ZnSO_4 + 2In\downarrow$$
$$Ge(SO_4)_2 + 2Zn = 2ZnSO_4 + Ge\downarrow$$
$$GaSO_4 + Zn = ZnSO_4 + Ga\downarrow$$

无论是中性浸出还是酸性浸出，均可采用间断或连续操作方式，见表 5-8。

表 5-8 氧化锌粉连续浸出与间断浸出的条件控制

项 目	中性浸出		酸性浸出		说 明
	间 断	连 续	间 断	连 续	
液固比	(5~7) : 1	(6~9) : 1	(7~8) : 1	(7~9) : 1	指开始浸出时液固比
始酸 /g·L^{-1}	150~200	30~60	150~200	20~40	间断时，用体积控制酸量；连续时，以终酸调节始酸
终酸 /g·L^{-1}	pH=4.8~5.0	pH=3.5~4.0	20±2	20±2	考虑到矿浆进入浓缩槽会继续反应
温度/℃	65~75	65~75	80~90	80~90	为了提高浸出率，强化反应而采取较高的温度
时间/h	1~1.5	0.5~1	>8	4~5	为提高浸出率，酸浸时间长

5.8 氧化锌矿的直接浸出

5.8.1 氧化锌矿原料的特性

氧化铅锌矿是硫化铅锌矿的风化产物，大都赋存于地表附近。氧化锌矿矿体埋藏浅，且多为露天矿床，开采条件好。

氧化锌矿按其组分主要分为红锌矿（ZnO）、菱锌矿（$ZnCO_3$）、硅铅锌矿（$ZnPbSiO_4$）、异极矿［$Zn_4Si_2O_7(OH)_2 \cdot H_2O$］、水锌矿［$Zn_5(CO_3)_2(OH)_6$］五种类型。目前所探明的已开采的氧化锌矿大多属于菱锌矿、硅铅锌矿和异极矿。我国是氧化锌矿资源较为丰富的国家之一，主要分布于云南兰坪、会泽，广西泗顶，四川巴塘，辽宁柴河，青海夏卜浪等地，其中兰坪铅锌矿以平均品位高、储量大、露天开采著名。

氧化锌矿组成较为复杂，可选性较差，选矿回收率一般只能达到70%~75%，且选矿成本较高，又不易用简单、直接的冶金方法处理，故除部分含锌品位较高的氧化锌矿可直接酸浸处理或作为火法冶金（鼓风炉炼锌）锌冶炼原料外，大部分含锌品位较低的氧化锌矿需经过火法富集才能作为锌冶炼的原料。火法富集即采用回转窑、烟化炉、旋涡炉等设备将平均含锌品位较低的原矿通过还原烟化富集产出含锌烟尘后再进一步冶炼产出金属锌。该法特别适宜远离锌冶炼加工的中、小型矿山，将氧化锌矿经烟化富集后，产出含50%~60%Zn 的 ZnO 粉再送炼锌厂处理。但是采用火法烟化富集得到的氧化锌粉含有一定量的氟和氯，用于湿法炼锌进行处理前还需通过预处理脱除氟氯。

所有的氧化锌矿都能被稀硫酸溶解，得到的硫酸锌溶液即可按常规的湿法冶金过程进行生产，产出电锌，这样生产流程大为简化。但是不经预处理直接浸出氧化锌矿的技术条件与操作不同于一般的锌焙烧矿的条件与操作。

氧化锌矿的平均含锌品位较低，直接酸浸时液固比条件难以控制，且产出的浸出液含锌离子浓度低，净化后液的锌离子与杂质金属离子的比值较小，不利于产出高等级的电锌和得到较好的电流效率。加之，氧化锌矿绝大部分都是属于高硅高铁类型的含锌物料，原矿含硅 15%~20%，部分异极矿含硅达到 35%~40%，且组分较为复杂，使得直接浸出的工艺技术难度较大。尽管氧化锌矿直接浸出存在上述困难，但因氧化锌矿原料成本相对较低，使用相对成熟可靠的工艺方法，既可充分利用有限的锌金属资源，同时也可得到较好的经济效益。

为解决氧化锌原矿酸浸时液固比较低的困难，大部分湿法炼锌厂均采用返液的办法，即将中性浸出液返回浸出工序来调整液固比条件，从而获得较易澄清的矿浆，确保浓缩与过滤的进行，与此同时，浸出液含锌可达到 100~120g/L，能满足锌电解沉积的浸出液质量要求，且浸出过程中的液固比条件得到改善。

氧化锌矿除具有高硅的特性外，其中铁、钙、镁等杂质的含量也较高，钙、镁的杂质含量高既会造成酸耗的急剧上升，同时过饱和的钙镁结晶析出会造成管道系统堵塞，还会在阳极表面形成钙、镁、锰的结晶，从而使得电解沉积的槽电压上升、电耗提高，且清槽周期缩短，阳极板单耗上升。

5.8.2 氧化锌矿直接酸浸过程中胶体的形成与控制

氧化锌矿中含有大量的二氧化硅和铁，如果二氧化硅属于游离态的石英，对浸出过程并无明显的影响，而结合态的二氧化硅在低酸条件下可溶率并不高；氧化锌矿中的铁则可溶率相对较高，一般能达到50%~60%。以兰坪氧化锌矿为例，其原矿中含铁为15.72%，而可溶铁含量高达9.40%，故氧化锌矿中的铁和二氧化硅对浸出过程均是有害的。直接酸浸工艺的技术核心是在设法克服二氧化硅影响的同时，要克服铁在浸出过程中产生氢氧化铁胶体对工艺过程及液固分离的影响。

前已述及，浸出过程中，氧化锌矿中可溶铁和二氧化硅在酸性条件下按以下反应被溶解进入溶液：

$$ZnO \cdot SiO_2 + H_2SO_4 \xlongequal{} ZnSO_4 + SiO_2 \cdot H_2O$$

$$Fe_2O_3 + 3H_2SO_4 \xlongequal{} Fe_2(SO_4)_3 + 3H_2O$$

浸出过程中产生的硅酸是一种弱酸，且性能极不稳定，单体硅酸 $Si(OH)_4$在不同的工艺条件下会形成不同形态的凝胶，若工艺条件不适当，往往会形成难以澄清、过滤性能极差的矿浆，使工艺流程根本无法进行。而浸出过程中产生的 $Fe_2(SO_4)_3$在中性条件下会发生水解，水解产生的 $Fe(OH)_3$也是一种胶体，湿法炼锌过程称其为铁胶，形成的胶体会影响矿浆的澄清、过滤性能。因此，氧化锌矿的直接酸浸技术的核心就是控制适当的技术条件，设法克服产生的硅胶和铁胶对工艺过程的影响，获得易于澄清、过滤的浸出矿浆。

经测定，硅胶的等电点在 pH 值为 2~2.5 的酸度区域。当 pH 值大于 2 时，$Si(OH)_4$开始聚合成 $[Si(OH)_4]_m$，故在此区域 pH 值酸度条件下硅胶颗粒带负电，而在溶液 pH 值不大于 5.2 时，产生的铁胶则带正电，这两种带有相反电荷的胶体由于静电引力作用而共同凝聚析出，这就是所谓的共沉淀法。由于静电的相互中和，胶体的析出速度加快。当 pH 值为 5.2~5.4 时，达到硅胶和铁胶的等电点，胶体凝结最好，吸水程度最低。为了达到上述的控制目的，生产过程中一方面要控制好一定的原料配比（即硅铁比），使两种胶体产生的数量与荷电量大致相当；另一方面也可通过加入 $Al_2(SO_4)_3$离解出带正电的铝离子来促使硅胶凝结析出。同时，在氧化锌矿酸性浸出的终点加入石灰乳快速中和，也能促使硅胶微粒的迅速凝结，获得易于澄清、过滤的矿浆。

依据硅胶、铁胶凝聚的特性，生产实践中可通过改变矿浆的 pH 值、温度、硅酸浓度以及添加一定量的晶种等多种措施来克服胶体析出给工艺流程运行带来的困难及影响。

(1) 浸出矿浆 pH 值。改变浸出矿浆的 pH 值是控制胶体凝聚过程最易于实现的办法，也是较为常用的办法。经测定，浸出矿浆的过滤速度随溶液 pH 值的上升而提高，其定量关系式为：

$$过滤速度 = 5.62 - 2.99pH + 0.42(pH)^2 (m^3/(m^2 \cdot h))$$

生产实践中应尽可能提高终点 pH 值，使过滤速度达到最大。但过高的 pH 值将会造成锌离子水解沉淀，形成的碱式锌盐既造成锌金属的损失又堵塞滤布，引起过滤速度降低。实践表明，氧化锌矿的浸出与锌焙烧矿浸出相似，控制浸出终点酸度 pH 值为 5.2~5.4 是适宜的。在该酸度条件下，可将溶液中的硅、铁基本沉淀，且通过共沉淀的方法同时除去砷、锑等杂质。

(2) 硅酸浓度。在工艺控制的酸度条件下，硅酸的浓度越高即过饱和程度越大，聚合、凝聚速度越快，更易形成难以澄清、过滤的聚凝胶，而在较低浓度的硅酸条件下，则可阻碍细颗粒的胶粒形成，并促使较大颗粒的无定形二氧化硅长大，故多种氧化锌矿直接酸浸工艺均以控制适当的硅酸浓度为技术关键，如瑞底诺法、老山法和连续脱硅法等。

(3) 凝聚温度。控制适当的作业温度可保证氧化锌矿中硅酸锌或碳酸锌的溶解反应彻底，且在较高温度条件下，形成的胶体吸水程度最低，凝聚形成的胶体荷电量少，过滤性能明显提高。例如氧化锌浸出矿浆用石灰乳作中和剂，在低于50℃的温度条件下快速中和，即使终点 pH 值超过 5.2~5.4，矿浆的过滤速度也不高，但当温度超过 80℃后，浸出矿浆的过滤速度明显改善，即使在低温条件下产出的难以澄清、过滤的矿浆只要升高温度，其澄清、过滤也可顺利进行。

(4) 预留晶种。氧化锌矿的浸出一般是在低酸条件下进行，研究与实践均表明，在控制浸出酸度 pH 值不大于 3.5 的条件下，硅酸锌与碳酸锌能够充分反应溶解，而在此酸度条件下，硅胶和铁胶也已大量析出，故在氧化锌矿浸出时，硅酸的不断反应与硅酸凝聚成胶体两过程在矿浆体系中无疑是同步的。在此之前形成的胶体无疑起到了晶种的作用，可使新的 SiO_2胶粒不断长大，以改善矿浆的固液分离性能。有的采用间断浸出工艺的湿法炼锌工厂将脱硅渣部分返回作为晶种，但若采用连续作业方式则不需另外添加晶种，这是因为浸出时矿浆体系中已含有大量凝聚形成的胶体的缘故。

硅胶与铁胶的凝聚除与上述条件有关外，还与中和剂、溶液中阳离子的种类及数量有关，除此之外，还可能受其他因素和条件影响。生产过程中应根据氧化矿原料的特性采取针对性的工艺控制条件，确保工艺流程的运行畅通、稳定。

5.8.3 高硅氧化锌矿直接酸浸的生产实践

某铅锌矿所产氧化锌精矿的成分（%）如下：

Zn	SiO_2	CaO	MgO	Fe	As	Sb
32.76	18.7	2.92	6.12	8.62	0.0068	0.06
Pb	S	Co	Cd	F	Cl	Cu
1.44	0.09	0.0026	0.10	0.016	0.065	0.008

其粒度为：−0.35~+0.074mm 占 54.72%，−0.074mm 占 45.28%。直接酸浸处理的工艺流程见图 5-16。各主要过程的生产技术条件如下：

中性浸出：

始酸 60~70g/L；

终酸 pH 值 5.2~5.4；

温度 65~75℃；

时间 1~1.5h。

酸性浸出：

始酸 120~150g/L；

终酸 pH 值 3.0~3.5；

温度 75~85℃；

时间 3~4h。

洗渣：洗渣的目的是降低渣中水溶锌含量，酸化 pH 值为 4.0~4.5，洗渣温度 70~

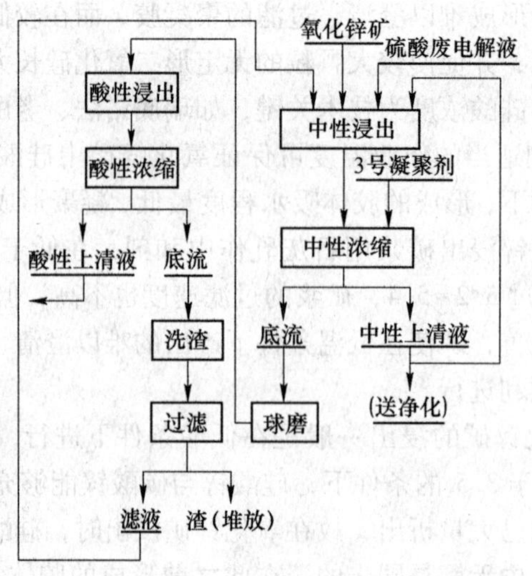

图 5-16　氧化锌矿直接浸出工艺流程

80℃，搅拌时间 1h。

由于该氧化矿含硅高并夹带碳酸盐，开始生产时中浸始酸为 120~130g/L，产生大量气泡，生产无法进行，通过生产实践，在不改变主流程的情况下，主要采取了以下措施：

(1) 由于硅胶析出的 pH 值在 2.0~2.5，采取快速中和法，越过这一酸度范围，即快速加矿至 pH 值为 3.5 左右，停止加矿，搅拌 1h 后，加石灰乳中和到 pH 值为 5.0~5.2。这样，浸出来的荷负电硅胶会迅速与荷正电的氢氧化铁胶体在静电引力作用下凝结在一起，从溶液中共同析出，聚合成易于沉降的大颗粒。加石灰乳更加促成硅胶凝结长大。

(2) 针对气泡溢出采取降低一半始酸浓度的作法，同时规定加料时间保证在 0.5h 以上，即先慢后快（pH 值小于 2.0 之前慢加，pH 值为 2.0~2.5 时快加）的加料方式，以分散气泡集中溢出而避免发生冒槽，为了保证中性上清液含锌在 120g/L 以上，将一次浸出液返回加矿。

(3) 加强排渣，防止浸出渣在浓缩槽中积累，保证至少有 1m 的上清线。因此，底流密度宜控制在 1.5~1.7kg/L。

(4) 在条件允许的情况下，尽可能增大溶液体积，保证洗渣用水。

(5) 采用高效浓密机，提高浓密效果。适当增大过滤能力，增加过滤设备，强化过滤操作。

实践证明，以上措施切实可行，流程通畅，锌浸出率为 70%~75%，锌总回收率为 63%~68%。

云南祥云县飞龙公司原采用间断浸出——石灰乳快速中和工艺处理高硅高铁氧化锌原矿，后在中和凝聚法的基础上研究成功高温低酸连续浸出工艺（见图 5-17），即在 80~85℃的温度条件下，控制浸出酸度为 pH 值为 2.0~2.5，终点酸度为 5.2~5.4，浸出过程的酸度调整依靠氧化矿的自身耗酸来实现，中和过程无需消耗中和剂。浸出矿浆经浓缩后上清液送净化，底流进行酸性浸出，酸浸液返回连续浸出，锌浸出率达 90%~92%。该法成功应用于生产实践后，飞龙公司采用该工艺处理高硅高铁氧化锌原矿，电锌规模已达

6×10^4t/a。该工艺的主要生产技术条件见表5-9。

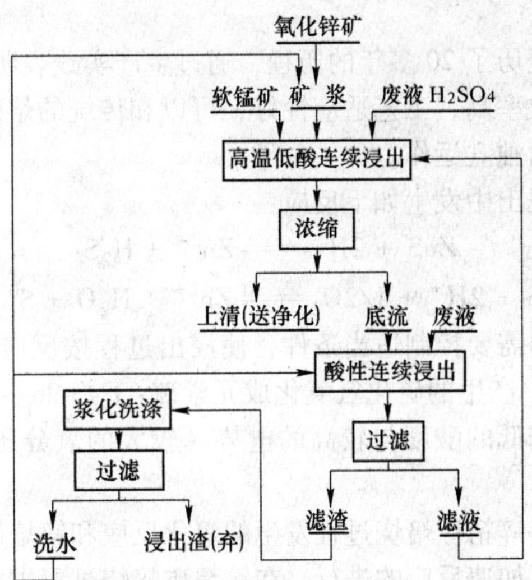

图5-17 高硅高铁氧化锌矿连续浸出工艺流程

表5-9 高温低酸连续浸出处理高硅高铁氧化锌矿的生产技术条件

项 目	单 位	一段连续浸出	二段底流酸性连续浸出
浸出温度	℃	80~85	65~75
液固比		(5~6):1	(4~4.5):1
单槽反应时间	min	45~60	45~60
总反应时间	min	120~180	120~180
浸出槽组合		3槽串联($45m^3$/槽)	3槽串联($45m^3$/槽)
浸出酸度		1号槽:pH值为2.0~2.5; 2号槽:pH值为3.0~3.5; 3号槽:pH值为4.8~5.0	1号槽:pH值为3.0~3.5; 2号槽:pH值为2.5~3.0; 3号槽:pH值为1.5~2.0

祥云飞龙公司采用该工艺方法处理含锌18%~22%、含二氧化硅15%~28%、含铁16%~18%的高硅高铁氧化锌原矿，中性浸出矿浆上清率达65%~70%。按干渣计的过滤速度为95~128kg/($m^2\cdot h$)，弃渣含锌3.5%~4.0%，浸出回收率为88.6%~90.8%，与国内外其他氧化锌矿的处理方法相比，该法既能处理原料成分相对单一的氧化锌矿，也能处理原料成分复杂的低品位锌矿，特别是对高硅高铁的含锌物料处理具有较强的适应能力。该工艺控制条件简单，原料适应性强，技术经济指标先进，具有良好的推广应用价值。

5.9 硫化锌精矿的氧压浸出

硫化锌精矿氧压浸出新工艺的特点是锌精矿可不经过焙烧，在一定压力和温度条件下，利用氧气直接酸浸获得硫酸锌溶液和元素硫，因而无需建设配套的焙烧车间和硫酸厂。该工艺浸出效率高，适应性好，与其他炼锌方法相比，在环保和经济方面都有很强的竞争能力，尤其是对于成品硫酸外运交通困难的地区，氧压浸出工艺以生产元素硫为产品，便于贮存和运输。

锌精矿氧压浸出已经历了 20 多年的历程，通过生产实践表明，该工艺对环境污染小，硫以元素硫回收，锌回收率高，工艺适应性好，可以和传统的焙烧-浸出工艺很好地结合，也可完全取消焙烧过程而独立运作。

闪锌矿在酸性氧化浸出中发生如下反应：

$$ZnS + 2H^+ = Zn^{2+} + H_2S \quad (5\text{-}1)$$

$$ZnS + 2H^+ + 1/2O_2 = Zn^{2+} + H_2O + S^0 \quad (5\text{-}2)$$

硫化锌精矿直接浸出需要控制适当条件，使浸出过程按反应式（5-2）进行，生成元素 S。为了使反应（5-1）产生的硫化氢氧化成元素硫：$H_2S-2e \rightarrow 2H^+ + S^0$，应使反应在有氧化剂的条件下进行，较低的酸度与较高的电势（较大的氧分压）有利于这一转移过程的进行。

氧压浸出实质上是将锌精矿焙烧过程发生的氧化反应和锌焙砂浸出过程发生的酸溶反应合并在一起进行。为了加速反应的进行，在锌精矿焙烧过程中，采用提高温度的办法来增大反应速度常数。而在氧压浸出时，除了适当提高反应温度至 110~160℃外，主要是采用具有较高的氧分压。由于所用氧浓度增大，在质量作用定律的支配下，锌精矿的氧化反应速度也大大地提高了。研究表明：

（1）温度升高，浸出反应速度增大。当温度提高到元素硫的熔点（119℃）时，产生的熔融 S 包裹 ZnS 颗粒表面，阻碍浸出反应的继续进行，致使反应时间延长达 8h，才能得到较好的浸出效果。但在后来的实验中又发现熔融 S 的黏度在 153℃时最小，而温度高于 200℃时，S 氧化为 SO_4^{2-} 的速度大为增加，因此适当的浸出温度定为 150℃±10℃。

（2）反应机理研究表明，溶液中 Fe^{3+} 的存在对浸出反应起加速作用，Fe^{3+} 本身被还原成 Fe^{2+}，接着又被 O_2 再氧化为 Fe^{3+}：

$$ZnS + Fe_2(SO_4)_3 = ZnSO_4 + 2FeSO_4 + S$$

$$2FeSO_4 + H_2SO_4 + 1/2O_2 = Fe_2(SO_4)_3 + H_2O$$

上述 $Fe^{2+} \rightarrow Fe^{3+}$ 被认为是浸出过程的控速阶段，浸出反应与 Fe^{2+} 的氧化速率紧密相关，而 Fe^{2+} 的氧化速率与 Fe^{2+}、Fe^{3+} 的浓度、溶液的酸度及浸出过程的氧压有关。为了取得较高的锌浸出率，一般要求浸出终酸的浓度不低于 20g/L，而浸出过程的氧压应提高到 700kPa。

（3）浸出反应是在 ZnS 矿粒表面进行的多相反应，为了提高浸出过程的反应速度，要求精矿粒度 98%为-44μm。同时需加入木质磺酸盐（约 0.1g/L）作表面活化剂，以破坏精矿矿粒表面上包裹的 S^0 膜，使浸出反应顺利进行。

在氧压浸出时，黄铁矿与黄铜矿只有少量溶解产生 S^0，所以传递氧的铁是从铁闪锌矿和磁硫铁矿物中溶解的铁。

精矿中的方铅矿发生如下反应，使铅以铅铁矾的形态进入渣中：

$$PbS + H_2SO_4 + 0.5O_2 = PbSO_4 + S^0 + H_2O$$

$$PbSO_4 + 3Fe_2(SO_4)_3 + 12H_2O = PbFe_6(SO_4)_4(OH)_{12} + 6H_2SO_4$$

除铁阶段，溶液中的铁水解生成水合氧化铁和草黄铁矾的混合沉淀物进入渣中：

$$Fe_2(SO_4)_3 + (x+3)H_2O = Fe_2O_3 \cdot xH_2O + 3H_2SO_4$$

$$3Fe_2(SO_4)_3 + 14H_2O = (H_3O)_2Fe_6(SO_4)_4(OH)_{12} + 5H_2SO_4$$

锌精矿氧压浸出的浸出温度为140~155℃，氧分压为700kPa，浸出时间约1h。锌浸出率可达98%以上，硫的总回收率约88%。经浮选或热过滤可得含硫99.9%以上的元素硫产品。

习题与思考题

5-1 试述锌焙砂中性浸出的基本原理、控制技术条件和原则流程。

5-2 试述锌焙砂中性浸出过程加氧化剂的原因。

5-3 为什么锌焙砂中性浸出过程不能除去铜、镉、钴、镍？

5-4 试述锌中性浸出渣高酸浸出的原因。

5-5 试述从含铁高的浸出液中沉铁的方法。

5-6 试述硫化锌矿的高压氧浸工艺、浸出过程进行原理和采用的设备。

5-7 硫化矿直接浸出的特点和要求控制的条件。

5-8 试述高硅高铁氧化锌矿连续浸出工艺。

6 铜的浸出

6.1 概　　述

铜是一种重要的有色金属，是人类最早发现和使用的金属之一。在靠近西亚的土耳其南部的查塔尔萤克发现的含有铜粒的炉渣距今已有8000~9000年的历史。我国在夏代就进入了青铜时代，在甘肃的马家窑文化遗址发现的青铜刀，距今已有5000年，铜有许多优异性能，在工业部门得到广泛应用。现在铜的消费量居第三位。

铜的用途十分广泛，一直是电气、轻工、机械制造、交通运输、电子通信、军工等行业不可缺少的重要原材料，在化学等工业中常用于制造真空器、阀门等。实际上应用最多的是铜的合金，如黄铜、青铜等。铜的化合物是电镀、原电池、农药、颜料等工业不可缺少的重要原料。据统计，目前铜在各个领域的应用情况大致为：电气工业48%~49%，通信工程19%~20%，建筑14%~16%，运输7%~10%，家用及其他机具7%~9%。

自然界中含铜矿物有200多种，但重要的矿物仅有20来种，多为硫化矿和氧化矿，自然铜矿较少。我国的铜矿以硫化矿为主，占87%，氧化铜矿仅占10%，混合矿占3%。常见的具有工业开采价值的铜矿物如表6-1所示。硫化铜矿中常见的伴生矿物是黄铁矿，其次是镍黄铁矿、闪锌矿、方铅矿。氧化铜矿中常见的伴生矿物为褐铁矿、赤铁矿、菱铁矿等。

表6-1　常见铜矿物

类别	矿物	组成	铜含量/%	颜色	密度/g·cm^{-3}
硫化铜矿	辉铜矿	Cu_2S	79.8	铅灰至灰色	5.5~5.8
	铜蓝	Cu_2S	66.4	靛蓝或灰黑色	4.6~4.76
	斑铜矿	Cu_2FeS	63.3	铜红色至深黄色	5.06~5.08
	砷黝铜矿	Cu_2AsS	51.6	铜灰至铁黑色	4.37~4.49
	黝铜矿	Cu_2AsS	45.8	灰至铁灰色	4.6
	黄铜矿	Cu_2FeS	34.5	黄铜色	4.1~4.3
氧化铜矿	赤铜矿	Cu_2O	88.8	红色	6.14
	黑铜矿	CuO	79.9	灰黑色	5.8~6.4
	蓝铜矿	$2CuCO_3 \cdot Cu(OH)_2$	68.2	亮蓝色	3.77
	孔雀石	$CuCO_3 \cdot Cu(OH)_2$	57.3	亮绿色	4.03
	硅孔雀石	$CuSiO_3 \cdot 2H_2O$	36.0	绿蓝色	2.0~2.4
	胆矾	$CuSO_4 \cdot 5H_2O$	25.5	蓝色	2.29

铜的冶炼方法主要分为火法和湿法两大类。目前世界上80%的铜是使用火法冶金生产的，特别是硫化矿，几乎全部用火法处理。近年来，由于对环境保护提出了更高的要

求，大多数工厂用火法处理硫化铜矿时，都遇到SO_2烟气的逸散问题，所以尝试用湿法来处理硫化铜矿。例如澳大利亚西方矿业公司试验用高压氨浸法处理富硫化矿取得了良好的效果。湿法炼铜在我国虽然规模还不大，但是近20年来也取得了较大进步。浸出-萃取-电积（简称L-SX-EW）法的生产流程如图6-1所示。从1983年我国建成第一座萃取电积工厂以来，现在已有约200个工厂采用萃取电积法处理铜矿或铜精矿生产阴极铜，生产能力已达20kt/a。德兴铜矿已经可以用细菌浸出废铜矿石产出高纯阴极铜。低品位铜矿、氧化铜矿和多金属复杂铜矿日益成为重要的铜资源。

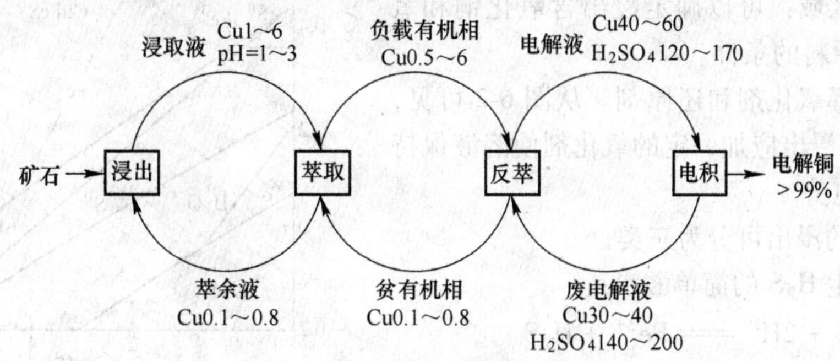

图6-1 L-SX-EW法的生产流程（单位：g/L）

6.2 浸出基本原理

铜矿石和精矿通常均由多种矿物组成，成分十分复杂，铜常呈氧化物、硫化物、碳酸盐、硫酸盐、砷化物等化合物形式存在。湿法冶金中常借助电位-pH图来选定浸出条件。25℃、100℃、150℃ $Cu-H_2O$系电位-pH值图如图6-2所示。$Cu-Fe-S-H_2O$系电位-pH值图如图6-3所示。

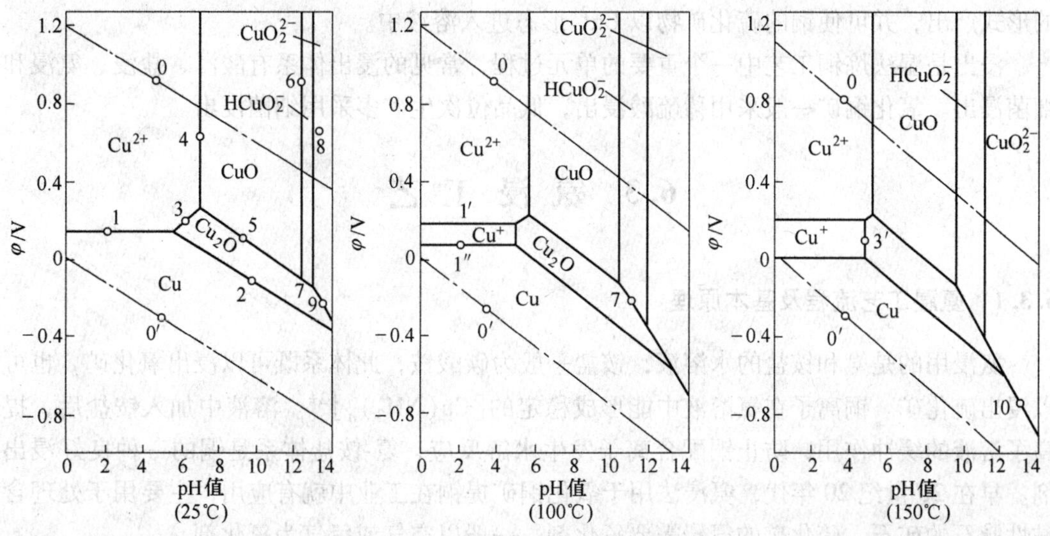

图6-2 $Cu-H_2O$系电位-pH值图

从图 6-2 可以选择铜氧化矿物原料的湿法冶金条件：

（1）铜稳定存在的区域：可以知道防止铜腐蚀的环境条件，同时也可知道使铜以离子状态进入溶液的条件（即浸出条件）：电位、pH 值等。

（2）氧化铜（CuO）、氧化亚铜（Cu_2O）稳定存在的区域：可以确定浸出含氧化铜和氧化亚铜矿物原料的条件。

（3）选择氧化剂和还原剂。从图 6-2 可见，对于 Cu_2O 的浸出应加一定的氧化剂使溶液保持一定的氧化电势。

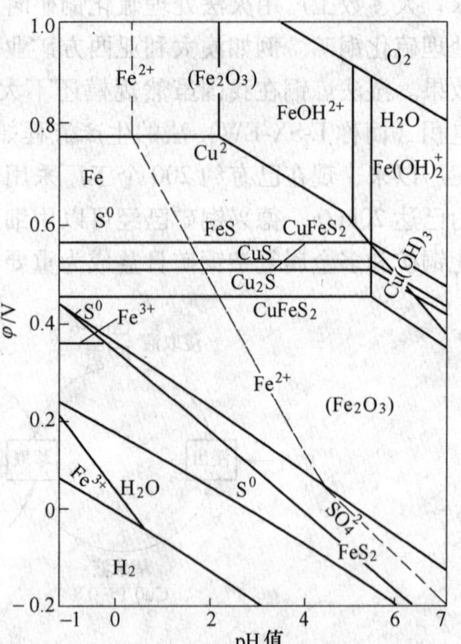

图 6-3　Cu-Fe-S-H2O 系电位-pH 值图

对 MeS 的浸出可分为三类：

（1）产生 H_2S 的简单酸浸：

$$FeS + 2H^+ \longrightarrow Fe^{2+} + H_2S$$

（2）产生元素硫的浸出：

$$CuFeS_2 + Fe^{3+} \longrightarrow Cu^{2+} + 2Fe^{2+} + 2S$$

（常压氧化浸出）

$$CuS + O^{2-} + 2H^+ \longrightarrow Cu + H_2O + S \text{（高压氧化浸出）}$$

（3）产生 SO_4^{2-}、HSO_4^-的浸出，其中包括高压氧化酸浸和高压氧化氨浸：

$$CuS + 2O_2 \longrightarrow Cu^{2+} + SO_4^{2-}$$

$$CuS + 2O_2 + H^+ \longrightarrow Cu^{2+} + HSO_4$$

$$CuS + 2O_2 + nNH_3 \longrightarrow Cu(NH_3)_n^{2+} + SO_4^{2-}$$

由此可见，根据需要通过控制 pH 值、电势和采用加压浸出，可使矿物中的硫以不同的形式产出，并可使铜的硫化矿物以 Cu^{2+}形态进入溶液中。

浸出是湿法炼铜工艺中一个重要的单元过程，常见的浸出体系有酸浸、盐浸、氨浸和细菌浸出。氧化铜矿一般采用稀硫酸浸出，低品位次生矿多采用细菌浸出。

6.3　氨浸工艺

6.3.1　氨浸工艺流程及基本原理

氨浸用的是氨和铵盐的水溶液，铵盐一般为碳酸铵，此体系既可以浸出氧化矿，也可以浸出硫化矿。铜离子在氨溶液中能形成稳定的$[Cu(NH_3)_n]^{2+}$。溶液中加入铵盐后，提高了溶液的缓冲作用，防止铜配合离子发生水解反应，氨-铵盐体系是铜的一种良好浸出剂。早在 20 世纪 20 年代，氨浸法用于氧化铜矿提铜在工业中就有应用，主要用于处理含碱性脉石的矿石。硫化矿的氨浸需要氧化剂，一般以空气或氧气为氧化剂。

氧化铜矿氨浸的主要反应如下：

$$CuCO_3 \cdot Cu(OH)_2 + 6NH_3 + (NH_4)_2CO_3 \longrightarrow 2Cu(NH_3)_4^{2+} + 2CO_3^{2-} + 2H_2O$$

$$CuSiO_3 \cdot 2H_2O + 6NH_3 + (NH_4)_2CO_3 \longrightarrow Cu(NH_3)_4^{2+} + H_2SiO_3 + 2H_2O + CO_3^{2-}$$

$$CuO + 2NH_3 + (NH_4)_2CO_3 \longrightarrow Cu(NH_3)_4^{2+} + H_2O + CO_3^{2-}$$

$$Cu_2O + 2NH_3 + (NH_4)_2CO_3 \longrightarrow 2Cu(NH_3)_4^{2+} + H_2O + CO_3^{2-}$$

硫化铜矿氨浸的主要反应如下：

$$CuS + 6NH_3 + (NH_4)_2CO_3 + 2.5O_2 \longrightarrow 2Cu(NH_3)_4^{2+} + SO_4^{2-} + H_2O + CO_3^{2-}$$

$$CuFeS_2 + 12NH_3 + 2H_2O + 9.5O_2 \longrightarrow 2Cu(NH_3)_4^{2+} + 4SO_4^{2-} + H_2O + Fe_2O_3 + 4NH_4^+$$

$$2Cu_5FeS_4 + 36NH_3 + 2(NH_4)_2CO_3 + 18.5O_2 + H_2O \longrightarrow 10Cu(NH_3)_4^{2+} + 8SO_4^{2-} + 2CO_3^{2-} + Fe(OH)_3$$

由上述反应可知，硫化铜矿的氨浸过程必须有足够的氧，以促进硫和低价铜的氧化，而氧气在水中的溶解度随温度的升高而降低，其数值如表 6-2 所示。

表 6-2 不同温度下氧气的溶解度

温度/℃	0	20	30	40	50	60
溶解度/g·(cm^{-3}水)	0.049	0.038	0.026	0.023	0.021	0.019

氨在水溶液中的溶解度也随温度的升高而降低。提高氧分压可提高浸出率，提高温度也可提高浸出率。常压下，提高温度，将导致氧和氨在水溶液中的溶解度降低，而不利于浸出，因此，常采用加压浸出的方式。

从含铜氨溶液中分离出铜的方式基本有三种：

(1) 蒸氨沉淀。加热铜氨溶液，其中的氨蒸发，在吸收塔吸收后可返回用于浸出；随着氨的蒸出，铜氨配合离子解离，游离出的铜离子发生水解，生成氧化物或碱性盐沉积下来，分离出铜的沉淀，加入硫酸溶解后电积获得电铜产品。

(2) 氢还原。在 170~205℃和 4MPa 压力条件下，氢可直接将氨溶液中的铜还原，生成球状铜粉。

(3) 萃取。用 LIX64 羟肟类萃取剂从铜氨溶液中萃取铜，用硫酸溶液反萃后，电积获得电铜，实际可应用的萃取体系较多，可根据实际情况选择。

6.3.2 氨浸工艺过程控制

现以辉铜矿为例讲解氨浸过程中主要参数的控制。原料铜精矿中辉铜矿一般为 60%~80%，其余基本上为黄铜矿。浸出采取 4 级逆流，初始液固比为 5∶1，在室温或 40℃温度下完成。

浸出液中氨浓度对铜的浸出有很大影响，在浸出过程中应不断补充氨，使溶液中的氨浓度维持在 6g/L 左右，可在 2h 内浸出 40%~50% 的铜。同时，加入硫酸铵使溶液中 $(NH_3+NH_4^+)/Cu^{2+}$ 的摩尔比达到 2.5 以上，使浸出速率达到最大值。

浸出过程空气的供给对保持高浸出率有重要作用，但过量空气也会使硫的氧化量增加，溶液中硫酸根浓度明显增加。因此，以采用低过量系数为宜。

浸出渣平均含铜 28%左右，浮选后铜精矿含铜 41%以上，尾矿含铜约 2%，浮选回收率超过 97%。

在这一浸出过程中，硫的氧化率极低，浸出液中硫酸根的质量浓度仅增加 0.076g/L，硫代硫酸根的质量浓度约 0.2g/L。

浸出液含铜 32g/L，杂质中以锌含量最高，达到 50～70mg/L。以 75% 的 LIX54-25%煤油为有机相，在 $O/A=1\sim1.2$ 条件下完成二级萃取。这时有机相中载铜约 30g/L，采用二级洗氨，洗水循环使用。洗氨后的有机相用贫电解液反萃，$O/A=0.8$。反萃得到的硫酸铜溶液，送电积工序生产电铜。

智利 Escondida 厂氨浸工艺流程如图 6-4 所示。该厂以辉铜矿为主，氨浸后一部分铜进入溶液，其余生成铜蓝进入渣中。浸出渣经浮选得到新的铜精矿，送火法精炼。进入溶液的铜约为精矿中的 40%～50%，经萃取-反萃净化后，电积制得电铜，其纯度可达 99.999%。

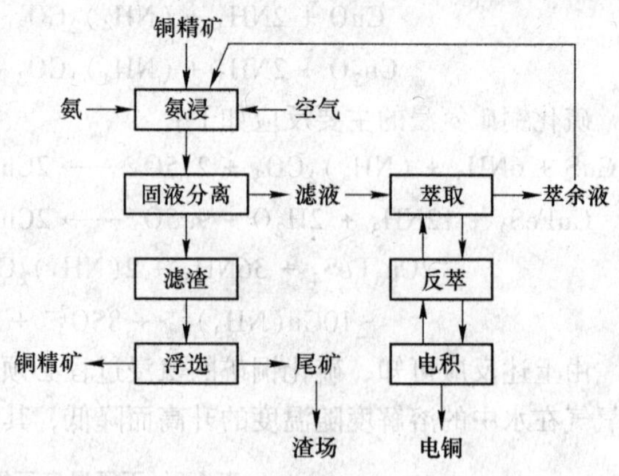

图 6-4 Escondida 氨浸工艺流程

6.4 酸性浸出

酸浸常用的浸出剂有硫酸、盐酸和硝酸，但对于铜矿浸出，硫酸是最主要的浸出剂。硫酸是弱氧化性酸，沸点 330℃，故在常压下可采用较高的浸出温度。其设备防腐问题较易解决，且价格相对较低，是处理氧化矿的主要溶剂。

氧化铜矿的矿物有 100 多种，其中主要有赤铜矿（Cu_2O）、黑铜矿（CuO）、孔雀石［$CuCO_3\cdot Cu(OH)_2$］、硅孔雀石［$CuSiO_3\cdot 2H_2O$］及蓝铜矿［$2CuSiO_3\cdot Cu(OH)_2$］等，用硫酸浸出时，其基本反应如下：

$$CuO + H_2SO_4 = CuSO_4 + H_2O$$

$$CuCO_3\cdot Cu(OH)_2 + 2H_2SO_4 = 2CuSO_4 + CO_2 + 3H_2O$$

$$CuSiO_3\cdot 2H_2O + H_2SO_4 = CuSO_4 + SiO_2 + 3H_2O$$

$$2CuCO_3\cdot Cu(OH)_2 + 3H_2SO_4 \longrightarrow CuSO_4 + 2CO_2 + 4H_2O$$

$$Cu_2O + H_2SO_4 = CuSO_4 + Cu + H_2O$$

$$2CuSiO_3\cdot Cu(OH)_2 + 3H_2SO_4 = 3CuSO_4 + 2SiO_2 + 4H_2O$$

这些矿物在矿石中以两种形态存在：游离态或结合态。游离态的氧化铜矿易溶于酸，而结合态的氧化铜矿溶解要困难一些。表 6-3 列出了 25℃下铜离子活度与 CuO 平衡的 pH 值的关系，即溶液中 Cu^{2+}浓度与溶液酸度（H^+浓度）的平衡关系。

表 6-3 铜离子活度与 CuO 平衡的 pH 值的关系

$a_{Cu^{2+}}$	1	0.5	0.4	0.3	0.2	0.1	0.05	0.016
pH	3.95	4.10	4.15	4.21	4.30	4.45	4.60	4.85
$[Cu^{2+}]/g\cdot L^{-1}$	63.55	31.77	25.42	19.06	12.71	6.36	3.18	1

从表 6-3 可见，硫酸浸出时的终酸应小于表上的平衡 pH 值，否则将会析出 CuO 沉淀。此外，矿石中的褐铁矿、氧化铝一类杂质也会被酸溶解：

$$Fe_2O_3 \cdot nH_2O + 3H_2SO_4 \longrightarrow Fe_2(SO_4)_3 + (3+n)H_2O$$

$$Al_2O_3 + 3H_2SO_4 \longrightarrow Al_2(SO_4)_3 + 3H_2O$$

当酸度下降时，其硫酸盐又按下式分解，以氢氧化物形式沉淀下来进入渣中：

$$Fe_2(SO_4)_3 + 6H_2O \longrightarrow 2Fe(OH)_3 + 3H_2SO_4$$

$$Al_2(SO_4)_3 + 6H_2O \longrightarrow 2Al(OH)_3 + 3H_2SO_4$$

在铜矿物浸出的同时，一些碱性脉石也会被酸浸出，其反应如下：

$$CaCO_3 + H_2SO_4 \Longrightarrow CaSO_4 + CO_2 + H_2O$$

$$MgCO_3 + H_2SO_4 \Longrightarrow MgSO_4 + CO_2 + H_2O$$

$CaSO_4$在酸溶液中溶解度小，沉淀下来进入渣中；$MgSO_4$的溶解度较大，多留在溶液中，所以，当矿石中钙、镁含量高时，因其大量浸出使酸耗大大增加而失去经济性，对此类矿可采用氨浸。

6.5 盐类浸出

对于硫化铜矿，单纯用酸浸，几乎不能浸出，必须加氧化剂，盐浸就是用电势较高的盐类作氧化剂进行浸出的方法。硫化铜矿浸出常用的氧化剂有 $Fe_2(SO_4)_3$、$FeCl_3$、$CuCl_2$等。

6.5.1 铁盐浸出

硫酸高铁浸出硫化铜的主要反应如下：

$$CuS + 4Fe_2(SO_4)_3 + 4H_2O \longrightarrow CuSO_4 + 8FeSO_4 + 4H_2SO_4$$

$$CuFeS_2 + 2Fe_2(SO_4)_3 \longrightarrow CuSO_4 + 5FeSO_4 + 2S$$

$$Cu_2S + 2Fe_2(SO_4)_3 \longrightarrow 2CuSO_4 + 4FeSO_4 + S$$

$FeCl_3$浸出硫化铜矿的主要反应为：

$$CuS + 2FeCl_3 \Longrightarrow CuCl_2 + 2FeCl_2 + S$$

$$CuFeS_2 + 4FeCl_3 \Longrightarrow CuCl_2 + 5FeCl_2 + 2S$$

实验表明，用 $FeCl_3$溶解黄铜矿比 $Fe_2(SO_4)_3$更好。

6.5.2 酸性 $CuCl_2$浸出

Cu^{2+}容易还原，与硫化矿接触时可作为氧化剂。黄铜矿的 $CuCl_2$浸出如下：

$$CuFeS_2 + 3CuCl_2 \Longrightarrow 4CuCl + FeCl_2 + 2S$$

但 CuCl 的溶解度很小，易形成沉淀。为了使铜离子留在溶液中，有两个方法：一是保持一定的酸度，并通氧使 Cu^+氧化为 Cu^{2+}，反应如下：

$$4CuCl + 4HCl + O_2 \Longrightarrow 4CuCl_2 + 2H_2O$$

二是加入过量的 Cl^-，通常是加入 NaCl 或 $CaCl_2$，使 CuCl 生成 $CuCl_2$配离子：

$$CuCl(s) + Cl^- \Longrightarrow CuCl_2$$

6.6 细菌浸出

6.6.1 细菌浸出原理

细菌浸出又称微生物浸出，是借助某些细菌的催化作用，使矿石中的铜溶解，此法特别适于处理贫矿、废矿、表外矿及难采、难选、难冶矿的堆浸和就地浸出。目前世界各国通过生物浸出法生产的铜约为 100×10^4t，其中美国 25%的铜产自细菌浸出法。细菌浸出时使用的主要是化学自养能微生物，它们可以从无机物的氧化过程中获得能量，其中应用最多的为硫化细菌中的硫杆菌。细菌可以浸出辉铜矿、铜蓝、黄铜矿和斑铜矿等。

6.6.1.1 细菌浸出的主要反应及催化作用

细菌的催化作用有直接作用和间接作用两种方式。

直接作用：细菌吸附于矿物上直接催化其氧化反应。

$$4FeS_2 + 15O_2 + 2H_2O \longrightarrow 2Fe_2(SO_4)_3 + 2H_2SO_4$$

$$4CuFeS_2 + 17O_2 + 2H_2SO_4 \longrightarrow 4CuSO_4 + 2Fe_2(SO_4)_3 + 2H_2O$$

$$2Cu_2S + O_2 + 4H^+ = 2CuS + 2Cu^{2+} + 2H_2O$$

$$CuS + 2O_2 = CuSO_4$$

间接作用：上述反应产生的 $Fe_2(SO_4)_3$可使硫化物氧化为硫酸盐。

$$FeS_2 + Fe_2(SO_4)_3 = 3FeSO_4 + 2S$$

$$CuFeS_2 + 2Fe_2(SO_4)_3 = CuSO_4 + 5FeSO_4 + 2S$$

生成的 $FeSO_4$及 S 又可分别被细菌催化氧化为 $Fe_2(SO_4)_3$和 H_2SO_4：

$$4FeSO_4 + O_2 + 2H_2SO_4 = 2Fe_2(SO_4)_3 + 2H_2O$$

$$2S + 3O_2 + 2H_2O = 2H_2SO_4$$

因此，细菌的间接催化作用在于再生出金属硫化物化学氧化溶解所必需的氧化剂 $Fe_2(SO_4)_3$ 和溶剂 H_2SO_4。

黄铜矿浸出过程的主要化学反应为：

$$CuFeS_2 + 4O_2 \xrightarrow{\text{细菌}} CuSO_4 + FeSO_4$$

$$6FeSO_4 + 3/2O_2 + 3H_2SO_4 \xrightarrow{\text{细菌}} 3Fe_2(SO_4)_3 + 3H_2O$$

$$3Fe_2(SO_4)_3 + 12H_2O \xrightarrow{\text{细菌}} 2HFe_3(SO_4)_2(OH)_6 + 5H_2SO_4$$

辉铜矿浸出的主要化学反应为：

$$Cu_2S + 2Fe_2(SO_4)_3 \longrightarrow 2CuSO_4 + 4FeSO_4 + S$$

$$Fe^{2+} \xrightarrow{\text{细菌}} Fe^{3+}$$

$$S + 2O_2 \xrightarrow{\text{细菌}} SO_4^{2-}$$

铜蓝浸出的主要化学反应为：

$$CuS + Fe_2(SO_4)_3 \longrightarrow CuSO_4 + 2FeSO_4 + S$$

$$Fe^{2+} \xrightarrow{\text{细菌}} Fe^{3+}$$

$$S + 2O_2 \xrightarrow{\text{细菌}} SO_4^{2-}$$

斑铜矿浸出的主要化学反应为：

$$Cu_5FeS_4 + 6Fe_2(SO_4)_3 \longrightarrow 5CuSO_4 + 13\ FeSO_4 + 4S$$

$$Fe^{2+} \xrightarrow{\text{细菌}} Fe^{3+}$$

$$S + 2O_2 \xrightarrow{\text{细菌}} SO_4^{2-}$$

上述反应有细菌的直接作用与间接作用。在硫化铜矿物中，辉铜矿、铜蓝、斑铜矿容易浸出，黄铜矿的浸出稍难。

6.6.1.2 影响细菌浸出的主要因素

A 菌种的选择与培养

菌种的选择主要有两种途径：一是从专门的研究室引进经过培养驯化过的优良菌种；二是从待处理矿石的矿床流出的酸性水溶液或硫黄温泉水中分离出所需细菌，在培养基中培养，并逐步改变介质条件对细菌进行驯化培养。

B 培养基

为使细菌快速繁殖，必须提供足够的营养物质，有代表性的培养基见表 6-4。

表 6-4 有代表性的培养基

培养基代号	试剂/g					pH 值	去离子水/mL
	$(NH_4)_2SO_4$	KCl	$MgSO_4 \cdot 7H_2O$	KH_2PO_4	$Ca(NO_3)_2$		
9K	3.0	0.1		0.5	0.01	2.0	700
培养基 2	0.4		0.4	0.04		1.0~1.8	1000

C 温度

各种硫杆菌均有其最适合生长的温度范围。对于氧化亚铁硫杆菌，温度为 25~300℃，此时细菌活力强，生长快，浓度高，浸出快。温度< 10℃，细菌繁殖慢，活性下降；温度>45℃，细菌中酶的活性降低；温度>50℃，蛋白质凝固而导致细菌死亡。

D pH 值

各种硫杆菌都有其最适宜的 pH 值范围。对氧化亚铁硫杆菌最适宜的 pH = 1 ~ 3。pH 值过高时，Fe^{2+}及 Fe^{3+}会以不同的形式沉淀，这就使作为其能源之一的 Fe^{2+}减少，不利于细菌生长和保持活性，同时也降低能氧化硫化物的 $Fe_2(SO_4)_3$的浓度。

E 介质的氧化还原电势

浸出液的氧化还原电势主要取决于其中 Fe^{3+}与 Fe^{2+}的浓度比。已知：

$$Fe^{3+} + e \rlap{=}{=}= Fe^{2+} \qquad \varphi = \varphi^{\ominus} + 0.0591\lg(a_{Fe^{3+}}/a_{Fe^{2+}})$$

$a_{Fe^{3+}}/a_{Fe^{2+}}$比值越大，则电势越高，越有利于反应的进行。但在溶液电势>700mV 的条件下，$a_{Fe^{2+}}$过低，影响氧化亚铁硫杆菌取得能源，而影响其活性；若低于 100mV 时，细菌生长困难，且溶液的化学氧化能力下降。为了保持细菌活性和有效浸出矿石，以控制氧化还原电势在 300~700mV 为宜。

F 氧气的供给

从细菌浸出的反应可见，氧的参与是必不可少的条件，同时持续供给氧气也是细菌不断生长、繁殖和保持活性的必要条件。除了机械搅拌溶液或加速溶液渗滤循环以强化供氧之外，一般还通入 0.05~0.1$m^3/(m^2 \cdot min)$ 的空气。

G　阴、阳离子的影响

细菌生长需要某些微量元素如 K^+、Mg^{2+}、Ca^{2+} 等。天然水中这些离子的含量已能满足需求，但其浓度也不宜过高。而某些离子特别是重金属离子对细菌有毒害作用，其浓度需要加以限制。细菌对有关离子的极限耐受浓度见表 6-5。

表 6-5　细菌对离子的耐受浓度

离　子	Na^+	Ca^{2+}	Cd^{2+}	Cu^{2+}	Ag^+	NH_4^+	Cl^-	AsO_4^{3-}	F^-
耐受浓度/$g \cdot L^{-1}$	6.67	2.93	8.77	0.45	0.20	2.13	12.05	7.78	0.034

H　矿石粒度的影响

矿石粒度对细菌浸出的影响有铜矿物表面的暴露程度及其氧化反应动力学。原则上粒度细小有利于浸出速度和浸出完全程度的提高；但过细的矿料不仅会增大磨细费用，而且浸出过程中其粒度还会不断减小而产生细泥。后者将黏附矿粒和细菌而妨碍它们的直接接触，反而使生物浸出速度下降。

6.6.2　细菌浸出技术

与氧化铜相比，低品位硫化铜矿贮量上占有优势，其浸出应采用细菌堆浸技术。次生铜矿细菌浸出如图 6-5 所示，低品位铜矿湿法生产工艺如图 6-6 所示。

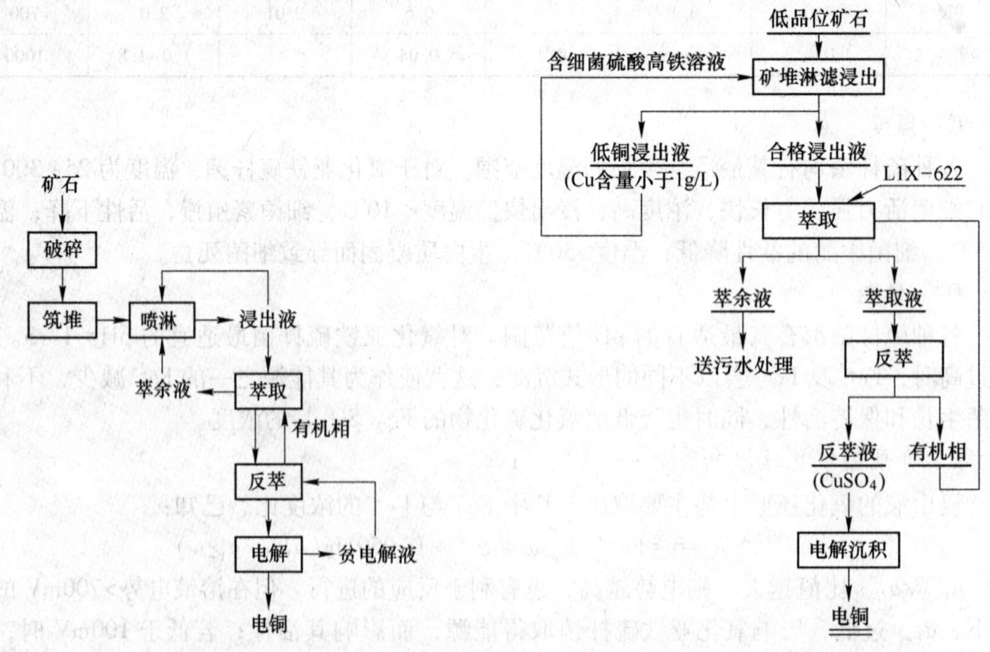

图 6-5　次生铜矿的细菌堆浸　　图 6-6　低品位铜矿湿法生产工艺

由于浸出过程需要满足细菌生长和繁殖的要求，在浸出技术上不同于一般的硫酸稀溶液的堆浸。采用细菌浸出时，原则上应在浸堆中增加通风系统，以利于加快浸出速率。通风管道应安放在浸堆底部，并配以低压风机。废石浸出一般不加通风系统。细菌浸出时的喷淋强度一般为 5~25L/(h · m^2)，由工艺要求确定。

废石的细菌堆浸常利用自然地理之便，依山谷而建。山谷下游处建坝作蓄液库，上游作堆场。进行堆浸的整个山谷底部都需要进行防渗处理，以确保浸出液不流失。常采用成本低廉的简单方法，如铺垫不透水黏土层。废石浸堆的层高一般为 10~15m，过高将导致通风透气和喷淋液的渗漏困难，降低浸出效率。每一层废石浸出完成后，在该层上部继续堆放废石，再次进行浸出。

细菌堆浸需要在浸堆中接种菌种，由此解决菌种的选优、驯化、培养等问题。

6.7 浸出方式

浸出方式与矿石含铜品位和浸出的难易有关，在美国含铜 0.04%~0.4%的矿石采用堆浸，0.4%~0.9%的矿石采用搅拌浸出。

6.7.1 槽浸

槽浸方式是早期湿法炼铜中普遍采用的一种浸出方式，它一般是在浸出槽中用较浓的硫酸（含 H_2SO_4 50~100g/L）浸出铜含量 1%以上的氧化矿（粒度为-1cm）。浸出液铜浓度较高，可直接用来电积铜，然而由于其溶液中杂质较高，所产铜达不到 1 号铜标准。槽浸又称为渗滤浸出，浸出槽示意图见图 6-7。

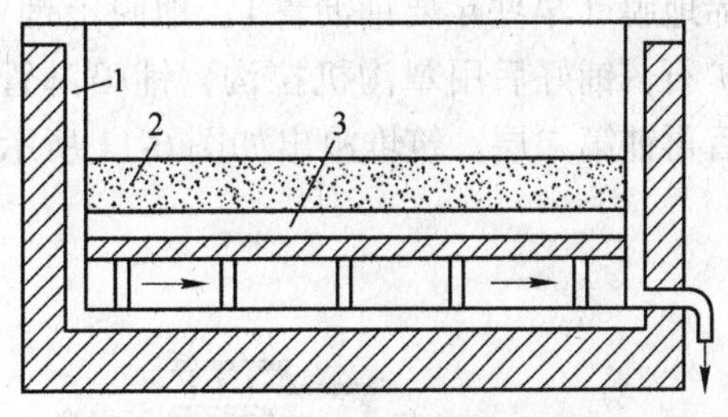

图 6-7 浸出槽示意图

1—衬里；2—矿砂层；3—滤底

6.7.2 搅拌浸出

搅拌浸出设备有机械搅拌与空气搅拌（巴秋卡槽）两种方式。机械搅拌和空气搅拌如图 6-8 和图 6-9 所示。

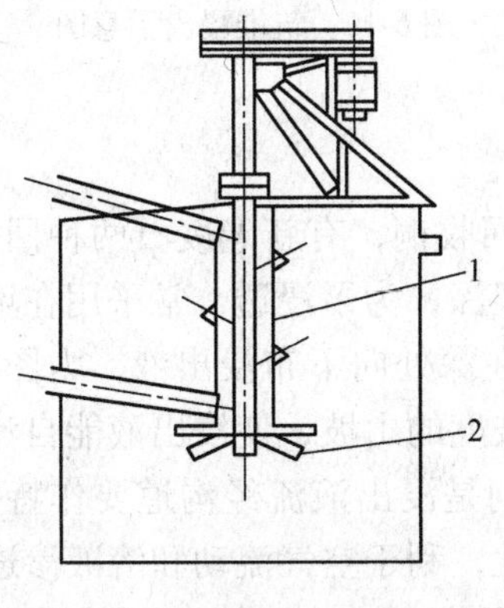

图 6-8 机械搅拌示意图

1—导流筒；2—叶轮

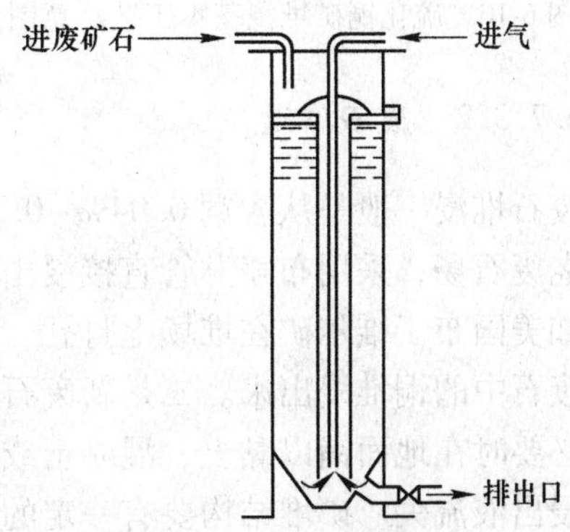

图 6-9 空气搅拌示意图

浸出后，需采用大型浓密机实现洗涤及固液分离。浓密机底流通常用带式过滤机过滤，获得的滤渣中和后排入最终尾矿坝。

6.7.3　堆浸

堆浸常用于低铜表外矿、铜矿废石的浸出。浸出场地多选在不透水的山坡处，将开采出的废矿石破碎到一定粒度筑堆；在矿堆表面喷洒浸出剂，浸出剂渗过矿堆时铜被浸出，浸出液返流到集液池以回收。硫化铜矿堆浸基本工艺如图 6-10 所示。堆浸的特点是浸出设备投资少，运行费用低。近年来由于细菌浸矿技术的发展，硫化矿和混合矿也可堆浸，甚至最难浸出的黄铜矿，也可引入细菌后堆浸。

堆浸厂已遍及各个地区，不受地理位置和气候条件的限制。高纬度、高海拔、降雨量少的沙漠和雨量充沛的地区都可建厂。堆浸和选矿一样有明确的边界品位，所定界限以经济上有利为原则，一般铜含量为 0.04%~0.15%。铜矿石堆浸的方式多样，现分述如下。

6.7.3.1　筑堆浸出

筑堆浸出主要用于浸出较高品位的氧化矿。首先铺平地基，垫上沙土，铺上高密度聚乙烯地膜（早些年要铺沥青）。地膜上铺一层砂子，并布上透滤管，铺好后堆一层约 4m 厚矿石，铺好后用犁沟机拉沟，铺喷淋管，管距 6m，喷淋孔距 12m，一层喷淋 45d，犁松后再铺第二层。筑堆浸出如图 6-11 所示。

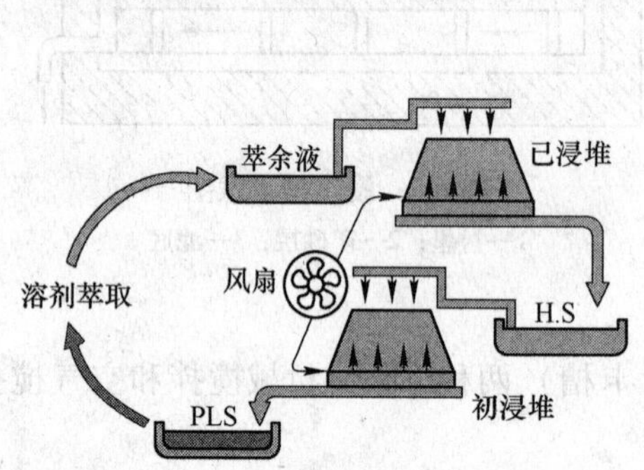

图 6-10　硫化铜矿堆浸基本工艺示意图

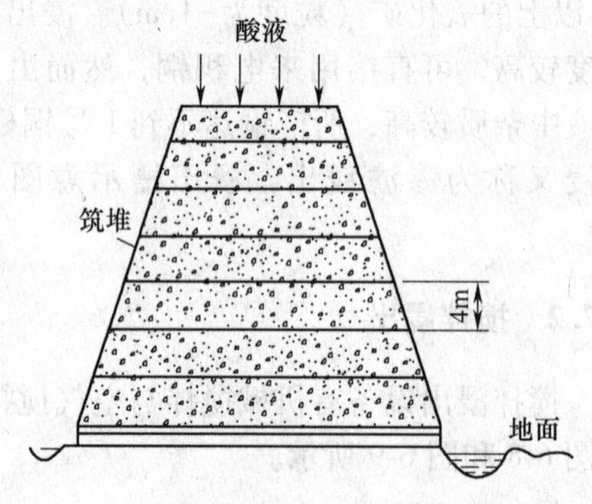

图 6-11　筑堆浸出示意图

6.7.3.2　废石堆浸

废石堆浸一般是从含铜 0.04%~0.2%的废石堆中回收铜，有新老废石两种回收形式。一是老废石场，采用布喷淋管直接浸出。由于废石场很深，为了浸透，常采用在堆场上打孔。如美国布于维尔矿在堆场上打孔，下塑料套管，在深处向下布浸出液，力图把 180m 深的废石中的铜堆浸出来。二是新废石，选择有一定坡度的山坡，使浸出液能自流到集液池。必要时在地面铺以黏土、混凝土或塑料垫层，特别是浸出液流经沟道要作特殊处理，以免浸出液流失。矿堆结构要有一定的孔隙度和渗透性，利于空气流动和溶液渗透。一般采用多层堆置，逐层浸出，每层厚度 5~10m，矿堆高度约 60~80m。用喷洒方法注入浸出液，在每层表面安装喷洒液管和农用旋转喷液器，要求喷洒均匀。

6.7.3.3 尾矿堆浸

利用原来的尾矿池进行堆浸。如智利的 Cheegeeicamata 铜矿处理氧化矿选矿后的平均含铜 0.3%的尾矿。尾矿池堆积尾矿 4×10^8t，占地面积为 3.5km^2。使用的浸出液为溶剂萃取的萃余液，每小时用量 1800m^3，浸出液沿纵向渗透进尾矿堆，深度可达 40~120m，然后通过下部砾石层，流至基岩上部的水平流泄层，在低凹处设有集液隧道，汇集所有的浸出液。每一浸出场地一般需连续喷洒 12 个月，每吨铜耗酸 2~3t。

6.7.3.4 矿石堆浸

随着浸出-萃取-电积技术的发展，堆浸技术已从过去粗放的废石堆浸向铜矿原矿堆浸发展。

堆浸场按使用情况分为永久堆场和多次重复使用堆场。

建设永久堆场。首先要清除堆场底部植被，并修整成 3%~12%坡度，修筑不渗漏黏土层地基，或在筑堆之前铺设高密度聚乙烯衬垫（详见筑堆浸出）。

多次重复使用堆场。此种堆场规模很大，机械化、自动化程度高，如智利 LAbra 矿，使用卫星定位系统自动推进移动式筑堆和卸料联合筑堆机，筑堆速度达到 8600t/h，浸出后用台斗轮式装载机挖取尾渣，将尾渣运往废石场，再进行二次浸出。采用此种堆浸方式浸出周期大大缩短，每浸出一堆用 45d，铜的浸出率可达 70%。此法虽增加了卸堆和尾渣堆放的费用，但由于缩小了堆场面积，缩短了浸出周期并提高了浸出率，效益优于永久堆场。

6.7.4 就地浸出

就地浸出又称为地下浸出，可用于处理矿山的残留矿石或未开采的氧化铜矿和贫铜矿。地下浸出是将溶浸剂通过钻孔或爆破后，注入天然埋藏条件下的矿体中，有选择性地浸出有用成分（铜），并将含有有价成分的溶液通过抽液钻孔抽到地表后输送到萃取电积厂处理的方法。

中条山有色金属公司铜矿在国内首家实现铜矿万吨级原地破碎工业化浸出。云南铜业集团大红铜矿也在进行低品位硫化铜井下细菌堆浸研究。

6.7.5 加压浸出

对于在常压和普通温度下难以有效浸出的矿物常采用加压浸出的方式。加压浸出即在密闭的加压釜中，在高于大气压的压力下对矿石进行浸出。

加压浸出有如下优点：

（1）可以在较高的温度下进行浸出。

（2）在高温高压下，使一些在普通温度下不能发生的反应得以发生。实验证明，黄铜矿在高温高压下加氧，铜才会被浸出。

（3）高温高压条件下，气体在水中的溶解会随温度升高而升高，有利于反应加速进行，故可提高生产率。加压浸出的设备如图 6-12 和图 6-13 所示。

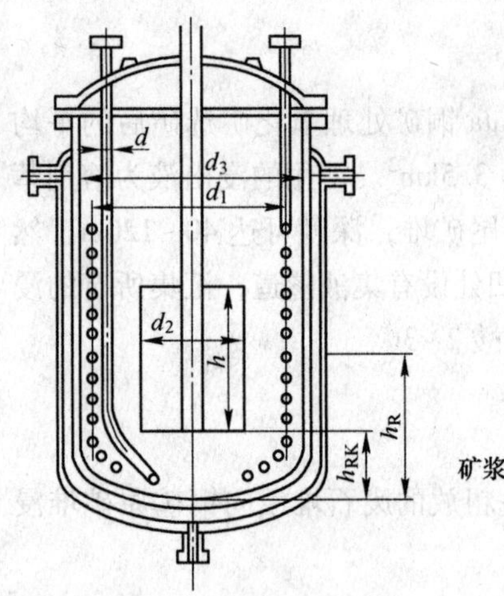

图 6-12　立式加压釜示意图

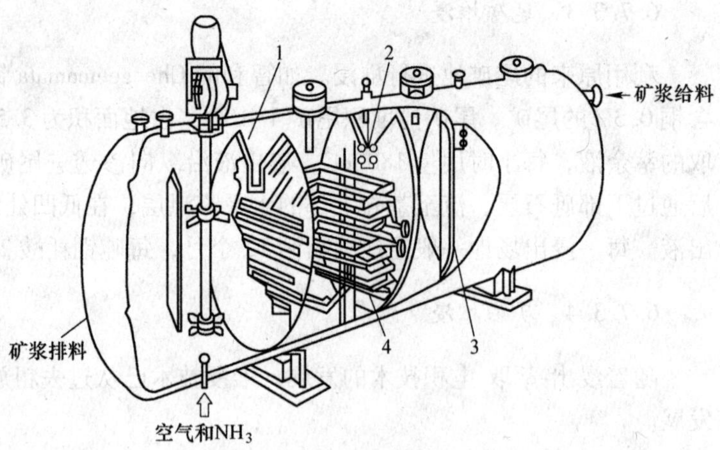

图 6-13　卧式加压釜示意图

1—隔板；2—调节阀；3—挡板；4—冷却蛇管

习题与思考题

6-1 湿法炼铜常见的浸出体系有哪些？

6-2 从含铜氨溶液中分离出铜有哪些方式？

6-3 铜矿浸出方式有哪些，具体采用的依据是什么？

6-4 试述次生铜矿细菌浸出、低品位铜矿湿法生产工艺。

6-5 加压浸出有哪些优点？

6-6 以硫化矿的氨浸生产工艺为实例，用电位-pH 图分析控制技术条件和参数。

6-7 试述硫化矿氨浸出的工艺、浸出过程进行原理、技术条件。

6-8 细菌浸出有哪些特点，影响细菌浸出的主要因素有哪些？

7 金银的浸出

7.1 金、银性质及用途

7.1.1 金、银的物理性质

金、银分别为黄色和白色金属。金的纯度可用试金石鉴定，称“条痕比色”。所谓“七青、八黄、九紫、十赤”，意思是条痕呈青、黄、紫和赤色的金含量分别为70%、80%、90%和纯金。

金、银为面心立方晶格，其特点是具有极为良好的可锻性和延展性。金可压成0.0001mm厚的箔，这样的金箔透明，所透过的光为绿色。金、银可拉成直径为0.001mm的细丝。

金、银的导热、导电性能非常好。银的导电性胜过所有其他金属，金仅次于银和铜。这两个金属的晶格大小接近，二者可形成一系列的连续固溶体。

金的蒸气压大大低于银（见表7-1）。银的挥发性在高温下相当高，且在氧化气氛下比在还原气氛下更高。这一特性在火法冶金中必须重视。

表7-1 金、银的主要物理性质

性　质	金	银
相对原子质量	196.967	107.868
相对密度（20℃）	19.32	10.49
晶格常数/nm	0.40786	0.40862
原子半径/nm	0.144	0.144
熔点/℃	1064.4	960.5
沸点/℃	2880	2200
热熔/J·(mol·K)$^{-1}$	25.2	25.4
熔化热/kJ·mol^{-1}	368	285
导热系数(25℃)/W·(m·K)$^{-1}$	315	433
电阻系数（25℃）/μΩ·cm	2.42	1.61
莫氏硬度（金刚石=10）	2.5	2.1

7.1.2 银的化学性质

银与氧不直接化合，但在熔融状态下一体积银溶解近20倍体积的氧。固态下氧的溶解度很小，因此，在银熔体固化时溶于其中的氧析出，且常伴随有金属喷溅现象发生。银不直接与氢、氮、碳反应，仅在红热下与磷反应并生成磷化物。加热时银易与硫形成硫化银，某些硫化物（如黄铁矿、磁黄铁矿、黄铜矿）热离解时析出的气态硫作用于银生成 Ag_2S。当与 H_2S 作用时，银表面生成一层黑色膜，该过程在室温下已能缓慢进行，这是银制品逐渐变黑的原因。银还与游离氯、溴、碘相互作用形成相应的卤化物。这些反应甚至在常温下也能缓慢进行，而当有水存在、加热和光线照射下，反应加速。

银在水溶液中的电极电位是：

$$Ag \longrightarrow Ag^{+} + e \qquad \varphi^{\ominus} = +0.8V$$

因此，银像金一样，不能从酸性水溶液中析出氢，对碱溶液也是稳定的。但与金不同，银能溶于强氧化性酸，如硝酸和浓硫酸。与金一样，银易与王水、饱和有氯的盐酸作用，但银是形成微溶的氯化银而留于不溶渣中。人们常利用金和银的这种差别将二者分离。在与空气氧接触下细微银粉溶于稀硫酸。与金相似，银也溶于饱和有空气的碱金属和碱土金属的氰化物溶液中，溶于有 Fe^{3+} 存在的酸性硫脲溶液中。

7.1.3 金的化学性质

作为贵金属，金最重要的特征是化学活性低。在空气中，即使在潮湿的环境下金也不发生变化，故古代制成的金制品可保存到今天。在高温下，金也不与氢、氧、氮、硫和碳反应。

金与溴在室温下可发生反应，而和氟、氯、碘要在加热下才反应。

金在水溶液中的电极电位很高：

$$Au \longrightarrow Au^{+} + e \qquad \varphi^{\ominus} = +1.73V$$

$$Au \longrightarrow Au^{3+} + 3e \qquad \varphi^{\ominus} = +1.58V$$

因此，无论在碱中还是在硫酸、硝酸、盐酸、氟氢酸以及有机酸中，金都不溶解。在有强氧化剂存在时，金能溶解于某些无机酸中，如碘酸（H_5IO_6）、硝酸；有二氧化锰存在时金溶于浓硫酸。金也熔于加热的无水硒酸 H_2SeO_4（非常强的氧化剂）中。金易溶于王水、饱和氯的盐酸、含有氧的碱金属和碱土金属的氰化物水溶液中。

含 Fe^{3+} 的硫脲酸性水溶液也是金的好溶剂。此外，金的其他溶剂还有氯水、溴水、KI 和 HI 中的碘液等。在所有场合下金溶解都是形成相应的配合物，而不是以 Au^{+} 或 Au^{3+} 这样的简单离子出现的。

金的化合物有两种氧化形态，即一价金和三价金。金的所有化合物都相当不稳定，易还原成金属，甚至灼烧即可成金。

7.1.4 金、银的用途

金、银主要是用作首饰、美术工艺、货币的原料，现在其用途深入到科技、工业和医疗等方面。由于黄金、白银的化学性质稳定，色彩瑰丽夺目，久藏不变，易于加工，所以自古以来它们就是首饰、装潢、美术工艺的理想材料。直至今天，世界各国仍有大量黄金用于珠宝业。

自从商品出现以后，随之出现了货币。最早充当货币的不是金、银，而是农、牧产品，如羊、布、茶叶等，然后是铜，后来才是金、银。我国“虞夏之币，或黄，或白，或赤”，指的亦不一定是金、银、铜，因无出土文物为证。但可以确信无疑的是楚国的金币“郢爰”，又称金饼子，距今已有 2000 多年。公元前 6 世纪，古波斯铸造了著名的

"大流克"金币。我国银币则较晚，自制的第一批银元，是清光绪年间（1828~1889）铸造的，每枚含银 0.72 两。

"金银天然不是货币，但货币天然是金银"。这话是指金、银被人类发现后，不是天然地就成为货币，而是当货币出现后，金、银才成为理想的货币。尽管金、银是理想的货币材料，但今天已很少用金币、银币作流通手段，而大量是用作储备、支付手段。据统计，1980 年生产的一千多吨黄金，约有 60% 被国家银行、私人银行买进囤积。金、银已成为世界货币。一个国家拥有金、银的数量，是其财力的标志。金、银用于科技、工业上为时不久。据统计，日本在 1960 年工业用金约 12t，1976 年上升到 100.9t。据估计，今后工业用金将按 3.5%~4%的速度逐年增加。金、银在科技、工业及其他方面的用途，大致如下：

（1）电接触材料。金、银及其合金是目前最重要、较经济的电接触材料，适用于中等负荷的电器中，如银-氧化镉合金，便是理想的高负荷电接触材料。金或金基合金，不仅可用作开关接点；还可用于滑动接触材料。

（2）电阻材料。金、银及其合金，常用作电阻材料。如银-锰（锡）合金的电阻系数适中，电阻温度系数低，对铜热电势小，可用作标准电阻。又如金-钯-铁合金中再加铝、钛、镓及钼等元素，可得到高电阻系数、低温度系数的电阻材料。

（3）测温材料。贵金属中的金、银和铂、钯、铱、铑组成的合金，可作测温元件。如 PtRh10-AuPd40 的热电偶，用于航空测温仪表；Ag-Pd 热电偶在 400℃以下很稳定，用作标准温度计。

（4）焊接材料。贵金属及其合金是重要的焊接材料，如银基合金钎焊料的熔点低、强度高，塑性和加工性能好，在各种介质中有良好的耐蚀性以及良好的导电性。AgMn15 合金用来焊接高温工作零件，如喷气式发动机的涡轮导向叶片和燃烧室零件等。金基合金钎焊料比银基合金具有更好的性能，如 AuNi18 合金有极好的高温性能，可用来钎焊航空发动机的叶片；Au-Ni-Cu 钎焊料可用作电子元件的一级钎料。

（5）氢净化材料。钯对氢（及其同位素）具有选择透过性，但纯钯的稳定性差，不宜用作氢净化材料。一般地讲，在钯中添加第二组元，又会降低透氢速度，但加金、银则不然。金、银与钯组成的钯基合金，是极好的氢净化材料。

（6）厚膜浆料。厚膜浆料通常是指在用厚膜工艺制作集成电路时，由丝网漏印法涂覆于陶瓷基体上，再经烧成而在基体上形成导体、电阻和介质膜的一种材料。性质良好的厚膜浆料多数是贵金属浆料。浆料又分导体浆料和电阻浆料。银浆的导电性、可焊性、端接性和与陶瓷的附着力都比较好，是厚膜工艺中使用最早者。金浆在微波领域得到选用。金钯系浆料可用于高度可靠性或多层厚膜的电路上。电阻浆料中，银钯系属于第一代成功的电阻系列。在银钯电阻的基础上加金，其电阻值范围、温度系数和热稳定性都得到改善。

（7）催化剂。一般用于燃料电池或金属-空气电池；含 Au0.3%~0.6%、Pd0.5%~1%的钯催化剂及 Au-Ag 网，均可用作石油化工催化剂。

（8）电镀。贵金属用于电镀最多的是金、银。纯银电镀，一般用于防腐、装饰、电工仪器、接触零件、反光器材、化学器皿等。银基合金电镀，用于提高镀层硬度、耐磨性、耐蚀性。纯金电镀用于仪表精饰加工、防腐，在电子工业上应用尤为广泛，如高频电子元件镀金，可提供良好的导电性；金基合金电镀，一般比电镀纯金有较强的耐磨性和较高的光亮度。

（9）其他用途。金在宇航工业上还有特殊用途，宇航服镀上一层万分之二毫米厚的黄金，就可免受辐射和太阳热。美国“甲虫”号宇航站的外壳，加装了铝镀金塑料的隔热反射屏，就使站内温度由43℃降到24℃。

金及其合金或化合物广泛应用在制药、理疗、镶牙上。银是重要的感光材料，大量银及银盐用于电影制片和医疗、科技、出版、民用摄影等方面。金、银还大量用于轻工、美术工艺工业上。

7.2　银的浸出

银在地壳中的含量也很少，仅占 0.07×10^{-6}。银在自然界的存在形态远比金复杂，银有较大的活性。在自然界中有单质的自然银存在，但主要是呈化合物状态。银矿物和含银矿物共有200多种。银的矿物有60多种，主要是自然银、银金合金、硫化物、硫代硫酸盐、砷化物、碲化物和锑化物等。

伴生、共生银矿资源是我国银资源的主体，多伴生于铅锌矿中，其次为铜矿。在铅锌矿中的银储量占伴生银总储量的44%；在铜矿石中的占31.6%；在锡铅锌矿中的占6.8%；在金矿中占4.5%。

从独立银矿中提银，银是主要产出金属和主要价值源。但独立的银矿资源有限，银常与金、铜、铅、锌、锡等伴生在一起，以各种各样的比例存在于有色金属矿物中，从这些矿物中提取银已经成为铜、铅、锌、金生产的不可分割的共同产品或主要副产品。在我国98%的白银是从各类有色金属矿的冶炼阳极泥中回收的。

7.2.1　铜阳极泥湿法提银

7.2.1.1　铜阳极泥的成分和金属赋存状态

由于贵金属的标准电势都为正值，银为+0.8V，金为+1.5V，铂、钯、铑居中，并大于铜（+0.34V）、铅（−0.13V）、锡（−0.14V）、镍（−0.25V）、锌（−0.76V）等，因此，粗铜电解时，银和其他贵金属多富集在铜阳极泥中，特别是金、铂、钯，在一般情况下，基本全部富集在阳极泥中。

铜阳极泥是由阳极铜在电解精炼过程中不溶于电解液的各种物质组成，其成分和产率主要与阳极铜成分、铸锭质量及电解技术条件有关。硫化铜精矿的阳极泥，含有较多的Cu、Se、Ag、Pb、Te及少量的Au、Sb、Bi、As和很少的铂族金属。而铜镍硫化物精矿的阳极泥中贵金属主要为铂族金属，Au、Ag含量较少。铜阳极泥产率一般为0.2%~1%。国内外一些厂家产出的铜阳极泥化学成分如表7-2所示，物相组成如表7-3所示。从表中可以看出，银是阳极泥中的主要成分之一，来自不同地方的矿物甚至同一铜矿不同矿区的矿物中银品位也不一样，因此各冶炼厂铜阳极泥中银含量不一样。阳极泥中各元素的赋存状态较为复杂，它们以金属态、化合物、氧化物和盐类存在于阳极泥中。银除呈金属态外，常与硒、碲结合，过剩的硒、碲也可与铜结合。

表 7-2 国内外一些厂家铜阳极泥化学成分 (%)

厂家	w(Au)	w(Ag)	w(Cu)	w(Pb)	w(Bi)	w(Sb)	w(As)	w(Se)	w(Te)	w(Fe)	w(Ni)	w(Co)	w(S)	w(SiO_2)
1	0.8	18.84	9.54	12.0	0.77	11.5	3.06		0.5		2.77	0.09		11.5
2	0.08	19.11	16.67	8.75	0.70	1.37	1.68	3.63	0.20	0.22				15.10
3	0.08	8.20	6.84	16.58	0.03	9.00	4.5			0.22	0.96	0.76		
4	0.10	9.43	6.96	13.58	0.32	8.73	2.6			0.87	1.28	0.08		
5	1.64	26.78	11.20	18.07						0.80				2.37
6	1.27	9.35	40.0	10.0	0.8	1.5	0.8	21.0	1.0	0.04	0.50	0.02	3.6	0.30
7	1.97	10.53	45.80	1.00		0.81	0.33	28.42	3.83	0.40	0.23			
8	0.2~2	2.5~3	10~15	5~10	0.1~0.5	0.5~5	0.5~5	8~15	0.5~8		0.1~2			1~7
9	0.43	7.34	11.02	2.62		0.04	0.7	4.33		0.60	45.21		2.32	2.25
10	1.01	9.10	27.3	7.01		0.91	2.27	12.00	2.36					
11	0.445	15.95	13.79	19.20	0.4	2.62		4.33	0.52				6.55	1.55
12	0.03	5.14	43.55	0.91	0.97	0.06	0.29	12.64	1.06	1.42	0.27	0.09		6.93
13	0.1	4.69	19.62		0.48			5.62	5.26		30.78			6.12
14	0.9	9.0	30.0	2.0		0.5	2.0	12.0	3.0					
15	0.28	53.68	12.26	3.58	0.45	6.76	5.42							
16	0.09	28.1	19.0	1.0	23.9	10.7	2.1	1.6	1.75					

表 7-3 阳极泥的物相组成

元 素	主 要 物 相
Cu	Cu，Cu_2O，CuO，Cu_2S，$CuSO_4$，Cu_2Se，Cu_2Te，CuAgSe，$CuCl_2$
Pb	$PbSO_4$，$PbSb_2O_4$
Bi	Bi_2O_3，$(BiO)_2SO_4$
As	$As_2O_3 \cdot H_2O$，$Cu_2O \cdot As_2O_3$，$BiAsO_4$，$SbAsO_4$
Sb	Sb_2O_3，$(SbO)_2SO_4$，$Cu_2O \cdot Sb_2O_3$，$BiAsO_4$
S	Cu_2S
Fe	FeO，$FeSO_4$
Te	Ag_2Te，Cu_2Te，$(Au, Ag)_2Te$
Se	Ag_2Se，Cu_2Se
Au	Au，Au_2Te
Ag	Ag，Ag_2Se，Ag_2Te，AgCl，CuAgSe，$(Au, Ag)_2Te$
ΣPt	金属或合金状态（Pt，Pd）
Zn	ZnO
Ni	NiO
Sn	$Sn(OH)_2SO_4$，SnO_2

7.2.1.2　焙烧-湿法流程

针对物料特点，铜阳极泥也可采用硫酸化焙烧-湿法处理工艺，这类工艺保留了高效硫酸化焙烧工序分离 Se、Cu 和 Ag，用湿法或电解法得到银产品。

以美国菲利浦道奇精炼厂为例，该厂年产 460kt 铜，阳极泥量大，成分变化范围很宽，因此要求阳极泥处理工艺流程要具有“柔性”，以适应不同的物料对象。该厂使用的流程如图 7-1 所示，现分步叙述如下。

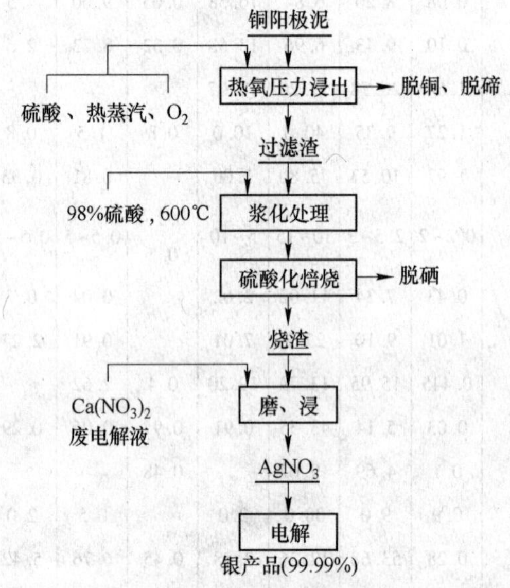

图 7-1　美国菲利浦道奇精炼厂铜阳极泥的湿法处理流程

A　热氧压力浸出

高压浸出对脱铜和去除大部分碲是非常有效的。添加足够量的硫酸到高压釜中，喷射热蒸汽到高压釜中将物料加热到指定温度停气。充氧使压力升至 1.32×10^5 Pa。因为其中的有机物质会分解成碳并氧化成 CO_2，同时铜的溶解放热反应也会产生蒸气，在处理过程中通过持续排气使压力保持在 1.16×10^5 Pa。一批物料（2268kg）浸出 3~4h，当未溶解的铜低于 1% 时，可视为反应已完全。

浸出后的阳极泥经挤压过滤、水洗和干燥待下一步处理。把过滤液抽到置换液反应器中，用铜屑除碲。脱铜、脱碲后的阳极泥成分如表 7-4 所示。

表 7-4　脱铜、脱碲后的阳极泥成分　(%)

样号	w(Ag)	w(Au)	w(Se)	w(Te)	w(Cu)	w(As)	w(Sb)	w(Pb)
1	20.06	0.64	17.40	0.53	0.56	0.31	0.88	6.22
2	25.90	0.59	19.30	1.85	0.44	0.69	3.33	3.62
3	26.90	0.45	24.30	2.26	0.67	0.72	4.49	4.09

B　硫酸化焙烧

将干燥后的脱铜阳极泥置入浆料罐中，使用 98% 的硫酸，以与阳极泥成一定比例加入到阳极泥中使阳极泥二次浆化，再加一定量的添加剂，以防止烧结结块并促进其脆性。二次浆经 600℃ 硫酸化焙烧，贱金属转变为硫酸盐，硒从中逸出形成易挥发的 SeO_2：

$$CuSe + 4H_2SO_4 = CuSO_4 + SeO_2 + 3SO_2 + 4H_2O$$

$$Ag_2Se + 4H_2SO_4 = Ag_2SO_4 + SeO_2 + 3SO_2 + 4H_2O$$

焙烧脱硒的阳极泥成分如表 7-5 所示。

表 7-5 焙烧过的阳极泥成分 (%)

范围	w(Ag)	w(Au)	w(Se)	w(Te)	w(Cu)	w(As)	w(Sb)	w(Pb)
高	29.08	1.16	0.58	2.76	4.43	1.46	1.49	4.58
低	11.03	0.40	0.07	0.70	0.50	0.66	0.09	3.69

C 浸出

将烧渣置入棒磨机中加废电解液进行湿磨，在磨制过程中发生下列置换反应：

$$Ag_2SO_4 + Ca(NO_3)_2 = 2AgNO_3 + CaSO_4$$

磨浆在一定温度下进行 1h 处理，以确保最大限度地浸出。溶液的纯化是通过调整 pH 值来完成的。在一定的 pH 值条件下，充分使杂质从溶液中沉淀，而没有银的沉淀。为了进一步除掉杂质元素，在溶液中添加硫酸铁，在中和作用过程中形成氢氧化铁作为捕集剂以增强杂质的去除。再添加 $CaCO_3$ 调整 pH 值到 4.5，然后过滤、洗涤和干燥，滤饼送去氯化提金，而滤液送去电沉积银。

焙烧-湿法流程中还有许多其他提银工艺，如有人采用氨浸提银工艺：脱铜渣用常温氨浸提取，液固比为 4∶1，加碱粉，使碳酸铵中的铅转化为碳酸铅，氨浸出渣用 5%的氨水漂洗，漂洗清液与氨浸液合并后在 70~80℃条件下用水合肼还原成银粉，将粗银粉（含银大于 98%）在中频感应炉中熔成阳极送电解，产出纯银。

若铜阳极泥中含碲较多，可对流程做改动：首先将硫酸化焙烧后改用水浸溶铜、脱铜渣进行碱浸溶碲、脱碲渣在硫酸溶液中加 $NaClO_3$，进行氯化浸金、浸金渣改用 Na_2SO_3，溶液浸银，银浸出液再用甲醛还原得粗银粉。

硫酸化焙烧的缺点是，浓硫酸消耗高，设备庞大且腐蚀严重，碲的回收率低。

7.2.1.3 全湿法流程

为了改善操作环境，消除污染，提高金银直收率，增加经济效益等，对铜阳极泥的全湿法处理工艺做了大量研究工作，并取得重大进展。

该工艺采用稀硫酸、空气或氧气，氧化浸出脱铜，再用氯气、氯酸钠或双氧水作氧化剂浸出 Se、Te。为了不使 Au、Pt、Pd 溶解，要控制氧化量（可通过浸出过程的电位来控制），最后用氯气或氯酸钠作氧化剂浸出 Au、Pt、Pd。氯化渣用氨水或 Na_2SO_3 浸出 AgCl 并还原得银粉。粗银经电解得纯银产品。

有人认为，脱铜脱硒的阳极泥用硝酸浸出银是有利的。往硝酸浸出液中加入饱和氯化钠溶液，使银呈 AgCl 沉淀，再氨浸，从氨浸液直接还原成金属或将生成的 $[Ag(NH_3)]Cl$ 用铜置换回收银。硝酸银溶液也可用 5%的氢氧化钠和氨水局部中和，适当降低酸度后电解制取纯银。硝酸不溶渣中还含有残余银和金，可用氰化钠溶液浸出，氰化液用铝置换。银的回收率为 99.94%。

另一种工艺是采用硝酸浸出原始铜阳极泥，在 40~115℃条件下进行，95%的银转入溶液，硝酸银浸出液用中性或碱性萃取剂萃取脱硝，再沉淀 AgCl。

也有人研究过在湿法流程中采用氯化法处理阳极泥。在 6mol/L 盐酸、温度为 100~110℃条件下氯化，氯化银用氨水浸出生成 $[Ag(NH_3)]Cl$，热分解回收氨，得纯 AgCl。往氯化银中加 114g/L 热氢氧化钠溶液，生成 AgOH，以葡萄糖还原成金属银。氯化过程中银的氯化率为 99.7%，银回收率 97.2%，银的纯度为 99.999%。如果采用脱铜、脱硒后在低酸度加其他氧化剂，再氯化，金的溶解率可达 99.7%，氯化渣中的银用氨浸、水合肼还原能产出 99.98%的纯银。氯化银也可用连二硫酸钠或亚硫酸钠溶液浸出，银的浸出率可达 99%以上。

有人对铜、镍阳极泥处理采用硫酸脱铜、镍、铁，然后在 200℃ 用氢氧化钠处理残渣，使银生成 Ag_2O，再用 0.5mol/L 以下的稀硝酸处理，温度控制在 70℃ 以上，沸点以下，银则变成硝酸银而溶解，然后沉淀铜、硒、金，过滤分离沉淀物后，用电解法制取纯银。

湿法流程重点考虑流程要短，金、银回收率要高，尽量消除对环境的污染等。全湿法工艺流程如图 7-2 所示。

7.2.1.4　“INER” 法

中国台湾核能研究所（INER）研究了一种从铜阳极泥中回收贵金属的新方法，被称为“INER” 法，其工艺流程如图 7-3 所示。从提取银的角度来看，工艺主要包括四个浸出过程：

（1）阳极泥用硫酸浸出——脱铜。

（2）脱铜渣用醋酸盐溶液浸出——脱铅。

（3）脱铅渣用硝酸浸出——脱银、硒、碲（浸出率：Ag 96.1%、Se 98.8%、Te 70%）。

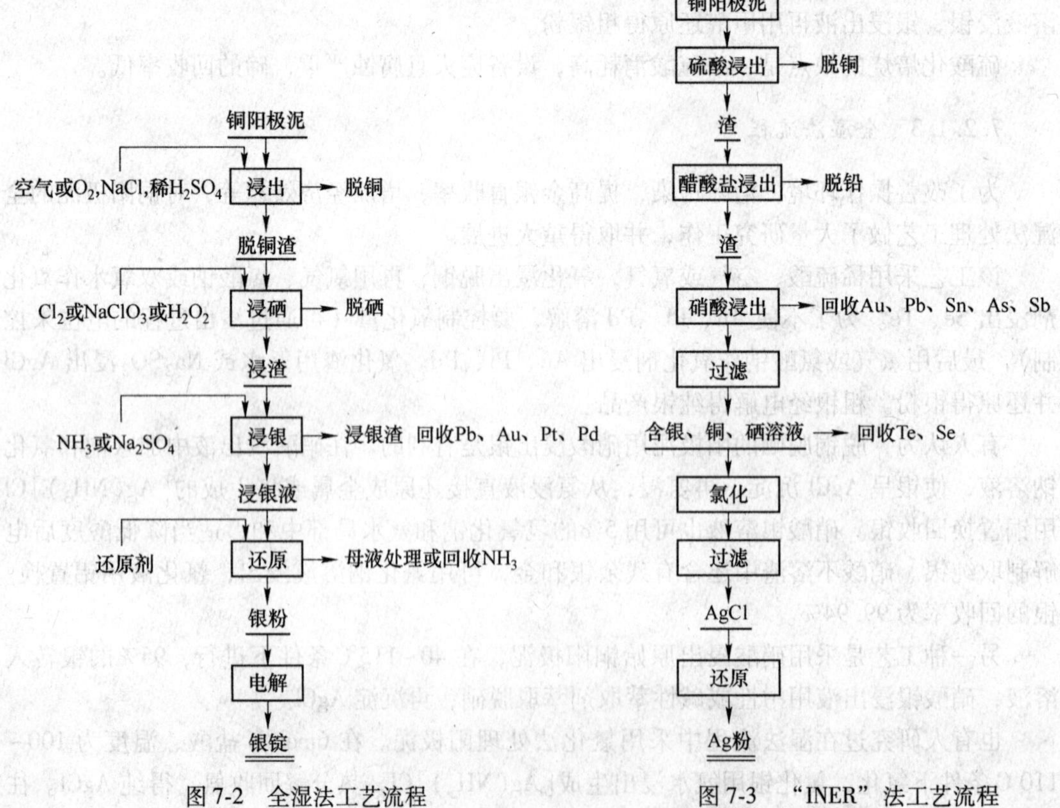

图 7-2　全湿法工艺流程　　图 7-3　“INER” 法工艺流程

(4) 在浸出液中加理论量的盐酸，沉淀出 AgCl（AgCl 纯度大于 99%，回收率大于 96%）。

阳极泥中存在大量铅，使阳极泥中有价金属回收困难。采用醋酸盐浸出脱铅，浸铅率随醋酸盐浓度和温度的升高而升高。

用硝酸溶解醋酸盐浸出残渣中的银和硒，浸出温度为 100~150℃，银、铜、硒、碲的浸出率分别为 96.13%、>99%、98.8%和 70%。往浸出液中通氯气使银以 AgCl 形式沉淀回收，AgCl 还原得到银粉，粗银经电解得纯银产品。

此法与传统法相比，具有能耗低，排放物少，贵金属总回收率高（金 99%以上，银 98%），操作方便，适于连续生产。

7.2.2 铅阳极泥湿法提银

银是铅锌矿中的重要伴生元素。由于铅冶炼原料带入的银，在熔炼过程中有 95%的银进入粗铅，粗铅精炼时，有 99%以上的银富集于铅阳极泥中，通过铅阳极泥的处理，银作为重要的副产品产出。

7.2.2.1 铅阳极泥的成分

国内外一些冶炼厂铅阳极泥成分如表 7-6 所示，物相成分如表 7-7 所示。

表 7-6 国内外一些厂家产出的铅电解阳极泥化学组成 (%)

分类	厂家	w(Ag)	w(Au)	w(Pb)	w(Cu)	w(Bi)	w(As)	w(Sb)	w(Sn)	w(Se)	w(Te)
高砷	1	66.5	0.031	10.24	3.40	8.46	17.15	33.12			0.38
铅阳	2	11.5	0.016	19.7	1.8	2.1	10.6	38.1			
极泥	3	8~10	0.02~0.045	6~10	2.0	10.0	20~25	25.3			0.1
低砷	4	9.5	0.01	15.9	1.6	20.6	4.6	33.0		0.07	0.74
铅阳	5	7~18	0.02~0.04	8~16			0.12	38~40			
极泥	6	2.63	0.025	8.81	1.32	5.53	0.67	54.30	0.38		
	7	0.1 N 0.15	0.2~0.4	5~10	4~6	10~20		25~35			

表 7-7 铅阳极泥的物相组成

主要元素	Ag Au Se Te Bi Cu Pb As Sb
主要物相	银 金 铜 锑 铋 铅 砷（金属） AgCl Ag_3Sb α-AgSb $AgTe_2$ AgTe Cu_2O CuTe $Cu_{9.5}As_4$ PbO PbFCl $PbBiO_4$ Bi_2O_3 SnO_2 As_2O_3 SiO_2 $AlSi_2O_5(OH)_4$

铅阳极泥成分不同，存在的物相不尽相同，预处理情况不同，物相也有变化，高砷与低砷的划分也无统一的标准。从表 7-7 中可以看出，Ag、Au、Cu、Sb、Bi、As、Pb 存在的状态，其中 Au、Ag、Pb 和 Cu 主要以金属状态存在；Bi、Sn、As 主要以氧化物存在；而 Ag 与 Sb 能形成一系列金属间化合物相。实践中观察到铅阳极泥在堆放中金属态元素

会自然氧化，Sb在放置过程中会自然氧化成Sb_2O_3，特别是Sb含量较高、料堆较大时，物料自然氧化温度较高，更有利于金属态元素的氧化，因此如何使铅阳极泥中杂质元素转变成易浸出的氧化物，取决于浸出工艺的异同。银锑金属间化合物的存在也与银的氧化不彻底有关。

在有氧和少量HF、H_2SiF_6存在及100℃以下的条件下，自然氧化的物相变化：

$$4Sb + 3O_2 = 2Sb_2O_3$$

$$4Bi + 3O_2 = 2Bi_2O_3$$

$$4As + 3O_2 = 2As_2O_3$$

$$4Ag + O_2 = 2Ag_2O$$

$$2AgSb + 2O_2 = Ag_2O + Sb_2O_3$$

存在氧和少量HF、H_2SiF_6、温度为150~200℃条件下，自然快速氧化。存在浓硫酸时，温度越高，反应速度越快：

$$2Sb(Bi) + 12H_2SO_{4(浓)} = Sb_2(SO_4)_3 + Bi_2(SO_4)_3 + 6SO_2 + 12H_2O$$

$$2Ag + 2H_2SO_{4(浓)} = Ag_2SO_4 + SO_2 + 2H_2O$$

$$2Ag(Sb) + 8H_2SO_{4(浓)} = Ag_2SO_4 + Sb_2(SO_4)_3 + 8H_2O + 4SO_2$$

由于浓硫酸的强氧化性，阳极泥中的银易转化成为Ag_2SO_4、Ag_2O，这对湿法流程中银的分离，更大限度地富集金，并稳定提高金粉的品位极为有利，同时对分离银也产生很好的效果。

如采用强氧化剂参加的氧化焙烧实验，选用硫酸的用量为阳极泥的0.7倍，200℃，每15min搅拌一次，发现硫酸化焙烧预处理，能使贱金属和银迅速氧化，大大提高了银的浸出率，而且也易于规模生产，所以研究阳极泥的物相组成及变化规律对制定铅阳极泥处理和提高银的回收率有重要指导意义。

7.2.2.2 湿法工艺流程

20世纪80年代以来，对铅阳极泥湿法处理工艺研究呈现活跃的局面，尤其是我国的研究进展迅速，已有一批成果应用于生产，铅阳极泥湿法处理原则流程见图7-4。

对现行湿法流程分析研究认为，强化阳极泥预处理是提高浸出富集率，解决原有湿法流程存在问题的关键，于是发展了空气静态焙烧氧化、空气动态焙烧氧化、强氧化剂焙烧氧化等预处理办法。有实验指出，在200℃左右条件下进行静止、连续空气氧化48h，与在200℃条件下，进行动态氧化0.5~4.5h、每15min搅拌一次的两种物料进行浸出对比实验，其浸出条件为：$[Cl^-]=5mol/L$、终酸度1.0mol/L、温度65℃、浸出3h，液固比为6∶1；然后对浸出渣进行亚硫酸钠分离银的试验，其条件为Na_2SO_3含量为250g/L、液固比为10∶1、常温浸出3h。结果表明：静态氧化虽然达到较好的脱贱金属目的，但银的分离达不到工艺要求（渣含Ag <1%），并且作业时间长，不适合大规模连续作业。而动态氧化随着时间延长，氧化后浸出效果较好，但到一定程度后很难再提高，并且浸出渣不能直接用于分离银。采用强氧化剂参加的氧化焙烧实验，选用硫酸用量为阳极泥的0.7倍，220℃，每15min搅拌一次，发现硫酸化焙烧对铅阳极泥进行预处理，能使贱金属及银迅速氧化，大大提高了银的浸出率，而且易于规模生产。

在铅阳泥氯化-萃取综合流程（见图7-5）中，采用盐酸、氯气氯化浸出铅阳极泥获得铅银渣，对铅银渣采用 NH_4Cl、NH_3浸取银，得到含银的浸出液和铅渣，使银铅得到分离，然后从溶液中还原银，最终获得银产品。氯化浸出获得的浸出液进入萃取系统回收各种贱金属。也可通过水溶液氯化浸出贱金属，氯酸钠氧化浸出金，氨浸分银的工艺。另一种工艺是先用水洗涤铅阳极泥中的硅氟酸铅，在硫酸介质中分别用空气或氧，氧化浸出铜，酸浸渣碱浸，碱浸渣分离提金和银。或者采用混酸浸出贱金属，水溶液氯化萃取提金，亚硫酸钠浸出还原银。还有采用控电氯化浸出贱金属，氯化浸出后活性炭提金，氨浸还原银的工艺。

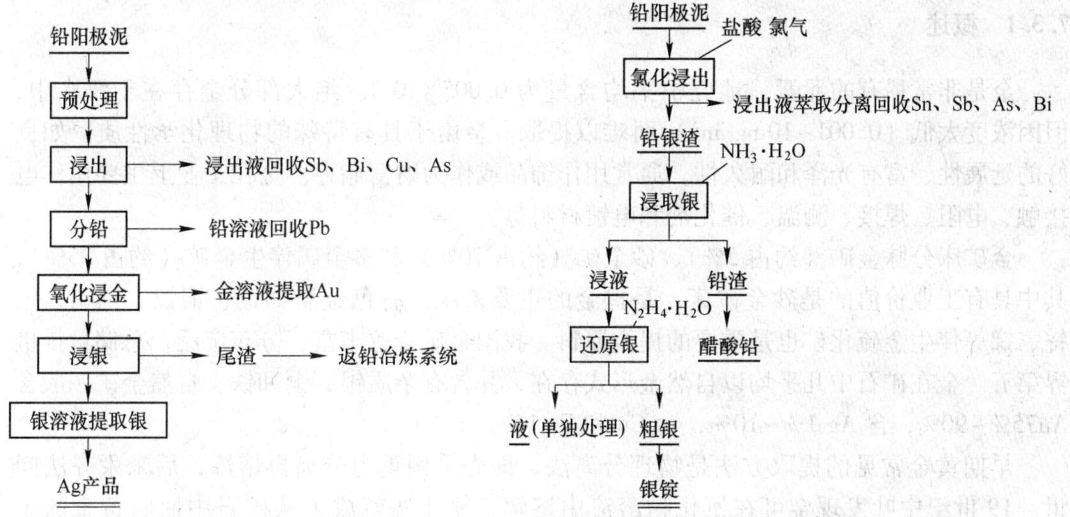

图 7-4 铅阳极泥湿法处理原则流程

图 7-5 铅阳极泥氯化-萃取综合流程

上述各工艺的共同特点是金银直收率都获得了提高，银的直收率可达 95%~97%。湿法流程与火法流程相比，相对减少了对环境的污染，可实现综合回收，但尾渣中残余的金（≥10g/t）和银（0.1%~0.5%）难以直接回收。

7.2.3 从锡冶炼中回收银

粗锡有火法精炼和电解精炼两种冶炼方法。对于含贵金属的粗锡，电解精炼几乎是不可取代的，然后从电解阳极泥回收银。关于电解阳极泥的处理，传统的方法是将粗锡电解阳极泥加熔剂进行还原熔炼，产出含银锡铅合金，再经硅氟酸电解精炼，产出锡铅粗合金电解阳极泥，此阳极泥中贵金属得到进一步富集，一般含 Ag 5~26kg/t。锡铅粗合金电解阳极泥多采用酸浸或焙烧后酸浸的流程，回收其中的贵金属及有色金属。由于阳极泥成分的差异，生产中选用的流程有所不同。

（1）盐酸及三氯化铁浸出法。采用盐酸、三氯化铁浸出-铁屑置换-铅银精矿浮选-硝酸分解-氯化沉银-水合肼还原-火法熔炼处理阳极泥，银的回收率达到 83%~86%，其他有价金属也得到全面回收，工艺投资少，能耗低，无铅、砷烟害。

（2）盐酸浸出-分铅-HCl 沉银-水合肼还原。盐酸浸出渣中的铅以 $PbCl_2$形态存在，金银得到进一步富集。分铅渣不经任何处理，直接用酸浸出，银的浸出率很低，而通过硫酸化焙烧后，银的浸出率极大提高。浸出液用 HCl 沉淀，再经洗涤及氨肼还原得银粉，银的直收率达95%。

(3) 氧化焙烧-稀硫酸浸出。如果阳极泥含Pb、S较高，含Ag低，采用常规方法会导致Ag的分散和直收率低，采用氧化焙烧-稀硫酸浸出-铜置换提取Ag，提高了Ag的回收率。

7.3 金的浸出

7.3.1 概述

金是非常稀有的元素，地壳中平均含量为0.005×10^{-6}。绝大部分金存在于海水中，但因浓度太低（$0.001\sim10mg/m^3$）而难以提取。金由于具有特殊的物理化学性质，如良好的延展性、富有光泽和耐久性，通常用作饰品或作为财富储存。金在工业上主要用作电接触、电阻、焊接、测温、催化剂和电镀材料等。

金矿床分脉金矿（约占5%）、砂金矿（约占70%）和多金属伴生金矿（约占25%），其中具有工业价值的是砂金矿床，是提金的主要来源。有色金属如铜、铜镍、铜铅、铅锌、锑等伴生金硫化矿也是重要的提金原料。我国金矿资源丰富，分布广泛，总储量排世界第五。金在矿石中几乎均以自然金形式存在，并含有杂质银、铜和铁。自然金矿一般含Au75%~90%，含Ag 1%~10%，含Cu和Fe 1%。

早期黄金常见的提取方法是物理分离法，即先采用重力分离再熔炼，后来汞齐法问世。19世纪中叶发现金可在氰化物溶液中溶解，氰化法就成了从矿石中回收黄金的主要方法。氰化法之所以普遍流行，主要是由于其过程简单，对易处理矿石是一种最经济的处理方法。目前，根据不同的矿石物质成分，工业上采用以下10种选冶工艺流程进行生产：

(1) 单一重选工艺流程。

(2) 单一浮选工艺流程。

(3) 重选-浮选工艺流程。

(4) 混汞-浮选工艺流程。

(5) 金泥氰化-锌粉置换工艺流程。

(6) 金泥氰化炭浆法（CIP）提金工艺流程。

(7) 金泥氰化炭浸法（CIL）提金工艺流程。

(8) 金泥氰化树脂法（RIP）提金工艺流程。

(9) 堆浸提金工艺流程。

(10) 浮选-金精矿氰化提金工艺流程。

常用的浸出剂见表7-8。

由于堆浸法、炭浆法、树脂矿浆法等提金技术在黄金生产上的应用，世界范围内黄金生产面貌产生了根本性变化，传统的混汞法，甚至锌置换法，由于自身的缺陷都在不同程度面临挑战。氰化物本身有毒，在生产工厂有害健康，任何含氰化物的尾矿和废液都有可能危害健康，非氰浸出工艺越来越受到人们的重视，如采用硫脲浸出法、硫代硫酸盐浸出法、多硫化物浸金法、石硫合剂法、高温氯化法等。

表 7-8 金的浸出体系

浸出剂		配位体	氧化剂	溶液中金配合物	典型浸出条件	标准电位/mV
碱性体系（pH 值大于 10）	氰化物	CN^-	O_2	$[Au(CN)_2]^-$	0.02%~0.1%NaCN；pH=10~11	-720
	氨-氰化物	CN^-	O_2	$[Au(CN)_2]^-$	0.5~2kg/t NaCN；1~4kg/t NH_3	
	氨	NH_3	O^{2+} $[Cu(NH_3)_4]^+$	$[Au(NH_3)_2]^+$	2mol/dm³ NH_3； 1mol/dm³ $(NH_4)_2SO_4$；140℃	
	矿浆电解	CN^-	O_2	$[Au(CN)_2]^-$	0.2% NaCN；0.2%NaOH； 0.05%RCR-34；2.7V	
	硫化钠	HS^-		$[Au(HS)_2]^-$	50g/L Na_2S；pH>12；60~100℃	
	α-羟基腈	CN^-	O_2	$[Au(CN)_2]^-$	空气饱和的 0.1%二羟基丙腈溶液；pH=7~11	
	丙二腈	$CH(CN)_2^-$ 和 CN^-	O_2	$[Au(CH(CN)_2)_2]^-$ 和$[Au(CN)_2]^-$	2~3kg/t 丙二腈；pH>10	
中性体系（pH 值为 5~9）	硫代硫酸盐	$S_2O_3^{2-}$	O_2或 Cu^{2+}	$[Au(S_2O_3)_2]^{3-}$	0.2mol/dm³ $Na_2S_2O_3$和 2mol/dm³ NH_4OH；3g/L Cu^{2+}；pH≥7；50℃	-89
	氰化溴	CN^-	BrCN	$[Au(CN)_2]^-$	pH=7；0.5~1.0kg/t BrCN	
	溴化物	Br^-	Br_2	$[AuBr_4]^-$	2~5g/L Br_2；0~10g/L NaBr；pH=5~6	612
	碘化物	I^-	I_2	$[AuI_2]^-$	1g/L I_2；9g/L NaBr；pH=4~9	336
	亚硫酸或 SO_2	HSO_3^-	O_2	$[Au(HSO_3)_2]^-$	15~50kg/t SO_2； pH=4~5；离子交换树脂	
	细菌和酸	氨基酸	O_2或 $KMnO_4$	$[Au(CH_2NH_2COO)_2]^-$	3g/L 氨基酸；pH=9.5	
酸性体系（pH 值小于 3）	硫脲	NH_2 $CSNH_2$	Fe^{3+}或 H_2O_2	$[Au(NH_2CSNH_2)_2]^+$	0.1%~1%硫脲；0.2% Fe^{3+}； pH=1~2；E_h=200mV	138
	硫氰酸盐	SCN^-	Fe^{3+}或 H_2O_2	$[Au(SCN)_4]^-$	10mg/L NaSCN；2~5g/L Fe^{3+}	394
	氯	Cl^-	Cl_2或 HClO	$[AuCl_4]^-$	5~10g/L Cl_2；5~10g/L NaCl；pH<2	752
	王水	Cl^-	HNO_3	$[AuCl_4]^-$	盐酸：硝酸=3：1；pH<0；>50℃	
	三氯化铁	Cl^-	Fe^{3+}	$[AuCl]^-$	3%~6%$FeCl_3$；pH<2	

采用湿法冶金生产黄金的工艺过程是复杂的，大体可分为以下工艺阶段：矿石准备、预处理、浸出、净化与富集、回收、熔炼、废水处理等。

金的浸出过程是在配合剂和氧化剂的共同作用下，使矿石中元素态的金和化合态的金都形成可溶的配合物进入溶液，再从溶液中回收金。同时，还需要加入 pH 值调节剂，使浸出过程保持在合适的 pH 值范围。例如，用王水溶解金时，硝酸是氧化剂，盐酸是配合剂，金在任何单独一种酸中不能溶解，需要加入氧化剂，是因为矿石中的金一般处于元素形态，即使处于化合态稳定性也非常高，所以要求进行氧化，以利于浸出。加入配合剂是因为金离子在水中的不稳定，需要形成其他配合物，才能在溶液中稳定存在。

金在配合物中的常见价态是正一价和正三价，显弱酸性，倾向于与大的极性配体形成配合物。

7.3.2 预处理

直接处理难处理金矿的方法是大家关心的问题，但是对难处理金矿，不能有效地直接采用传统的氰化法浸出，其原因是：(1) 微细粒金被黄铁矿、砷黄铁矿等严重包裹，即使经过精细研磨也不能使金解离；(2) 存在有劫金或吸附金的碳质矿；(3) 含有氰化物不溶的金碲（硒）合金或有相当多的消耗氰化物的物质，或金表面有薄膜形成，障碍了金与氰化物的接触等，这类矿物必须进行预处理后才能提金，目前发展起来的方法很多，如加压、焙烧、化学氧化、生物氧化、微波辐射等。对多金属共生难处理金矿有采用矿浆电解预处理等。

7.3.2.1 加压氧化

在常温常压环境条件下溶于溶液的氧能氧化某些硫化矿物。这种方法可在氰化物浸出之前采取一种简便的、低费用、预充气的步骤以氧化及（或）钝化某些活泼的耗试剂的硫化物，如磁黄铁矿及白铁矿。应该指出的是，这种处理方法常常只能用于处理部分硫化物，而不宜用于处理金与硫化物紧密伴生的矿石。黄铁矿、砷黄铁矿及黄铜矿在充氧溶液中的广泛 pH 值范围内是比较稳定，但在高温高压条件下，用氧作主要的氧化剂，可在酸介质中得到迅速分解，如在强酸（pH 值小于 2）条件下，100℃，有溶解氧存在时，它们的反应式为：

$$2FeS_2 + O_2 + 4H^+ = 2Fe^{2+} + 4S + 2H_2O$$

$$2Fe_7S_8 + 7O_2 + 28H^+ = 14Fe^{2+} + 16S + 14H_2O$$

$$2FeAsS + 3O_2 + 6H^+ = 2HAsO_2 + 2Fe^{2+} + 2S + 2H_2O$$

$$4CuFeS_2 + O_2 + 4H^+ = 4Cu^+ + 4Fe^{2+} + 8S + 2H_2O$$

此外，在上述情况下 Fe^{2+} 可被氧化成 Fe^{3+}，Fe^{3+} 也是强氧化剂：

$$FeAsS + 7Fe^{3+} + 4H_2O = 8Fe^{2+} + AsO_4^{3-} + 8H^+ + S$$

$$CuFeS_2 + 10Fe^{3+} + 4H_2O = 11Fe^{2+} + Cu^{2+} + 8H^+ + S + SO_4^{2-}$$

产生的元素硫必须除去，以避免它包裹未经反应的硫化物颗粒，从而减少金的提取和增加氰化物的耗量。在 160℃ 以上的温度操作时，硫会被单向氧化成硫酸盐，这样即可去除元素硫。实际上在 180~225℃ 下，所有的氧化反应是：

$$2FeS_2 + 7O_2 + 2H_2O = 2FeSO_4 + 2H_2SO_4$$

$$2Fe_7S_8 + 31O_2 + 2H_2O = 14FeSO_4 + 2H_2SO_4$$

$$4FeAsS + 11O_2 + 2H_2O = 4HAsO_2 + 4FeSO_4$$

$$4CuFeS_2 + 15O_2 + 2H_2O = 2Cu_2SO_4 + 4FeSO_4 + 2H_2SO_4$$

矿石中的任何碳酸盐都与硫酸发生强烈反应：

$$CaCO_3 + H_2SO_4 = CaSO_4 + CO_2 + H_2O$$

绝大多数贱金属硫化物也溶解于强烈的氧化介质中。

7.3.2.2 焙烧氧化

焙烧法是处理高砷金矿最古老、最简单、最有效的方法，尽管越来越严格的环保法限制了它的发展，但近年来仍有些国家在采取严格的环保措施情况下，新建厂时仍采用焙烧预处理法。焙烧是在氧化气氛（如空气或氧）下对矿石进行处理。依矿石类型焙烧可以是单段过程也可以是两段过程。两段过程的前一段是在还原条件下进行操作以便产生多孔的中间产品，然后在第二段中，在氧化气氛中进行焙烧以完成氧化过程。

A 铁硫化合物的氧化

在氧化焙烧条件下，黄铁矿、白铁矿及磁黄铁矿直接氧化成磁铁矿，然后进一步生成赤铁矿。

$$3FeS_2 + 8O_2 \xlongequal{} Fe_3O_4 + 6SO_2$$

$$3FeS + 5O_2 \xlongequal{} Fe_3O_4 + 3SO_2$$

$$4Fe_3O_4(s) + O_2(g) \xlongequal{} 6Fe_2O_3(s)$$

在还原条件下，黄铁矿分解成磁黄铁矿及硫：

$$FeS_2 \xlongequal{} FeS(s) + S(g)$$

硫被氧化成二氧化硫，遗留下多孔磁黄铁矿结构。

B 砷硫化物的氧化

在氧化条件下，较低的温度下，砷黄铁矿也发生反应生成磁铁矿：

$$12FeAsS + 29O_2 \longrightarrow 4Fe_3O_4 + 6As_2O_3 + 12SO_2$$

在还原条件下，在富二氧化硫的大气中，砷黄铁矿分解为磁黄铁矿及砷：

$$FeAsS(s) \xlongequal{} FeS(s) + As(g)$$

当有氧存在时挥发的砷迅速氧化成三氧化二砷：

$$4As(g) + 3O_2(g) \xlongequal{} 2As_2O_3(s)$$

三氧化二砷可被氧化成五氧化二砷：

$$As_2O_3(s) + O_2(g) \xlongequal{} As_2O_5(s)$$

这项反应希望能降至最小，因为它能导致赤铁矿与五氧化二砷之间反应生成砷酸铁而挟持金以致减少以后的提金率。

其他的砷物料，如雄黄及雌黄，在焙烧中被氧化成三氧化二砷及二氧化硫：

$$4AsS + 7O_2 \xlongequal{} 2As_2O_3 + 4SO_2$$

$$2As_2S_3 + 9O_2 \xlongequal{} 2As_2O_3 + 6SO_2$$

C 锑矿物的氧化

含锑的矿物在氧化焙烧中辉锑矿很容易分解形成三氧二锑及二氧化硫：

$$2Sb_2S_3 + 9O_2 \xlongequal{} 2Sb_2O_3 + 6SO_2$$

D 其他硫化矿的氧化

单一的铜、锌及铅硫化物氧化后生成金属氧化物：

$$2MeS + 3O_2 \xlongequal{} 2MeO + 2SO_2$$

金的碲化物焙烧氧化生成金及二氧化碲：

$$AuTe_2 + 2O_2 \xlongequal{} Au + 2TeO_2$$

E 碳及含碳质物料的氧化

在焙烧中被氧化生成二氧化碳：

$$C + O_2 \xlongequal{} CO_2$$

碳酸盐在焙烧过程中分解成金属氧化物及二氧化碳：

$$CaCO_3 \xlongequal{} CaO + CO_2$$

$$MgCO_3 \xlongequal{} MgO + CO_2$$

7.3.3　氰化浸出金

7.3.3.1　氰化浸出基本原理

在黄金的发展过程中，氰化浸出技术的出现，使世界上黄金的产出由以砂金为主转向以脉金为主，导致黄金产量剧增。至今，氰化浸出技术已非常成熟。

氰化法是利用氰化物（氰化钠、氰化钾、氰化钙或氰化氨）溶液作配合剂、空气（氧气）作氧化剂浸出矿石中的金和银，然后再从浸出液中回收金和银的一种提金技术。其化学反应式为：

$$4Au + 8CN^- + O_2 + 2H_2O \xlongequal{} 4[Au(CN)_2]^- + 4OH^-$$

工业生产中，溶液中氰化钠的含量为 0.03%~0.1%，pH 值为 9~11（通常加入石灰，使溶液中 CaO 含量达到约 0.005%），鼓入空气尽可能使矿浆中氧达到饱和。

氰化法提取金银的电位-pH 值图如图 7-6 所示。

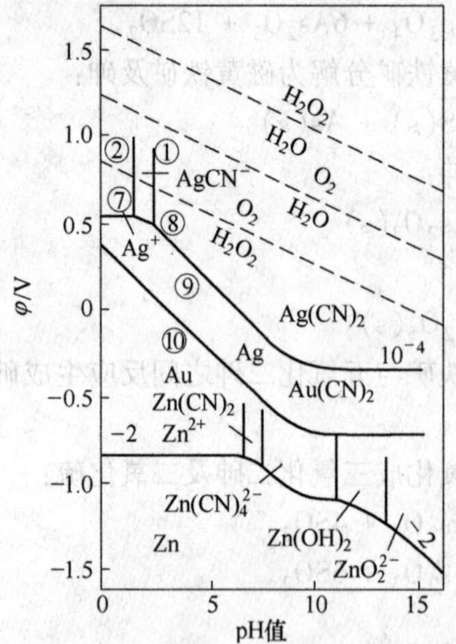

序号	反应方程式
①	$Ag^+ + CN^- \xlongequal{} AgCN$
②	$AgCN + CN^- \xlongequal{} Ag(CN)_2^-$
⑦	$Ag^+ + e \xlongequal{} Ag$
⑧	$AgCN + e \xlongequal{} Ag + CN^-$
⑨	$Ag(CN)_2^- + e \xlongequal{} Ag + 2CN^-$
⑩	$Au(CN)_2^- + e \xlongequal{} Au + 2CN^-$

$T=298K, p_{O_2}=p_{H_2}=1.01325\times10^5 Pa, 10^{-2} mol/L\ CN^-$

$a_{Ag(CN)_2^-}=a_{Au(CN)_2^-}=10^{-4}, a_{Zn(CN)_4^{2-}}=10^{-2}$

图 7-6　氰化法提取金银的电位-pH 值图

从图中可知：

（1）金和银的配合离子（$[Au(CN)_2]^-$ 和 $[Ag(CN)_2]^-$）在碱性氰化物水溶液中是稳定的，处于水的稳定区内。

（2）金和银配合物离子的还原电极电位，比游离金或银离子的还原电极电位低很多，所以氰化物溶液是金和银的良好配合剂。

（3）氧可以作为金和银氰化浸出时的氧化剂。

（4）在低 pH 值范围内，发生生成 HCN 反应，使氰化物损失，并造成严重污染。

（5）高氧化电位时，生成 CNO^-，也不利于氰化浸出，应避免使用强氧化剂。

（6）在 pH 值小于 9.5 的范围内，金、银配合离子的电极电位，随着 pH 值的升高而降低。说明在此范围内，提高 pH 值对溶金、溶银有利；但大于该范围，它们的电极电位几乎不变，pH 值对溶解金、银无影响。

在工业中一般控制氰化溶金的 pH 值在 9~10 之间。因为反应⑩与氧的氧化还原反应组成溶金原电池的电动势 E 值，是氧线与线⑩的垂直距离。在图中可直观地看出，在线⑩的弯曲处，两线的垂直距离有最大值。在作图条件下（也是工业条件下），通过计算可求得 pH 值为 9.4 时，电极电位有最大值（1.22V），则 9.4 为理论最佳 pH 值。

7.3.3.2 其他矿物在浸出过程中的行为

金矿石中的一些矿物在浸出过程中可能与氰化物或氧反应，不仅消耗浸出试剂，产物也可能影响金的浸出或影响溶液中金的提取。影响较大的矿物有硫化铁、铜的化合物和砷锑的化合物。

A 硫化铁矿物

金矿中常含有黄铁矿（FeS_2），但黄铁矿在氰化溶液中较稳定，对氰化过程基本上没有太大影响。如果黄铁矿以细小的不完全发育的微晶形式存在，也将可能产生较大的影响。

磁黄铁矿（FeS_2）和白铁矿（$Fe_{1-x}S$）具有高氧化性，对氰化产生不利影响。在碱性氰化物溶液中，铁的硫化物发生氧化反应，并与氰化物、氧和碱反应，如：

$$4FeS + 3O_2 + 4CN^- + 6H_2O \longrightarrow 4CNS^- + 4Fe(OH)_3$$

$$FeS_2 + CN^- \longrightarrow FeS + CNS^-$$

$$FeS + 6CN^- \longrightarrow [Fe(CN)_6]^{4-} + S^{2-}$$

$$FeS + 2OH^- \longrightarrow [Fe(OH)_2]^- + S^{2-}$$

$$Fe(OH)_2 + 6CN^- \longrightarrow [Fe(CN)_6]^{4-} + 2OH^-$$

S^{2-}在溶液中累积会降低浸金速率，并影响锌从溶液中置换金，部分进行如下反应：

$$2S^{2-} + 2CN^- + O_2 + 2H_2O \longrightarrow 2CNS^- + 4OH^-$$

$$2S^{2-} + 2O_2 + H_2O \longrightarrow S_2O_3^{2-} + 2OH^-$$

$$S_2O_3^{2-} + 2O_2 + 2OH^- \longrightarrow 2SO_4^{2-} + H_2O$$

综上所述，硫化铁对氰化浸出过程造成的不利影响主要有：

（1）溶液中溶解氧浓度明显下降，一般从 6~7mg/L 降到 2~3mg/L。

（2）消耗氰化物，使其变成无浸金作用的硫氰酸根。

（3）S^{2-}抑制氧的还原反应，降低浸金速率。

消除硫化铁不利影响的最简单措施是在氰化前让金矿石在碱性溶液中充气氧化预浸一段时间，使易溶的硫化物氧化成无害的硫酸盐，并在硫化铁矿物表面生成 $Fe(OH)_3$ 薄膜，使硫化铁不再与氰化物反应。在氰化过程加入铅盐，也可以有效抑制硫化铁的有害影响。

B 铜矿物

金矿石中除了黄铜矿和硅孔雀石外，其他铜矿物都易生成铜氰配离子，主要是 $[Cu(CN)_3]^{2-}$ 和 $[Cu(CN)_4]^{3-}$，造成氰化物的消耗。

含氧化铜的金矿进行氰化浸出时，氰的消耗是双重的。原因是二价铜离子可以氧化氰离子，生成氰从溶液中挥发（$2Cu^{2+}+8CN^- \rightarrow (CN)_2\uparrow +2[Cu(CN)_3]^{2-}$），一价铜离子又与氰离子结合生成铜氰离子。铜矿物造成氰化物的极大消耗，金矿中含铜超过0.1%，就可能使金的氰化浸出变得毫无意义。

由于铜矿物在浸溶过程中易形成$[Cu(CN)_3]^{2-}$配离子，氰化浸金速率明显降低。一方面是铜的竞争配合明显降低了溶液中的游离氰离子；另一方面则是铜氰配离子在金颗粒表面形成一种薄膜，阻止金被氰化浸溶。

Clennell认为，在氰化钠溶液中加入氨或铵盐，有益于用于处理氧化铜的金矿，提高金的浸出率，铜的浸出量少于单独使用氰化钠时铜浸出量。金-氰-铜-氨体系复杂，其中的规律尚不清楚。

C　锑和砷矿物

金氰化浸出过程中最有害的矿物是锑和砷的硫化物，即辉锑矿（Sb_2S_3）、雄黄（As_4S_4）和雌黄（As_2S_3）。

辉锑矿在碱性氰化物溶液中，易与碱离子发生化学反应生成锑酸根离子和负二价硫离子，并进一步反应生成硫氰根离子，反应过程如下：

$$Sb_2S_3 + 6OH^- \longrightarrow SbO_3^{3-} + SbS_3^{3-} + 3H_2O$$

$$SbS_3^{3-} + 6OH^- \longrightarrow SbO_3^{3-} + 3S^{2-} + 3H_2O$$

$$SbS_3^{3-} + 6CN^- + 3O_2 \longrightarrow 2SbO_3^{3-} + 6SCN^-$$

雌黄的化学行为与辉锑矿相似。雄黄在碱性氰化物溶液中氧化分解生成砷酸根离子，其反应式为：

$$3As_4S_4 + 3O_2 + 6OH^- \longrightarrow 4AsO_3{}^{3-} + 4As_2S_3 + 6H_2O$$

砷和锑的反应产物在氰化溶液中累积到一定浓度时，在金颗粒表面形成薄膜，阻碍了金与氰根离子和氧反应，浸出速率明显下降。有研究认为，含锑或砷硫化物的金矿在低pH值条件下（如pH值为9）进行氰化可提高浸出速率。

在氰化过程中加入铅盐也有助于消除锑和砷硫化物的不利影响，其原因是可溶性铅盐在碱性溶液中形成含氧酸离子，促使负二价硫离子生成硫氰酸根。

$$PbO_2^{2-} + S^{2-} + 2H_2O \longrightarrow PbS + 4OH^-$$

$$PbO_2^{2-} + SbS_3^{3-} + 6H_2O \longrightarrow PbS + Sb_2S_3 + 12OH^-$$

$$PbS + 1/2O_2 + CN^- + 2OH^- \longrightarrow PbO_2^{2-} + SCN^- + H_2O$$

生成的PbO_2^{2-}离子又可与锑化物作用，快速消除氰化物溶液中对金的氰化浸出最不利的负二价硫离子。

7.3.3.3　氰化法提金、银过程的主要控制因素

A　氰化试剂

氰化试剂的选择主要取决于其对金银的浸出能力、化学稳定性和经济因素等。各种氰化物浸出金的能力取决于单位质量氰化物中的氰含量。

各种氰化物浸出金银的能力顺序为氰化铵>氰化钙>氰化钠>氰化钾>氰溶物，在含有二氧化碳的空气中的化学稳定性的顺序为氰化钾>氰化钠>氰化铵>氰化钙>氰溶物。就价格而言，氰化钾最贵，氰化钙和氰溶物最价廉，氰化钠的价格居中，且具有较大的浸金能力和化学稳定性，目前多数选金厂使用氰化钠。

B 矿浆中氰化物的浓度

金银的浸出速度与溶液中氰化物的浓度密切相关，当溶液中氰化物含量小于 0.05% 时，金银的浸出率随氰化物浓度的增大呈直线上升，然后随氰化物浓度的增大而缓慢上升至最高值，浸出率最高值对应的氰化物含量约 0.15%，此后再增大氰化物浓度，金银的浸出率反而有所下降。在低浓度氰化物溶液中金银的浸出速度高的原因在于：（1）低浓度氰化物溶液中氧的溶解度较大；（2）低浓度氰化液的氰根和氧的扩散速度较大；（3）低浓度氰化物溶液中贱金属的溶解量小，氰化物消耗量较少。因此，含金矿石氰化浸出时，氰化物含量一般为 0.02%~0.1%，渗滤氰化浸出时氰化物含量一般为 0.03%~0.2%。生产实践表明，常压条件下，氰化物含量为 0.05%~0.1%时金的浸出速度最高。一般而言，处理磁黄铁矿含量较高的矿石及渗滤氰化浸出时，或贫液返回使用时，采用较高的氰化物浓度。处理浮选金精矿时的氰化物浓度比原矿全泥氰化时的氰化物浓度高。

C 氰化物消耗

氰化过程中氰化物消耗于下列几个方面：

（1）氰化物的自行分解。在矿浆调整过程中，氰化物会自行分解为碳酸根和氨，但这种形式造成的氰化物损失并不重要。

（2）氰化物的水解。随矿浆 pH 值的降低，氰化物将发生水解生成挥发性的氰氢酸气体：$NaCN + H_2O \rightarrow NaOH + HCN$。

由于空气中含有二氧化碳，水中带入的酸性物质、含金矿石中所含的无机盐（如碳酸铅）及硫化矿物氧化产物等的影响，引起矿浆 pH 值降低为弱酸性，导致氰化物水解。因此，氰化作业流程中预先用碱处理，然后才能加入氰化物。

（3）伴生组分消耗氰化物。含金矿石中伴生的铜矿物、硫化铁矿物、砷锑矿物等及其分解产物常与氰化物产生作用，消耗氰化物和溶解氧。

（4）氰化矿浆中应保持一定的氰根剩余浓度。为了提高金银氰化浸出率，常要求氰化矿浆中保持相当量的氰化物剩余浓度。锌置换法从贵液中沉金时也要求贵液中保持一定的氰化物浓度，与维持剩余浓度所消耗的氰化物量及浸出矿浆液固比有关。矿浆的液固比愈大，因剩余浓度所消耗的氰化物量愈大。

（5）浸出金银所消耗的氰化物。浸出 1g 金在理论上约需 0.5g 氰化钠，若原料金含量为 10g/t，则氰化物的理论消耗量为 5g/t。因此，氰化浸出过程中，真正用于浸出金银所消耗的氰化物量较小。

（6）机械损失。由于跑、冒、滴、漏和固液分离作业洗涤效率较低所造成的氰化物损失。氰化作业中氰化物的用量远比理论计算量大，一般为理论量的 20~200 倍，处理含金原矿时，氰化物的消耗量一般为 250~1000g/t，矿石常为 25~500g/t。处理含黄铁矿精矿及氧化焙烧后的焙砂时，氰化物消耗量为 2~6kg/t。

D 氧的浓度

当溶液中氰化物浓度较高时，金的浸出速度与氰化物浓度无关，但随溶液中氧浓度的增大而增大。氧在溶液中的溶解度随温度和溶液面上压力的变化而变化，在通常条件下，氧在水中的最高溶解度为 5~10mg/L。

氰化过程通常在常温常压条件下进行，氰化时通过氰化槽中搅拌叶轮的充气作用或用压风机向氰化槽中矿浆充气的方法使矿浆中的溶解氧浓度达最高值。

实际上可利用的溶解氧量与供应的氧量相差甚大。矿浆中的溶解氧主要消耗在矿石的磨矿分级过程，氰化前应适当充空气以提高矿浆中的溶解氧浓度。氰化过程中溶解氧主要消耗于伴生组分的氧化分解，如金属铁、硫化铁矿、砷锑硫化物及其他硫化物将消耗大部分溶解氧，金银氰化浸出只消耗一小部分溶解氧。

E　矿浆 pH 值

为了防止矿浆中的氰化物水解，需使氰化物充分分解为氰根离子。即使金的氰化浸出处于最适宜的 pH 值，氰化时必须加入一定量的碱以调整矿浆的 pH 值，常将加入的碱称为保护碱。在生产中常用石灰作保护碱，因石灰价廉易得，可使矿泥凝聚，有利于氰化矿浆的浓缩和过滤。石灰的加入量以维持矿浆的 pH 值为 9～12 为宜，矿浆中的氧化钙含量为 0.002%～0.012%。

F　矿浆温度

金的浸出速度与矿浆温度的关系如图 7-7 所示。从图中曲线可知，金的浸出速度随矿浆温度的升高而增大，至 85℃时金的浸出速度最大，再进一步升高温度时，金的浸出速度下降。矿浆中溶解氧的浓度随矿浆温度的上升而下降。在 100℃时，矿浆中的溶解氧的浓度为零。金的浸出速度随温度的上升而提高是由于浸出的阴极极化作用随矿浆温度升高而减小，生成的氢大部分从矿浆中逸出，只有少部分停留在阴极表面，此时氧的去极化作用不如在极化强烈的情况时明显。但提高氰化矿浆温度将引起许多不良后果，提高矿浆温度不仅消耗大量燃料，而且加快贱金属矿物的浸出速度和氰化物的水解速度，增加氰化物的消耗量。

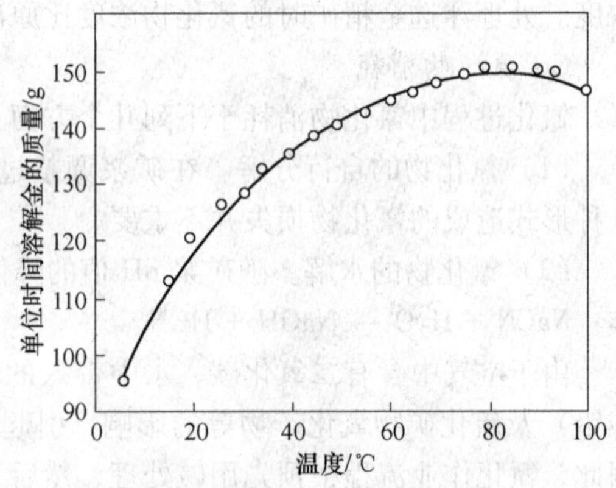

图 7-7　金浸出速度与矿浆温度的关系

G　浸出时间

氰化浸出时间随矿石性质、氰化浸出方法和氰化作业条件而异。氰化浸出初期金的浸出速度较高，氰化浸出后期金的浸出速度很低。当延长浸出时间所产生的产值不足以抵偿所花费的成本时，应终止浸出，再延长浸出时间得不偿失。一般搅拌氰化浸出时间常大于 24h，有时长达 40h 以上，碲化金的氰化浸出时间需 72h 左右。渗滤氰化浸出时间一般为 5d。

7.3.3.4　氰化浸出工艺

工业生产中，金的氰化一般可采用渗滤浸出和搅拌悬浮浸出两种方法，以堆浸和槽浸为主。堆浸是渗滤浸出的典型工业过程，目前广泛用于低品位金矿。

A　堆浸

原矿直接堆浸法是成本最低的提金方法。堆浸具有工艺简单、操作容易、投资少、成本低、规模可大可小等优点，但金的浸出率明显低于槽浸，适用于低品位金矿（0.3～3g/t）的浸出。20 世纪 80 年代以来，美国黄金产量大幅度提高，堆浸技术和发展和广泛应用起着重要作用。目前堆浸是用于处理品位更低的矿石。

堆浸中采用滴灌技术代替直接喷淋、高品位矿制粒和采用聚合物作黏合剂等，这是近年来堆浸技术的几个重要发展。

堆浸是将采出的低品位金矿石破碎至一定粒度后运至堆浸场堆成矿堆，然后在矿堆表面喷洒氰化浸出剂，浸出剂从上至下均匀渗滤通过固定矿堆，矿石中的金和银被浸出进入溶液，从堆底收集浸出液并回收金和银。堆浸主要包括矿石准备、建造堆浸场、筑堆、喷淋和金银回收等单元，其基本流程如图 7-8 所示。

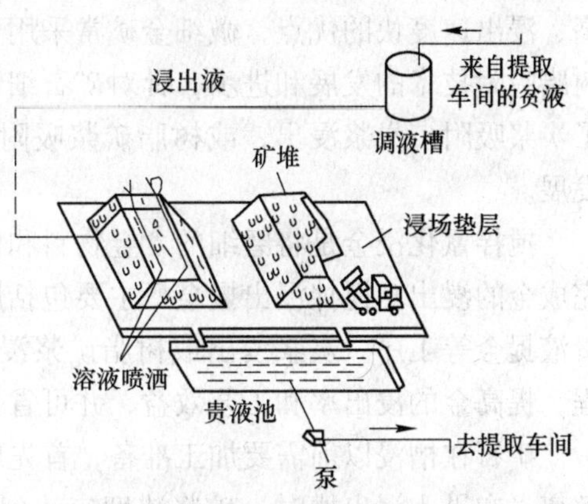

图 7-8 金矿堆浸基本工艺流程示意图

堆浸过程主要作业：

（1）矿石准备。将矿石破碎到要求粒度（一般为 5~20mm），或将泥状矿石制粒。制粒中常加入水泥（每吨矿 3.5~5kg）作黏结剂，用氰化钠溶液（0.2%~0.5%）润湿，制粒作业一般采用圆盘式或皮带式制粒机，制粒后应放置 3~5d。

（2）堆场准备。要求堆浸场有 2%~5%的坡度，以利于溶液从浸堆流出；堆场具有足够强度，能承受堆浸质量和筑堆机械的作业；堆场和集液池具有不透水沉底，保证溶液不渗漏，以避免贵液损失和造成环境污染；堆场四周设置排水沟和排洪道，以防洪水侵害和造成环境事件。

（3）筑堆。在堆场衬垫上先铺一层约 20cm 厚的废矿石或卵石，作为底垫的保护层及排液层。筑堆方式对浸堆的透气性和溶液渗透性有很大影响，机械筑堆时应尽量避免压实矿堆造成溶液不易渗漏的死区，或粗细矿石偏析而造成沟流。堆的高度依矿石性质而定，一般约为 3~6m。

（4）预浸。喷淋氰化溶液前，先用石灰水喷洒矿堆，中和矿石中各种酸性物质，直至达到要求的 pH 值，这段时间通常需要 1~2 周。

（5）喷淋。氰化物溶液用管道输送到矿堆上，然后通过喷头、滴管等向矿堆提供浸出液。对喷淋的要求是均匀，使溶液饱和空气中的氧并尽量减少氰化物损失。为此，喷洒的液滴大小应适当，太小的雾状水滴蒸发损失大，也容易被风吹散，通常喷孔直径为 2~3mm。首先喷淋的溶液氰化物含量一般为 0.1%~0.15%。喷淋一般间断进行，以利于空气进入矿堆。集液池中富液的金含量达到 1~10mg/L 时，开始进行回收处理，回收贵金属后的贫液返回喷淋。喷淋前期溶液的氰化钠含量控制在 0.06%~0.08%，中期为 0.04%~0.05%，末期为 0.02%~0.03%。溶液的喷淋强度一般为 5~12L/m^2。实践证明，适当增大喷淋强度，可以缩短浸出时间。但喷淋强度过大时，浸出液中的金浓度明显降低。用石灰调节浸出液 pH 时，可能引起喷头堵塞。这种情况下可用 NaOH 代替石灰。

（6）洗堆。浸出结束，用新鲜水淋洗矿堆以充分回收已浸出的金和银。洗涤水量取决于蒸发损失及尾渣中的水损失，通常为总液量的 15%~30%，而开始浸出时的总液量按每吨矿石 50~80L 配置。

（7）拆堆。洗水排完后拆堆。从筑堆至拆堆完成一个循环，需要 30~90d，因浸堆的大小、矿石性质及机械化程度而异。

B 槽浸

槽浸是当前氰化浸出高品位矿，特别是处理金精矿的典型工业过程。槽浸具有回收率高、浸出速度快的优点，微细金矿常采用这一技术，称为“金泥氰化”。随活性炭和交换树脂吸附技术的发展和进步，针对矿石细磨氰化浸出后难以固液分离的问题，开发和发展了炭浆吸附、炭浆浸出，或树脂矿浆吸附和树脂矿浆浸出等技术，推动了黄金工业的大发展。

搅拌氰化浸金是将磨细的含金物料和氰化浸出剂在浸出槽中，在搅拌和充气的条件下完成金的浸出。搅拌浸出提金厂主要包括磨矿、浓密、搅拌氰化浸出、固液分离和洗涤、贵液提金等工序。炭浆浸出或树脂矿浆浸出是搅拌浸出的发展方向，它可强化了氰化过程，提高金的浸出率和工艺效益，并可省去固液分离等工序。

矿石在槽浸以前需要加工准备，首先应将矿石磨至要求的细度，尽可能使金颗粒完全解离；在进入浸出槽时，矿浆浓度应达到要求，以有效利用浸出设备。对于浮选精矿来说，矿石准备还有除去浮选药剂对氰化过程有害影响的作用。

随着细粒浸染型金矿的大力开发，全部矿石经过细磨后的搅拌氰化法提金得到了发展，即全泥氰化法提金，也称为常规氰化法提金。根据氰化浸出金的原理，矿浆中 CN^- 与溶解的氧分子浓度对金的氰化浸出有很大的影响，因为它们必须扩散到金粒表面才能使金溶解。其他的影响因素还有：溶液的 pH 值、矿石的粒度、温度以及杂质的影响等。长期的实践表明，搅拌氰化时 NaCN 的含量通常为 0.02%～0.05%；相应 CaO 的含量为 0.01%～0.03%，pH 值为 9～11；连续通入空气保持矿浆中氧的质量浓度达 7mg/L 左右；磨矿粒度一般达到-74μm 为 80%～90%；矿浆液固比，对石英质矿石为（1.2～1.5）：1，对泥质矿石为（2.0～2.5）：1；温度一般在环境温度下进行，由于搅拌与反应，通常矿浆的实际温度稍高于环境温度；氰化浸出时间一般较长，为 24～72h。对于易浸的金矿，搅拌氰化法的金浸出率为 90%～95%，最高的可达 98%。

鉴于搅拌氰化法浸金的速率控制步骤主要为扩散过程，为了使氰化浸出过程进一步获得强化，在工业上可采用一些相应的措施，如在氰化浸出时鼓入富氧空气或纯氧的搅拌浸出（例如我国山东乳山金矿）、添加助浸剂如过氧化氢（例如南非 Fairveiw 金矿）或过氧化钙以及在碱性条件下充空气或添加硝酸铅的预氧化处理（例如加拿大 Lupin 提金厂）。此外，还有边磨边浸、加温和强烈搅拌以及加压氰化等强化措施。

搅拌氰化法浸金工艺的另一重大进展是引入了吸附浸出工艺，分别开发出炭浆法（carbon-in-pulp，CIP）和树脂矿浆法（resin-in-pulp，RIP），即在氰化浸出的矿浆中加入活性炭或离子交换树脂，在浸出金的同时把金吸附到活性炭或离子交换树脂上，然后再从载金的活性炭或树脂上将金解吸下来进行回收，这样不仅能够处理高泥质的金矿，而且可以减除繁重的固-液分离工序，并同时达到富集与分离的目的。此外，还开发出磁性活性炭的新工艺。

搅拌氰化浸出的关键设备是搅拌浸出槽。根据搅拌方式的不同，可将浸出槽分为机械搅拌浸出槽、空气搅拌浸出槽、空气与机械混合型搅拌浸出槽等。机械搅拌浸出槽又可以分为螺旋桨式搅拌槽（在国外称为 Devereaux 型搅拌槽，如今它已广泛用于提金厂，见图 7-9）、轴流泵式搅拌槽（见图 7-10）和叶轮式搅拌槽（见图 7-11）。空气搅拌浸出槽，在国外称为 Pachuca 浸出槽（见图 7-12)。空气与机械混合型搅拌浸出槽，又称为带有空气提升管的耙式搅拌浸出槽（见图 7-13)。此外，还有带喷嘴的脉动浸出柱和一种连续逆流浸出的卡默尔（KamYr）浸出塔（见图 7-14）以及边磨边浸用的塔式磨浸机（见图 7-15）等。

搅拌浸出的作业方式一般为连续搅拌氰化浸出，矿浆顺流通过串联的几个（3~6 个）搅拌浸出槽，一般应阶梯式安装，使矿浆自流，均衡连续地通过各浸出槽；需要时也可采用泵送。矿浆通过各浸出槽的时间总和应等于或大于矿浆在该浸出条件下所需的浸出时间。连续浸出有利于提高效率和实现自动化。

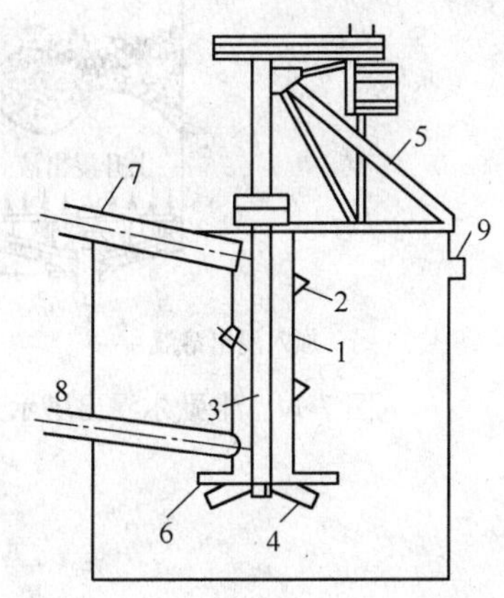

图 7-9 螺旋桨式搅拌浸出槽

1—矿浆接收管；2—支管；3—竖轴；4—螺旋桨；5—支架；6—盖板；7—溜槽；8—进料管；9—排料管

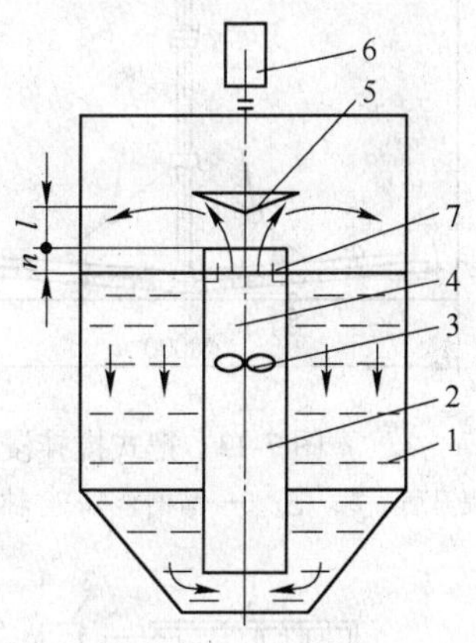

图 7-10 轴流泵式搅拌浸出槽

1—槽体；2—中心管；3—叶轮；4—轴；5—锥形反射罩；6—电动机；7—折转隔板

图 7-11 叶轮式搅拌浸出槽

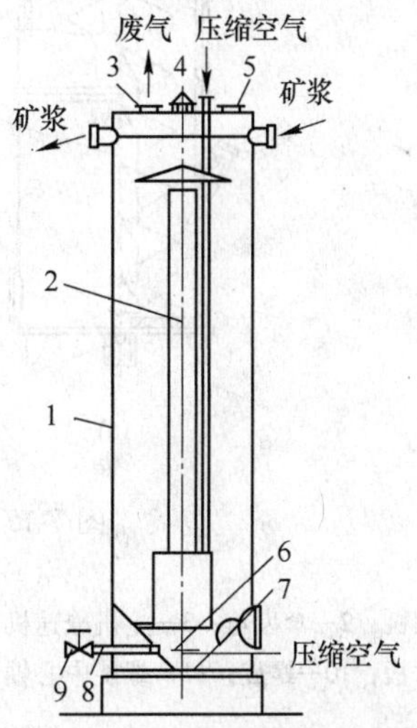

图 7-12 空气搅拌浸出槽

1—槽体；2—带提升器的循环器；3—接排风机支管；4—加试剂溶液管头；5—带盖观察和取样孔；6—分散器；7—带盖人孔（或手孔）；8—支管；9—阀门

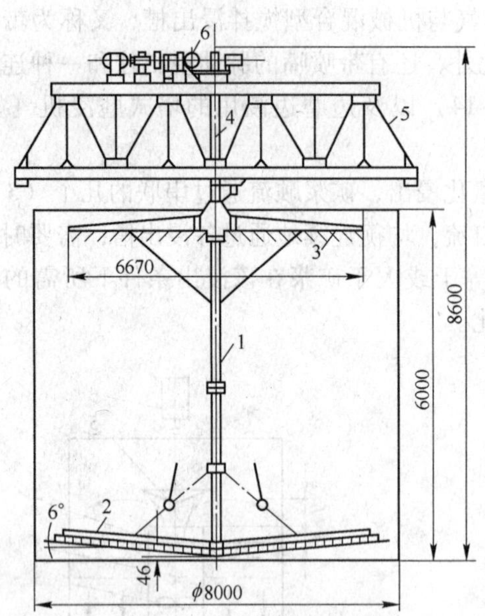

图 7-13　耙式搅拌浸出槽

1—空气提升管；2—耙；3—溜槽；4—竖轴；5—横架；6—传动装置

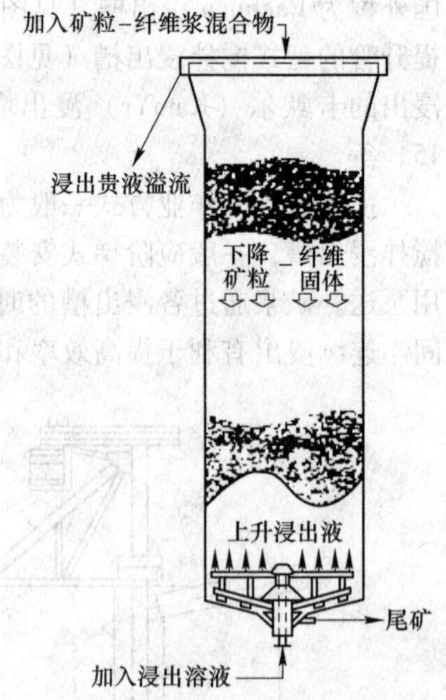

图 7-14　卡默尔浸出塔示意图

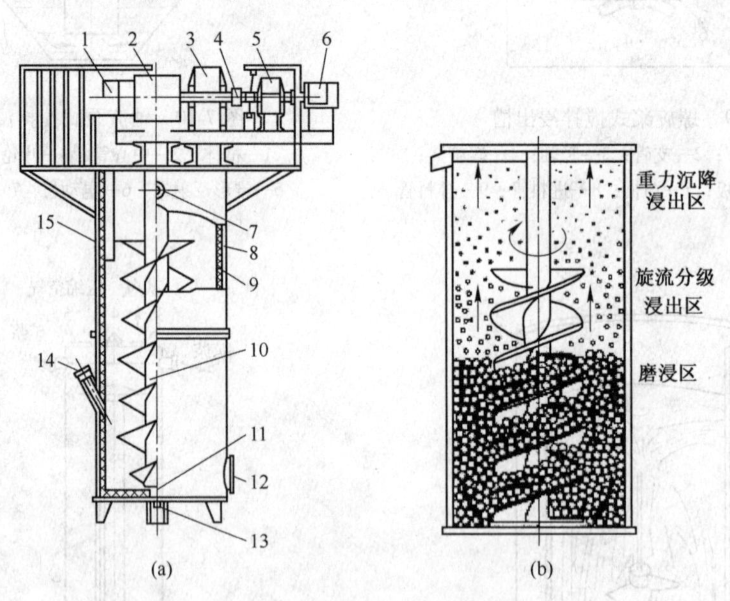

图 7-15　塔式磨浸机（MLϕ1200×3000）

（a）构造示意图；（b）工作原理图

1—主电动机；2—伞齿轮；3—主机减速机；4—离合装置；5—辅助减速机；6—辅电动机；7—溢流口；8—筒体；9—衬板；10—螺旋；11—螺旋中心轴；12—排料排浆口；13—通气装置；14—返砂给矿口；15—给料斗

目前，世界上运用搅拌氰化浸出法产出的金量已占总产金量的 63.6%。国外搅拌氰化浸出金矿的规模已达到日处理量为 1.5×10^4t 矿石，而我国搅拌氰化浸出的最大日处理量也达到千吨级矿石规模。国外一些搅拌氰化浸出提金厂的氰化条件及有关的主要技术经济指标见表 7-9。

表 7-9 国外一些搅拌氰化提金厂氰化条件及其主要指标

矿山或公司	美国古斯贝里（Goosederry）1980	美国亚特兰大（Atlanta）1980	美国德拉玛（Delamar）1979	加拿大阿格尼柯伊格尔（Agnicoeagle）1980	澳大利亚特尔费（Telfer）1980	西班牙塞罗科罗拉多（CerroColorado）1978	南非爱兰德斯朗德（Elandsrand）	印第安普韦布洛（Pueblo）
矿石特征	含金细脉硫化物	石英角砾岩	流纹岩	浸染状黄铁矿、磁黄铁矿	石英岩褐铁矿	含金铁帽	矿脉	红土矿
开采方式	人工充填回采	露天开采	露天开采	地下开采	露天开采	露天开采		露天开采
处理能力 $/t \cdot d^{-1}$	317	450	2000	1090	540~630	4800	6000	7260
矿石品位 $/g \cdot t^{-1}$	Au 6.5，Ag 257	Au 3.4，Ag 58.3	Au 0.7，Ag 161	Au 6.52	Au 6.2~9.3	Au 2.4，Ag 44	Au 5.78	Au 4.48，Ag 20.57
磨矿电耗 $/kW \cdot h \cdot t^{-1}$	28.5	29.75	11~23		7.4	14.75	25.1	5.94
其他电耗 $/kW \cdot h \cdot t^{-1}$	24.8	31.2	16.5		20.3	11.8	32.7	10.16
矿浆 pH 值	11.6		10.5	11.5		12.5	11	12.1
矿浆 NaCN 含量/%	0.15	0.08	0.1	0.15	0.04	0.025	0.03	0.12
NaCN 耗量 $/kg \cdot t^{-1}$	0.678	0.73	1.0	0.63	0.3	0.6		0.66
氰化时间/h	48	24	72	48	21	21	44	16
回收率/%	Au 97.2，Ag 95.8（氰化）	Au 81，Ag 26	Au 92，Ag 85	Au 91	Au 98	Au 98	Au 95.2	Au 91.57，Ag 77.3
吨矿处理成本/美元	17.00		6.40	5.62			5.40	2.80

7.3.3.5 从氰化液中回收金

利用活性炭从氰化的矿浆中提金的方法有炭浆法和炭浸法。所谓炭浆法一般是指在氰化浸出完成后，再进行炭吸附的工艺过程；而炭浸法则是浸出与吸附过程同时进行的工艺。两者都采用活性炭从矿浆中吸附金，无本质区别，只不过炭浆法是浸出与吸附分别在各自的槽中进行，而炭浸法则是浸出与吸附在同一槽中进行，这种槽称为浸出-吸附槽或炭浸槽。实际上，在炭浸工艺中，往往头一个或第二个槽不加炭，因此两者并无严格界限，只是炭浸法的搅拌槽数比炭浆法少。

传统的氰化法，沉金或提金是在固液分离后的溶液中进行的，对金的浸出不可能有任何影响。而炭浆法，特别是炭浸法，金矿石、氰化物溶液和活性炭直接接触，即矿石中的金被氰化浸出后，立即被活性炭所吸附，从而使浸出液中金的浓度保持在较低水平，有利于浸出率的提高，炭浸法特别适用于处理碳质金矿等。

典型炭浆工艺流程由氰化浸出、吸附、解吸、电解和炭的再生等几个主要工序组成。炭浆法实际操作中采用矿浆和活性炭的逆向流动。氰化浸出矿浆给入第一台吸附槽，进入吸附作业，且连续流过串联的几台吸附槽，用活性炭吸附矿浆中溶解的金，再从最后一台吸附槽中排出，即为氰化尾矿。新鲜的活性炭加在最后一台吸附槽，用气升泵或凹叶轮立式离心泵提炭，使活性炭和矿浆之间成逆流接触。从第一个吸附槽排出的载金炭在过筛和洗涤后送解吸工段。

7.3.4 非氰浸出

近年来若干金矿发生的环境事故，引起世界各国严重关切氰化物作为浸金剂的环境问题。造成这些事故的原因多数是由于堆浸场防渗衬底破裂或小孔造成泄漏，或溶液从贫液池或尾矿坝中溢出，使氰化物从生产体系进入环境。环境问题的恶化促进了与环境和谐的非氰浸出剂的研制和新的浸出技术的开发。一般来说，目前只有硫脲、硫氰酸盐和硫代硫酸盐这三种非氰配合剂具有实际应用前景。

7.3.4.1 硫脲浸出

硫脲法浸金是一项日臻完善的低毒提金新工艺。用硫脲酸性液浸出金银已有 50 多年的研究历史。试验研究表明，硫脲酸性液浸出金银具有浸出速度高、毒性小、药剂易再生回收和铜、砷、锑、碳、铅、锌、硫的有害影响小等特点，适用于从氰化法难处理或无法处理的含金矿物原料中提取金银。

硫脲（$SC(NH_2)_2$）是一种无色无毒的有机化合物，易溶于水，水溶液呈中性，25℃时在水中的饱和溶解度为 142g/L。硫脲在水溶液中主要以三种形式存在：硫脲、二硫甲脒和“质子化”二硫甲脒。

硫脲的氧化分解是造成浸出作业中硫脲消耗高的主要原因。硫脲在碱性溶液中不稳定，易分解为硫化物和氨基氰，其化学反应式为：

$$2SC(NH_2)_2 + 2OH^- \longrightarrow S^{2-} + CNNH_2 + 2H_2O$$

生成的 S^{2-} 进而与溶液中的阳离子（如 Ag^+、Cu^{2+}、Cd^{2+} 等）生成硫化物沉淀。

在酸性溶液中硫脲发生氧化反应生成二硫甲脒，其电化学反应方程式为：

$$(SCN_2H_3)_2 + 2H^+ + 2e \longrightarrow 2SC(NH_2)_2$$

在25℃时，$(SCN_2H_3)_2/SC(NH_2)_2$的标准电极电位是0.42V。硫脲的稳定性与pH值及硫脲的浓度有关，其稳定性随介质pH值降低及硫脲浓度减小而增加。因此，硫脲浸金时宜采用酸性稀溶液作浸出剂。二硫甲脒可进一步氧化成硫或硫酸根。

金离子可与硫脲生成稳定配离子 $Au[SC(NH_2)_2]_2^+$，其电化学反应方程式为：

$$Au + 2SC(NH_2)_2 - e = Au[SC(NH_2)_2]_2^+$$

在25℃时，$Au[CS(NH_2)_2]_2^+/Au$ 的标准电极电位为0.38V，因此硫脲浸金只需要中等强度的氧化剂。很多实验证明，二硫甲脒是该反应的中间氧化剂，所以不需要采取措施防止二硫甲脒的形成。

研究表明，在硫脲浸金过程中，当过电位不到0.3V时，金的溶解速度随电位的升高而增加；当过电位超过0.3V时，电流效率明显下降，且电极表面发黑变暗，电极上有元素硫产生。硫脲浸金时强氧化剂产生不利影响，加入SO_2等还原剂可以抑制硫脲中硫氧化。

对某金矿的含金砷硫浮选精矿的硫脲浸出和氰化浸出的实验结果见表7-10。结果表明，硫脲浸金的浸出率平均高于氰化浸出。但硫脲的价格昂贵，生产成本高及浸出过程稳定性差等缺点，阻碍了它在工业上的应用。

表7-10 硫脲浸出与氰化浸出结果的比较

矿样	浮选金精矿/$g \cdot t^{-1}$			焙砂	硫脲浸出			氰化浸出		
	Au	S	As	Au /$g \cdot t^{-1}$	Au浸出率/%	渣含Au /$g \cdot t^{-1}$	硫脲 /$kg \cdot t^{-1}$	Au浸出率/%	渣含Au /$g \cdot t^{-1}$	氰化钠 /$kg \cdot t^{-1}$
1	35.00	44.4	16.8	54.0	94.3	3.7	4.0	91.5	4.9	4.9
2	21.00	34.4	16.8	32.0	94.1	2.4	5.1	81.5	7.6	10.0
3	46.00	24.8	25.3	72.0	90.5	8.5	4.5	87.5	11.7	4.5

$Au-SC(NH_2)_2-H_2O$ 系电位-pH值图如图7-16所示，从图中可以看出，硫脲浸金只能在有限的条件下进行，硫脲浸出的参数如下：

pH值	1.4，用硫酸调节
氧化还原电位	最高250mV，最低150mV
硫脲浓度	1%
硫脲耗量	2kg/t
浸出时间	10~15min

7.3.4.2 硫代硫酸盐浸出

金银矿先进行氯化焙烧，然后用硫代硫酸盐浸出。到20世纪70年代后期，开发出利用氨-硫代硫酸盐体系从含铜硫化物精矿中浸出贵金属技术。与氰化配合物不同，金的硫代硫酸配合物不被矿石中的碳质吸附，因而金的回收率较高。在氰化浸出过程中，杂质金属有干扰作用。但在硫代硫酸盐浸出过程中，杂质铜还可以提高金的浸出速度，并且硫代硫酸盐价格较氰化物更便宜。目前，从硫代硫酸盐浸出液中提金的方法尚不成熟，所以工业应用仍十分有限。

A　硫代硫酸盐的稳定性

硫代硫酸盐浸金试剂消耗高，原因是溶液中硫代硫酸盐分解和部分被尾矿带走。有数据表明，在铜氨性硫代硫酸盐溶液浸出过程中，试剂损失可高达50%。硫代硫酸根是一个亚稳态阴离子，在水溶液中容易分解。$S_2O_3^{2-}$的稳定区较小，但形成金属离子的硫代硫酸配离子稳定性会增强。亚稳态 S-H_2O 系电位-pH 值图如图 7-17 所示。

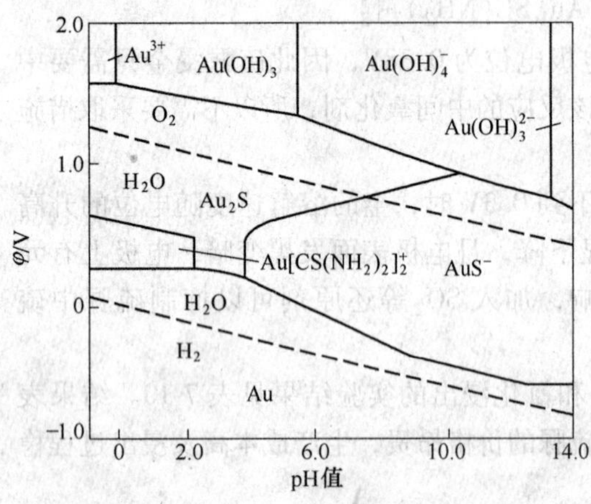

图 7-16　Au-SC(NH_2)$_2$-H_2O 系电位-pH 值图

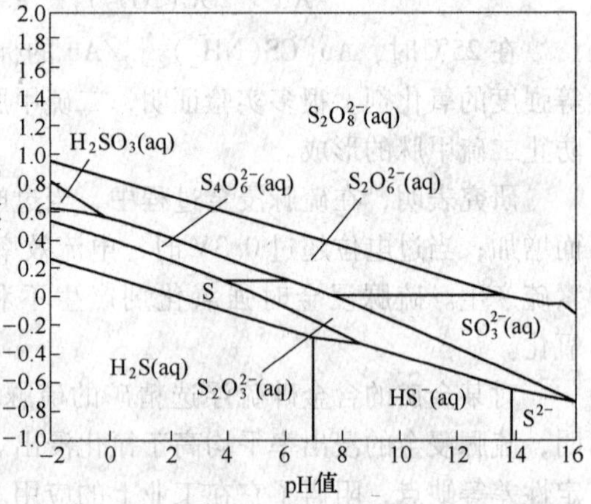

图 7-17　亚稳态 S-H_2O 系电位-pH 值图

氧化条件下，硫代硫酸根离子被氧化成硫酸根离子和连四硫酸根离子：

$$S_2O_3^{2-} + 2O_2 + H_2O = 2SO_4^{2-} + 2H^+$$

$$S_2O_3^{2-} + 2O_2 + H_2O \longrightarrow S_4O_6^{2-} + 2OH^-$$

硫代硫酸根离子或发生歧化反应形成硫酸根离子和元素硫：

$$3S_2O_3^{2-} + H_2O \longrightarrow 2SO_4^{2+} + 4S + 2OH^-$$

硫代硫酸根离子或发生歧化反应生成亚硫酸根和负二价硫离子：

$$S_2O_3^{2-} + 6OH^- \longrightarrow 4SO_3^{2-} + 2S^{2-} + 3H_2O$$

$$S_2O_3^{2-} = SO_3^{2-} + S$$

溶液中游离的S^{2-}会使金从溶液中沉淀出来。研究发现，维持溶液中亚硫酸盐在一定浓度可使硫代硫酸盐稳定。然而，这种情况下也使溶液中的电位降低，使Cu^{2+}离子还原。含锰的金矿浸出时要求加入大量亚硫酸盐，因为各种锰化合物的氧化能力强，加入亚硫酸盐可显著还原矿石中的强氧化性化合物，从而明显提高矿石中金的浸出率。

高温高压浸出可以克服硫代硫酸盐浸金过程中金颗粒表面形成元素硫和硫化物而发生钝化的问题，原因是温度超过100℃时，硫代硫酸盐氧化生成的元素硫层可以重新溶解，其化学反应方程式为：

$$4S + 6OH^- = S_2O_3^{2-} + 2S^{2-} + 3H_2O$$

B　硫代硫酸盐浸金的原理

在碱性或接近中性的硫代硫酸盐溶液中，有氧气时，金的溶解反应可表示为：

$$4Au + 8S_2O_3^{2-} + O_2 + 2H_2O \longrightarrow 4[Au(S_2O_3)_2]^{3-} + 4OH^-$$

采用碱性溶液是为了防止硫代硫酸盐在低 pH 值时分解。同时，碱性条件下使杂质元素的溶解减小到最低程度，硫代硫酸盐配合离子一旦形成则特别稳定。金配合离子的稳定常数见表 7-11。

表 7-11 金配合离子的稳定常数

金配合离子	稳定常数 lg$K$
$Au(CN)_2^-$	38.3
$Au(SCN)_3^-$	16.98
$Au(SCN)_4^-$	10
$AuCl_4^-$	25.6
$Au(NH_3)_2^+$	26
$Au(S_2O_3)_2^{3-}$	28

铜-氨性硫代硫酸铵浸金体系同时存在氨和硫代硫酸根的复杂配位体以及 Cu^{2+}/Cu^+ 氧化还原电对，它们在浸出过程中有不同的作用。

a 氨的作用

没有氨时，硫代硫酸盐在金颗粒表面分解生成元素硫膜，使金的溶解钝化。因此，氨优先于硫代硫酸盐吸附在金颗粒表面，并将金配合后带入溶液，从而防止了金溶解过程的钝化。金氨配离子随后被硫代硫酸配离子取代，化学反应为：

$$Au(NH_3)_2^+ + 2S_2O_3^{2-} = Au(S_2O_3)_2^{3-} + 2NH_3$$

对于铜氨的主要作用是与铜离子生成配合物，稳定铜。此外，氨的存在还可阻碍铁氧化物、硅酸、硅酸盐矿、碳酸盐矿及金矿中其他脉石矿物的溶解。

b 铜离子的作用

溶液中杂质铜离子可使金的溶解速度提高 18~20 倍，原因是在氨溶液中，形成 $Cu(NH_3)_4^{2+}$ 配离子，在没有氧的情况下可作氧化剂，其化学反应式可表示为：

$$Au + 5S_2O_3^{2-} + Cu(NH_3)_4^{2+} = Au(S_2O_3)_2^{3-} + 4NH_3 + Cu(S_2O_3)_3^{5-}$$

在有氧或氧化剂作用下，Cu^+ 可转变成为 Cu^{2+}，继续溶解金。

二价铜离子会加速硫代硫酸盐降解成连四硫酸盐，加入氨后，反应速度便得缓慢。其反应方程式为：

$$2Cu(NH_3)_4^{2+} + 8S_2O_3^{2-} = 2Cu(S_2O_3)_3^{5-} + 8NH_3 + S_4O_6^{2-}$$

c 氧的作用

氧可使 Cu^+ 快速地转变成为 Cu^{2+}，一些硫代硫酸根离子也会被氧化成硫酸和连三硫酸。常温常压下硫代硫酸根离子被溶液中分子氧所氧化的反应速度慢，且只有当溶液中同时存在氨和铜离子时才发生。

如果碱性溶液中没有氧，含氨溶液中的 Cu^{2+} 最初将硫代硫酸根离子氧化成连四硫酸根离子，后者通过歧化反应生成连三硫酸根离子和硫代硫酸根离子。

在氧化剂不足的低氧化电位条件下，浸出母液或含高浓度铜的溶液中，硫代硫酸盐的分解导致生成黑色硫化铜沉淀。因此，硫化铜沉淀与体系中可利用的氧量有关。氧在溶液中的溶解度非常有限，没有铜催化时氧在金表面的还原速度非常慢，导致此时金的溶解非常慢。高浓度的电位-pH 值图如图 7-18 所示，低浓度的电位-pH 值图如图 7-19 所示。

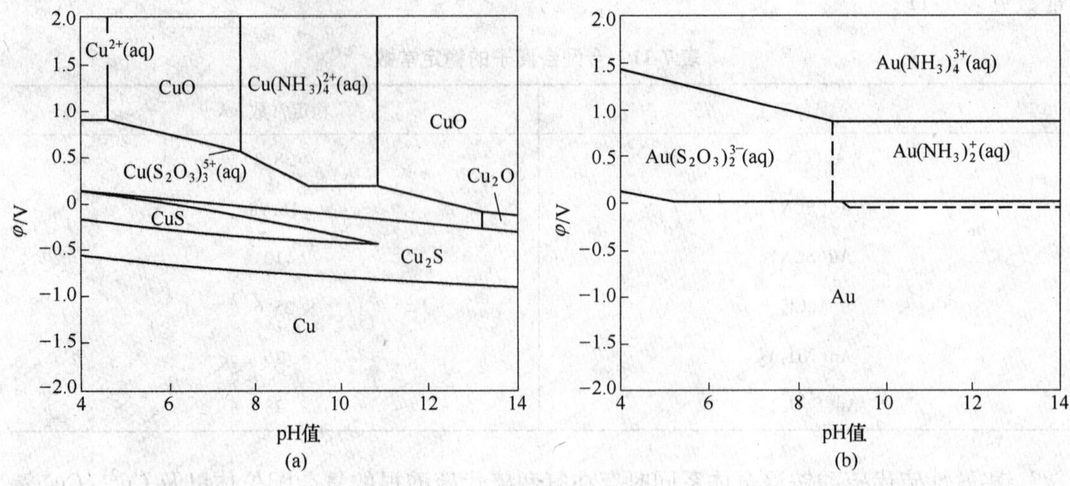

图 7-18　高浓度时的电位-pH 值图

（条件：5×10^{-4}mol/L Au，1mol/L $S_2O_3^{2-}$，1mol/L NH_3/NH_4^+，0.05mol/L Cu^{2+}）

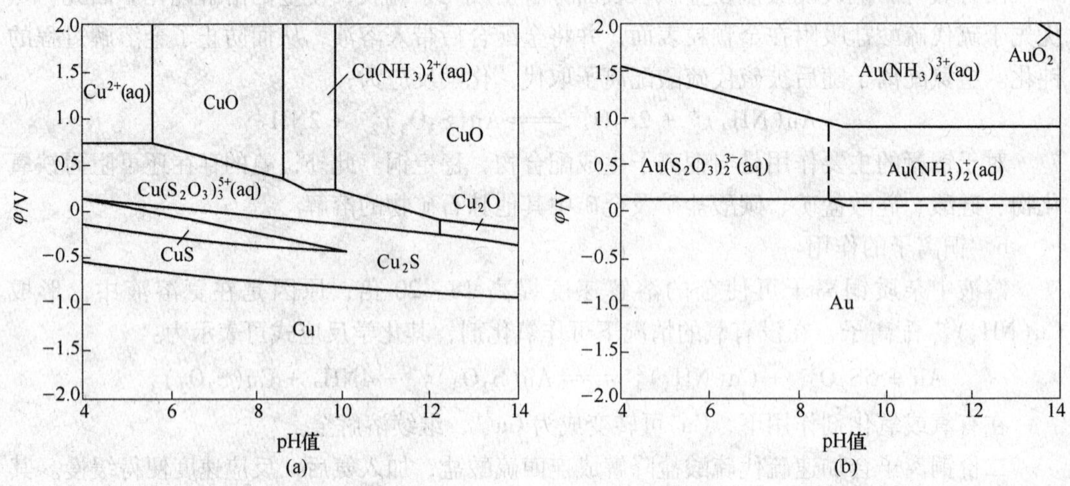

图 7-19　低浓度时的电位-pH 值图

（条件：5×10^{-4}mol/L Au，0.1mol/L $S_2O_3^{2-}$，0.1mol/L NH_3/NH_4^+，5×10^{-4}mol/L Cu^{2+}）

从图 7-18 和图 7-19 可以看出，浸出时 pH 值不宜高，因为铜将以氧化物形式从溶液中沉淀出来。高氧势下，存在 Cu^{2+}的配合物，低氧势下存在 Cu^{+}的配合物。降低氨、硫代硫酸根和二价铜离子的浓度，$Cu(NH_3)_4^{2+}$和 $Cu(S_2O_3)_3^{5-}$的稳定区变窄。从图中还可以发现，金的氧化需要较高的电位，否则金不溶解。

C　硫代硫酸盐溶液浸出金矿的工业实践

相关研究资料中比较典型的硫代硫酸盐溶液浸金的条件如表 7-12 所示。大量研究表明，金的浸溶速率和浸出率取决于金在矿石中的赋存状态。金的品位在 1~62g/t 之间，氨的浓度在 0.1~6mol/L 之间，硫代硫酸盐浓度在 0.1~2mol/L 之间，所有浸出都在碱性条件下进行，大部分采用 pH 值为 9~10。

表 7-12 典型硫代硫酸盐溶液浸金条件一览表

矿石类型	Au 含量 /g·t^{-1}	温度 /℃	浸取时间 /h	$c(S_2O_3^{2-})$ /mol·L^{-1}	$c(NH_3)$ /mol·L^{-1}	$c(Cu^{2+})$ /mol·L^{-1}	$c(SO_3^{2-})$ /mol·L^{-1}	pH 值	回收率/%
氧化矿（0.05%Cu）	4.78	30~65	2	1%~22%	1.3%~8.8%	0.05%~2%	1%		93.9
Pb-Zn 矿	1.75	21~70	3	0.125~0.5	1			6.9~8.5	95
硫化矿（3%Cu）	62	60	1~2	0.2~0.3	2~4	0.047		10~10.5	95
氧化矿（1.4%C）	1.65	常温	48	0.2	0.09	0.001		11	90
碳质矿（1.4%C）	2.4	常温	12~25 天	0.1~0.2	0.1	6×10^{-5}		9.2~10	
金矿	51.6	25	3	2	4	0.1		8.5~10	80
细菌预浸矿（0.14%Cu）	3.2	常温		15g/L		0.5g/L	0.5g/L	9.5~10	80
碳质金矿	3~7	55	4	0.02~0.1	2g/L	0.5g/L	0.01~0.5	7~8.7	70~85
含铜金矿（0.36%Cu）	7~8	常温	24	0.5	6	0.1		10	95~97

国内有关单位曾对山东某金矿进行了研究，结果对比见表 7-13。

表 7-13 硫代硫酸盐常温常压浸出和氰化浸出结果对比

方 法	浸出时间/h	金浸出率/%	银浸出率/%	浸出剂消耗量/kg·t^{-1}
硫代硫酸盐法	30	94.85	92.67	27.5
氰化法	48	86.63	66.94	28.48

采用硫代硫酸盐浸出含铜金矿，墨西哥 Lacolorada 的流程如图 7-20 所示。

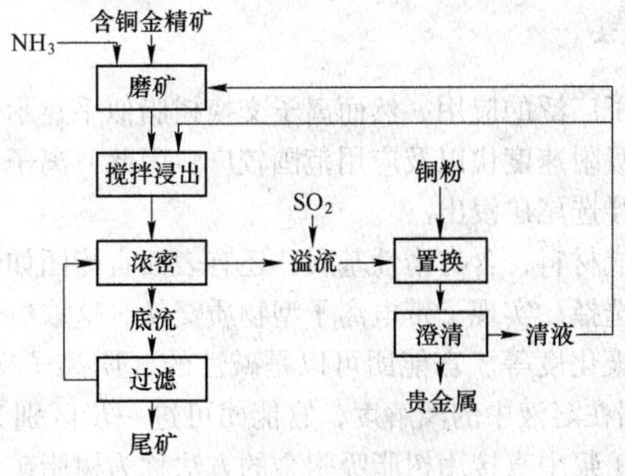

图 7-20 Lacolorada 半工业试验浸出流程

矿石中加入了与浸出条件相符的硫代硫酸盐、无水氨、硫酸铜和水混合后进行磨矿，使矿石细度达到 0.053mm 左右，磨矿时 pH 值至少保持在 9.5，磨矿后加入水使矿浆浓度达到 40%，进入搅拌浸出槽，此时浸出液的 pH 值降低到 8~9。在浸出 1.5h 后，矿浆放入浓密机，浓缩溢流进入另一个搅拌槽，加入铜粉，从溶液中置换沉淀出金和银。完成置换反应后的矿浆进入浸出澄清槽，贵金属沉积下来，澄清液返回浸出体系。

7.3.5 纯化与富集

金被浸出后，要能从含金溶液中非常有效地把它提取出来，通常是要使用提取剂如活性炭或合成离子交换树脂（同时还有用于提金的液体溶剂）。它们把金从溶液中吸附提取出来后，再将它解吸到适宜于金属回收的体积更小的溶液中。两种提取剂都可直接用于处理浸出矿浆。

7.3.5.1 炭浆法与炭浸法

活性炭具有吸附金的优良特性，利用这一特性开发出了炭浆法及炭浸法提金技术。把氰化浸出的矿浆送到吸附槽采用活性炭吸附矿浆中金的方法，称为炭浆法；把活性炭投入氰化浸出槽中，使氰化浸出金与炭吸附金在同一槽中进行的方法，称为炭浸法。无论炭浆法还是炭浸法，其基本原理是相同的，因此有必要讨论活性炭吸附金的机理。活性炭具有高度发达的内部孔隙结构，具有极大的比表面积，超过 $1000m^2/g$ 的比表面积并不罕见。

虽然金能与许多配位体，如硫脲（1 价金）、硫氰酸盐（1 价金）、氯化物（3 价金）、硫代硫酸盐（1 价金）生成配合物，但其中只有活性炭与金的氯化物和氰化金配离子之间的反应在文献中受到极大的重视。这是由于它们在湿法冶金回收金的过程中的作用所致。活性炭对各种金配离子的吸附亲和力的顺序：

$$AuCl_4^- > Au(CN)_2^- > (AuSCN)_2^- > Au[SC(NH_3)_2]^{2+} > Au(S_2O_3)_2^{3-}$$

活性炭从氰化金溶液中吸附金的机理可归结为四类：（1）$Au(CN)_2^-$ 还原成金属金；（2）与金属阳离子如 Ca^{2+} 结合被吸附；（3）$Au(CN)_2^-$ 和阳离子在带电表面上的电性双电层吸附，部分 $Au(CN)_2^-$ 被还原成簇型（Cluster-type）组分；（4）$Au(CN)_2^-$ 被吸附并随后降解为 AuCN。

7.3.5.2 树脂矿浆法

虽然炭浆法已获得了广泛的应用，然而离子交换树脂似乎显示了许多超越活性炭的优点，如动力学性能好、吸附速度快以及应用范围较广，因此，离子交换树脂处理适合低品位金矿石堆浸、焙砂或浮选尾矿浸出。

离子交换树脂是合成材料，含有惰性基质，还有表面官能团如胺和酯。依靠特定的官能团对特殊离子的优先选择，实现了带电离子型物质交换，这取决于官能团的性质和溶液中离子的电荷、大小和极化度等。官能团可以是碱性的（阴离子交换剂）或酸性的（阳离子交换剂），而且根据在溶液中的离解度，官能团可进一步区别为具有弱碱或弱酸、强碱或强酸性质。从氰化矿浆中直接用树脂吸附金的方法称为树脂矿浆法。强碱性和弱碱性树脂两者都可以从氰化溶液中吸附金和银。强碱性树脂一般具有高吸附容量和快速吸附速率，但选择性差，而且难以淋洗。弱碱性树脂具有更好的选择性而且易于淋洗，但吸附容量低，而且吸附速率较慢。以弱碱性物质为主并含有一些具有特定官能团的强碱性物质的树脂，看来是从氰化物溶液中提金的最好树脂。螯合树脂由于对金的高选择性也受到重视。

树脂也可用于从非氰化物溶液中吸附金，如弱碱性阳离子交换树脂可以从溶液中有选择性地回收氯化金。离子交换树脂也用于从溴化物溶液中回收金。一种强碱性阳离子交换树脂可强烈吸附金-硫脲配合物。我国学者研究了一种 D001 大孔强酸型树脂吸附硫脲金，结果表明，大孔树脂由于其特殊的孔结构和内表面以及耐酸性，能克服凝胶型树脂和磷酸酯型萃淋树脂的弱点，具有吸附率高、洗脱容易、可再生等特点，可作为工业化硫脲金浸出液中分离和富集金的有效试剂。

7.3.5.3 溶剂萃取

液体萃取剂具有某些超出活性炭和离子交换树脂的优点，如快速萃取动力学及高的金吸附容量。这些因素减少了工艺设备的需要，减小金存量及可能简化产品精制要求的潜力。然而，液体萃取剂不能直接用于矿浆，仅局限在处理澄清溶液。采用合适的液体有机萃取剂，如酮类、磷酸盐或膦酸盐、醚类、胺类等，有选择性地可从水溶液中分出金物质。萃取剂被溶于基质（如煤油）中，使官能团具有最佳浓度以便于金属萃取。金是从萃取剂萃金后回收的，或直接通过沉淀或电解回收，或者间接通过将溶质反萃到水相中再回收。

影响液体萃取剂有效性的因素为：（1）萃取及反萃取动力学；（2）萃取容量；（3）选择性；（4）密度；（5）闪点；（6）水中溶解度。溶剂萃取的主要缺点是澄清分离困难。溶剂萃取过程的另一明显缺点是有些溶剂常损失于水相中，或者是被溶解被夹带在水相中，而导致溶剂（及金）的损失。

7.3.6 回收

回收是把金和其他有价金属从溶液中提取出来成为高品位的固体产物，然后进行精炼，获得金产品的过程。20 世纪 70 年代后期在普遍采用炭吸附工艺处理稀浸出矿浆和溶液之前，锌置换沉淀法几乎专用于从澄清液中的金的直接回收。后来，锌置换沉淀法和电积法都已用于处理炭洗脱所得更浓的金溶液。

7.3.6.1 锌沉淀

锌粉置换沉淀反应速度快，金银沉淀完全，但要求严格控制氰化液中溶解的氧、游离氯化物、碱和杂质浓度。

用锌粉置换沉淀金是一电化学反应过程。在锌粉与含金氰化液的相界面上，锌作阳极溶解产生 $Zn(CN)_4^{2-}$，而溶液中的 $Au(CN)_2^-$ 则在固体锌表面上还原成金，成为阴极。

阳极反应：$$Zn + 4CN^- - 2e \longrightarrow Zn(CN)_4^{2-}$$

阴极反应：$$Au(CN)_2^- + 2e \longrightarrow Au + 2CN^-$$

总反应：$$2Au(CN)_2^- + Zn \longrightarrow 2Au + Zn(CN)_4^{2-}$$

在锌-金原电池放电过程中，由于 Au 被还原，溶液中 $Au(CN)_2^-$ 浓度逐渐下降，正极平衡电位逐渐下降。由于锌的溶解，溶液中 $Zn(CN)_4^{2-}$ 浓度逐渐增大，负极平衡电位逐渐升高。当正、负两极平衡电位相等时，原电池电动势 $E=0$，锌置换沉淀金的反应达到平衡。由于锌和金电位相差大，因此，用锌置换氰化液中金的反应是很完全的。

在总反应式中，取消了两个半反应中有关的游离氰根。实际上需要氰根离子在两个金和一个锌原子之间的直接传递。最准确地描述这一反应的表达式是：

$$Au(CN)_2^- + Zn + 4CN^- \longequal Au + 2CN^- + Zn(CN)_4^{2-} + e$$

7.3.6.2 电积法

电积法用于处理高浓度的金溶液，即炭洗脱液，以生产负载阴极及阴极槽泥，相对而言它们的产品很少需要进一步精炼。水溶液中阴极的还原反应可通过外加电压到浸在溶液中的一对电极来驱动。外加电压必须超过需要反应发生的可逆电极电位，且必须超过由于溶液的电阻带来的电压下降，外加电压超过可逆电极电位（ϕ_r）的量称为电压超电位（n）。

$$n = E_{外加} - \phi_r$$

阴极还原的同时，在阳极伴随着一平行的氧化反应，通常是水氧化生成氧。根据金属离子（Me^{Z+}）的电子-还原，总槽电压表示为：

$$V = \phi(O_2/H_2O) + \phi(Me^{Z+}/Me) + n_a + n_c + iR$$

式中 n_a，n_c——分别为阳极与阴极的超电位；

iR——溶液电阻（或电导）通过溶液的电位降。

金从碱性氰化物水溶液中被电解置换，在阴极上：

$$Au(CN)_2^- + 2e \longequal Au + 2CN^-$$

金属氰配离子还原后使 CN^-再生，并返回氰化浸出系统，另外将部分平衡后多余的含氰溶液流经阳极区净化脱氰：

$$CN^- - e \longrightarrow CN$$

$$2CN \longrightarrow (CN)_2$$

$$(CN)_2 + 2(OH)^- \longrightarrow CN^- + CNO^- + H_2O$$

$$2CNO^- + 4(OH)^- - 6e \longrightarrow 2CO_2 + N_2 + 2H_2O$$

阳极区加入氯化钠可促进氰的净化。

习题与思考题

7-1 生产银的原料有哪些，98%的银是通过什么原料进行生产的？

7-2 铜阳极泥提银的方法有哪些，它们分别包括哪些过程？

7-3 铅阳极泥提银的方法有哪些，它们分别包括哪些过程？

7-4 锡阳极泥提银的方法有哪些，它们分别包括哪些过程？

7-5 试述目前工业上采用由矿石原料生产金金属的十种选冶工艺流程。

7-6 难处理金矿的预处理方法有哪些，它们的目的是什么？

7-7 根据电位-pH 图分析金、银配合浸出过程的原理、技术条件。

7-8 分析金、银氰化浸出过程及其他矿物在浸出过程中的行为。

7-9 分析氰化法提金、银过程的主要控制因素。

7-10 氰化浸出堆浸工艺包括哪些主要单元过程？

7-11 从氰化液中回收富集金的方法有哪些？

7-12 非氰浸出法有哪些，硫代硫酸盐浸出的影响因素有哪些？

7-13 锌置换沉淀法和电积法主要用于处理哪些类型的含金溶液？

8 铝、钨碱性浸出

8.1 碱性浸出的应用概况

碱性浸出为有色冶金中应用较广的浸出方法之一，它主要用于从两性金属氧化矿或冶金中间产品中浸出有色金属，分解含氧酸盐矿（如独居石（$RePO_4$）、黑钨精矿[$(Fe、Mn)WO_4$]）以及从精矿或冶金中间产品中除去酸性或两性杂质。其应用情况见表 8-1。

表 8-1 碱浸出在有色冶金中的应用

名 称	概 况	备 注
铝土矿的碱溶出	在温度为 200℃左右，NaOH 质量浓度为 300~320g/L 下浸出铝土矿	大部分 Al_2O_3用此法生产
黑钨精矿、白钨精矿或难选钨中矿的 NaOH 浸出	在温度为 100~170℃左右，NaOH 质量浓度为 200~500g/L 时，浸出率 97%~99%	处理钨原料的主要方法
用 NaOH 从铅、锌氧化矿和碳酸盐浸出铅、锌	对氧化矿，在 40~50℃左右，经 1~2h，铅、锌浸出率分别为 80%~90%和 83%~93%	
从铅、锌氧化矿浸出 GeO_2	在 NaOH 为 200~250g/L 时，锗浸出率 92%~98%	
从锗石浸出 GeO_2	NaOH 质量分数 50%	工业应用法
独居石碱分解	NaOH 浓度约 50%，150℃，分解率 98%左右	分解独居石
白钨矿的 Na_2CO_3浸出	200~250℃，Na_2CO_3用量为理论量 3 倍左右，渣含 WO_3<1%	工业生产主要方法
难选钨中矿预处理	80~90℃，NaOH 为 10~20g/L 时，可除去原料中 20%~25%砷，13%~15%钼及大部分浮选剂	
硫化锑精矿的碱性浸出	Na_2S 的质量浓度为 120~140g/L，NaOH 质量浓度为 20~30g/L，75~100℃，锑浸出率>99%	

现以铝土矿的碱浸出和钨精矿的碱浸出为例，简单介绍其工艺过程。

8.2 铝土矿的碱溶出

8.2.1 基本原理

铝土矿碱溶出的反应可用下式表示：

$$AlOOH + NaOH(aq) === NaAlO_2(aq) + H_2O \quad (8\text{-}1)$$

$$Al(OH)_3(s) + NaOH(aq) === NaAlO_2(aq) + 2H_2O \quad (8\text{-}2)$$

铝土矿中 Al_2O_3的具体形态因矿源而异，分别有三水铝石 $Al(OH)_3$、一水软铝石

γ-AlOOH、一水硬铝石 α-AlOOH，其活性按上述次序依次降低，因此其动力学规律亦不尽相同。对三水铝石而言，在 25～100℃范围内为化学反应控制，但温度超过 150℃则逐步向扩散控制过渡。对一水软铝石和一水硬铝石，在温度低于 175℃时，其浸出速度随温度的升高而迅速增加，超过 175℃则趋势逐步变缓，可能是逐步过渡到扩散控制所致。

实际浸出过程是在高温下（>200℃）进行，故一般为扩散控制。

8.2.2 工艺简述

8.2.2.1 高压浸出器组连续溶出工艺

铝土矿的碱溶出一般在连续作业的高压浸出器组内进行，浸出器组分别由若干个预热器、高压浸出器（高压釜）和自动蒸发器组成，如图 8-1 所示。

采用这种设备是连续作业，可节省加排料时间和升温时间，操作简单，便于自动控制。采用高压浸出器设备时，其工艺条件大体为：

温度：视矿中 Al_2O_3的形态而异，对三水铝石形态的铝土矿为 120～140℃，一水软铝石形态的铝土矿为 205～230℃，而一水硬铝石形态则为 230～245℃。

循环碱母液的 α_K值为 3.0～3.8，母液中 NaOH 质量浓度对直接蒸汽加热而言为 270～280g/L，间接蒸汽加热为 220～230g/L。

粒度视矿中 Al_2O_3形态而异，对三水铝石而言要求预磨至 200～500μm，对一水硬铝石则要求达到 70～80μm。

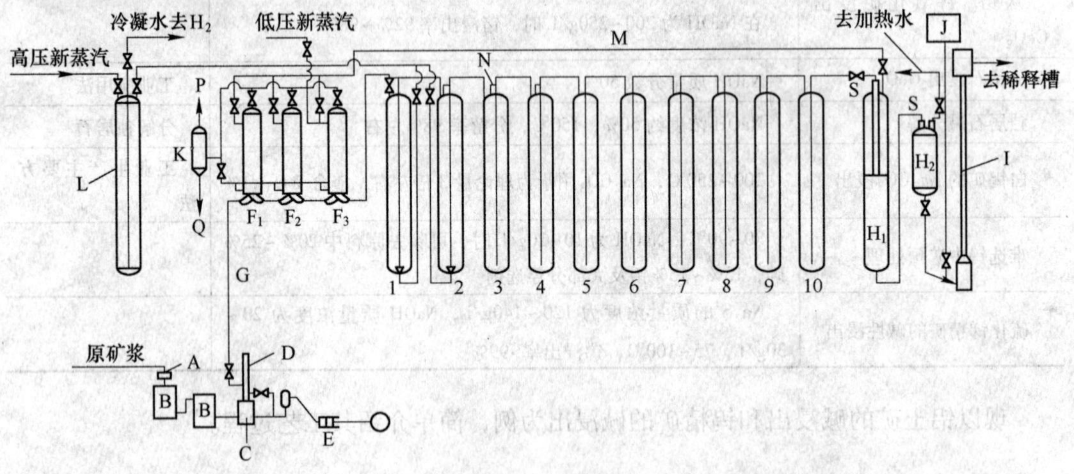

图 8-1 直接加热高压浸出设备流程

A—原矿浆分料箱；B—原矿浆槽；C—泵进口空气室；D—泵出口空气室；E—油压泥浆泵；F—双程预热器；G—原矿浆管道；H—自蒸发器；I—溶出矿浆缓冲器；J—赤泥液高位槽；K—冷凝水自蒸发器；L—高压蒸汽缓冲器；M—乏气管道；N—不凝性气体排出管；P，Q—去加热赤泥液；S—减压阀；1，2—加热溶出器；3～10—反应溶出器

8.2.2.2 管道化溶出流程

为了提高溶出过程的生产能力，强化生产过程，目前新建的许多氧化铝生产企业通常

采用管道化溶出技术进行生产。

图 8-2 所示为引进的法国单管预热-间接加热压煮器溶出系统流程。

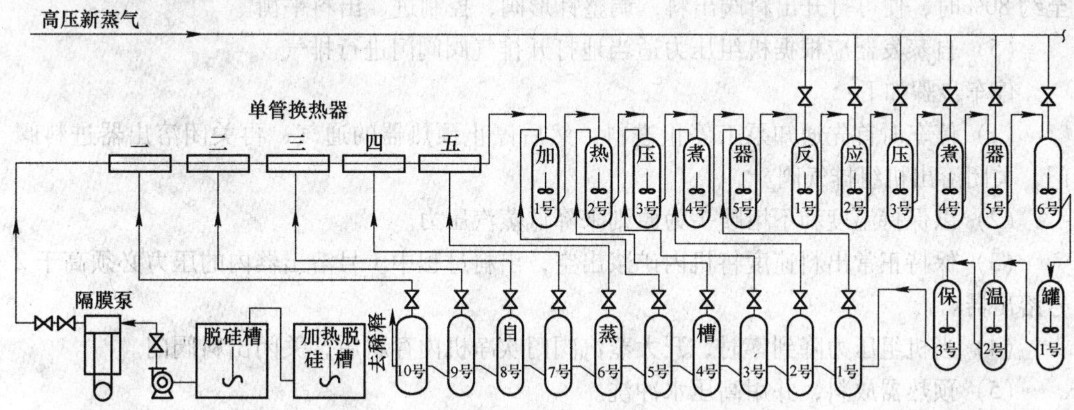

图 8-2 单管预热-间接加热压煮器溶出流程

固体含量为 300~400g/L 的矿浆在加热槽中从 70℃加热到 100℃。再在预脱硅槽中常压脱硅 4~8h。预脱硅后的矿浆配入适量碱，使固体含量达 200g/L，温度 90~100℃，用高压隔膜泵送入 5 级 2400m 长的单管加热器，用 10 级矿浆自蒸发器的前 5 级产生的二次蒸汽加热，矿浆温度提高到 155℃，然后进入 5 台间接加热压煮器，用后 5 级矿浆自蒸发器产生的二次蒸汽加热到 220℃，再在 6 台反应压煮器中用 6MPa 高压新蒸汽加热到溶出温度 260℃，然后在 3 台保温反应压煮器中保温反应 45~60min。高温溶出浆液经 10 级自蒸发，温度降到 130℃后送入稀释槽。

管道化溶出的主要技术条件：

(1) 流量：450m^3/h。

(2) 溶出温度：260℃。

(3) 碱液质量浓度 Na_2O：225~235g/L。

(4) 溶出温度下的停留时间：45~60min。

(5) 溶出液 a_K：1.46。

(6) Al_2O_3 相对溶出率：93%。

8.2.3 铝土矿碱溶出操作

铝土矿碱溶出的实际操纵要根据具体工艺和设备来进行。

开车步骤如下：

(1) 启动时要关闭机组 3~10 号反应溶出器排气阀（以便机内存水往后排），缓慢通气，适当控制出料阀门，慢慢地进行升温提压，预热到 0.5MPa 的压力时，检查并拧紧各部分的螺栓，然后关闭出料阀门继续升温提压。

(2) 预热到压力 2MPa 时，打开排气阀和微启出料阀，排不凝性气体，检查出料系统是否畅通，然后再关闭出料阀门继续升温提压至工作压力。全部预热时间，冬季约 3~4h，夏季约 2~3h。

(3) 预热完毕后，将进料系统的阀门应开的打开，应关的关闭，然后通知进料泵岗位操作人员可以进料。

(4) 当料进至溶出器后，适当增大通气量，并注意机内温度，防止超压。溶出器装至约80%时，便可打开出料阀出料，调整针形阀，控制进、出料平衡。

(5) 自蒸发器应根据机组压力适当地打开排气阀阀门进行排气。

停车步骤如下：

(1) 停车时首先通知泵工停止进料，然后停止预热器的通气，再关闭溶出器进料阀门，关闭溶出机组排气阀。

(2) 以保持温度和不堵喷头为原则来降低蒸汽压力。

(3) 保持正常出料速度将机内矿浆出空，出料过程中1号溶出器内的压力必须高于2号溶出器。

(4) 当机组压力降到零时，开大蒸汽阀门吹净机内存料后，关闭出料阀门。

(5) 预热器放料，并用高压水冲洗。

操作时的注意事项如下：

(1) 新安装或大修后的溶出器机组，需经1.5倍的水压试验合格后方可投产。

(2) 要控制进出料的平衡，稳定机组压力。

(3) 定时检查并来回转动一下出料针形阀。

(4) 控制好不凝性气体的排放，进行满罐操作。

(5) 溶出时间控制在2h，以增加氧化铝的溶出率。

8.3 钨精矿的 NaOH 浸出

8.3.1 基本原理

黑钨：$(Fe,Mn)WO_4(s)+2NaOH(aq) \longrightarrow Na_2WO_4(aq)+[FeO(s)+MnO(s)]+H_2O$ (8-3)

白钨：$CaWO_4(s) + 2NaOH(aq) = Ca(OH)_2(s) + Na_2WO_4(aq)$ (8-4)

根据热力学数据计算，25℃时反应式（8-3）的平衡常数达 1.9×10^4，故易自动进行。对于反应式（8-4），在150℃下当NaOH浓度为4mol/L左右时 K_c 达0.02，而且随着温度的升高和碱浓度的提高，K_c 值增加。因此，当处理白钨矿时，应创造足够的温度条件和碱浓度条件。

强化钨精矿浸出过程，提高浸出速度的主要措施有：

(1) 提高温度，在常压设备中浸出时，一般在接近溶液的沸点温度下进行；在密闭高压设备中进行时，一般温度达150~170℃。

(2) 将矿细磨，一般要求<0.043mm的矿粒占90%左右。

(3) 适当增加NaOH浓度，NaOH浓度提高既可使其活度系数增大，又可提高溶液的沸点。

(4) 采取一定的矿物原料活化措施。

浸出过程中除要求对主元素钨有最高的浸出率外，同时也要求能将大部分砷、磷、硅抑制在渣中。

8.3.2 工艺简介

其工艺流程如图 8-3 所示。

(1) 机械搅拌浸出，即先用振动球磨机将精矿磨至<0.043mm 占 90%以上，再与 NaOH 一起加入机械搅拌槽进行浸出，槽的容积为 3~10m^3 不等。由于槽体材料能很好地耐 NaOH 腐蚀，故钢槽内不加内衬，槽可做成密封式的，因而可在 0.1~1MPa，150~170℃下工作。

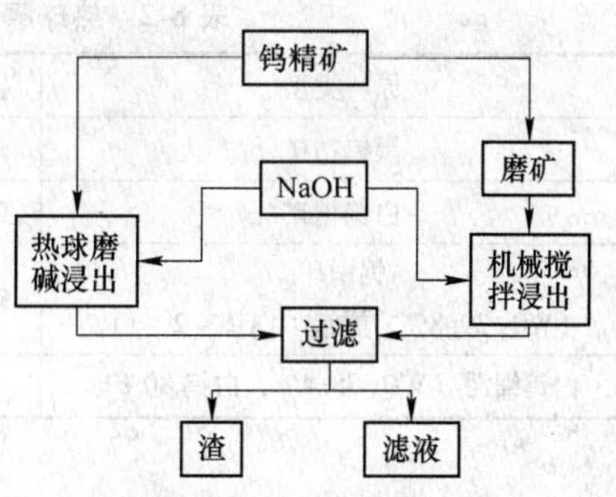

图 8-3 钨精矿碱浸出的原则流程

原料：由于 $CaWO_4$ 在通常搅拌浸出的 NaOH 浓度条件下不能被 NaOH 分解，用搅拌法分解时，渣含 WO_3 随原料钙含量增加而急剧增高，因此一般要求钨精矿钙的质量分数小于 1%。但在加入 Na_3PO_4 或 Na_2HPO_4 的情况下，它们能与黑钨精矿中的少量白钨（$CaWO_4$）作用，生成难溶的 $Ca(PO_4)_2$，因此允许矿中钙的质量分数增至 2%左右。

温度：常压浸出 100~110℃，高压浸出 150~170℃。

碱用量：按精矿中 WO_3 计算的理论量的 1.4~1.7 倍。

液固比：一般控制为水与矿的质量比为 1.5∶1 左右，过小则矿浆黏度大，难以搅拌，过大则 NaOH 浓度稀。

浸出时间：约 2~4h。

按照上述条件，对常压浸出而言，浸出率可达 96%~97%，渣中 WO_3 的质量分数为 5%~6%；对高压浸出而言，浸出率可达 98%~99%，渣中 WO_3 的质量分数约 2%~3%。

浸出后一般用板框压滤机过滤，滤液净化处理，滤渣可考虑回收其他有价金属，如钽、铌、钪、锰等。

(2) 热球磨碱浸出，亦称机械活化碱浸出。将钨精矿、水直接与 NaOH 一起加入热球磨反应器中浸出，使白钨矿和黑钨矿的碱分解反应得以进行。在热球磨反应器内进行反应的特点是将磨矿过程中对矿的磨细作用、机械活化作用、对矿浆的强烈搅拌作用与浸出的化学反应有机结合，为浸出过程创造良好的热力学和动力学条件。

工业实践表明它有以下优点：

1) 对原料适应性强。它既适用于处理白钨精矿，同时也适用于黑白钨混合的中矿，这样就降低了对选矿的要求，提高了选冶总回收率。

2) 浸出率高。与机械搅拌法相比，用同样的碱，浸出率可提高 1%~3%。

3) 杂质低。在处理黑白钨混合矿时，杂质磷、砷、硅为搅拌法的 1/3~1/2。

4) 流程短。至少省去了磨矿工序。

目前热球磨碱浸法在工业上除用来处理精矿外，还用来处理各种选矿中间产品，如难选钨中矿或钨细泥等，相应地可大幅度降低对选矿的要求，提高选矿和冶金的总回收率。工业条件下其具体指标见表 8-2。

随着技术的进步，已开发出了改进型的活化碱分解工艺，其实质是在反应器中创造 NaOH 分解白钨矿所必需的热力学条件，同时借助逆反应抑制剂抑制操作过程中可能发生的逆反应，因而即使在反应器结构大为简化的情况下，各种钨矿物原料的 NaOH 碱分解仍能达到很好的指标。与热球磨碱浸出工艺相比，它具有设备简单、寿命长、能耗低、操作简单等特点。

表 8-2　热球磨碱浸出法处理不同类型原料的指标

原料类型	浸出条件	浸出率/%
黑钨精矿	碱用量为理论的 1.5 倍，150~160℃，2h	99.0
白钨精矿	碱用量为理论的 2.3 倍，150~160℃，2h	98.1
钨中矿（WO_3 39.8%，黑钨∶白钨≈2∶1）	碱用量为理论的 2.6 倍，150~160℃，2h	98.2
白钨细泥（WO_3 38.4%，白钨 80%）	碱用量为理论的 3 倍，150~160℃，2h	97.0

习题与思考题

8-1 叙述拜耳法生产氧化铝的基本原理和实质。

8-2 铝土矿的碱溶出有哪些工艺？

8-3 强化铝土矿的碱溶出的措施有哪些？

8-4 试述钨精矿的 NaOH 浸出基本原理和反应方程。

8-5 强化钨精矿浸出速度的主要措施有哪些？

8-6 试述钨精矿浸出的工艺流程。